Strumenti open source per l'analisi dei dati fisici

Giuseppe Mandaglio • Ulderico Wanderlingh •
Sebastiano Vasi

Strumenti open source per l'analisi dei dati fisici

Springer

Giuseppe Mandaglio
MIFT Department
University of Messina
Messina, Italy

Sebastiano Vasi
MIFT Department
University of Messina
Messina, Italy

Ulderico Wanderlingh
MIFT Department
University of Messina
Messina, Italy

ISBN 978-3-032-35749-6 ISBN 978-3-032-35750-2 (eBook)
https://doi.org/10.1007/978-3-032-35750-2

This book is a translation of the original English edition "Open Source Tools for Physics Data Analysis" by Sebastiano Vasi et al., published by Springer Nature Switzerland AG in 2026. The translation was done with the help of an artificial intelligence machine translation tool. A subsequent human revision was done primarily in terms of content, so that the book will read stylistically differently from a conventional translation. Springer Nature works continuously to further the development of tools for the production of books and on the related technologies to support the authors.

This Springer imprint is published by the registered company Springer Nature Switzerland AG
The registered company address is: Gewerbestrasse 11, 6330 Cham, Switzerland

Prefazione

La fisica è uno dei rami più importanti della scienza, occupandosi della descrizione dei fenomeni naturali attraverso lo studio della materia, del moto, dell'energia e delle forze. Nei corsi di scienza, tecnologia, ingegneria e matematica (STEM), una parte fondamentale del percorso formativo consiste in diverse attività di laboratorio, nella raccolta dei dati e nella loro interpretazione. In questo contesto, l'analisi dei dati è complementare alle attività sperimentali e/o teoriche e può risultare davvero importante avere solide basi di programmazione. L'obiettivo del libro cambia a seconda del lettore. Per gli studenti delle scuole medie e superiori, questo libro fornisce le conoscenze di base sui Sistemi Operativi (OS) e i rudimenti della programmazione, permettendo l'approccio a tutte le discipline STEM; per gli studenti universitari, è possibile disporre di un manuale sufficientemente completo per iniziare una carriera scientifica legata all'acquisizione, interpretazione ed elaborazione dei dati: infatti, questo libro fornisce le basi della programmazione per tutti gli utenti (anche per coloro che non hanno avuto l'opportunità di studiare questi argomenti in precedenza), e successivamente affronta la data science con applicazioni alla scienza e alla fisica attraverso framework di analisi e metodologie per l'acquisizione e l'analisi dei dati provenienti da esperimenti. In questo libro, concentriamo la nostra attenzione su strumenti open source per l'analisi dei dati in fisica perché offrono la possibilità di sbloccare il reale potenziale computazionale che gli studenti possono raggiungere grazie alle loro competenze di programmazione.

Il libro è principalmente suddiviso in due parti. La prima parte (Capitoli 1–3) fornisce i rudimenti della programmazione nei linguaggi C++ e Python. Nella seconda parte (Capitoli 4–6), Root, un potente framework open source per l'analisi dei dati, e l'universo delle librerie python saranno introdotti come strumenti completi per l'analisi dei dati, mostrando la loro applicazione nella data science. Segue ora una panoramica dettagliata dei capitoli del libro.

Il Capitolo 1 offre una descrizione dei sistemi operativi più comuni, motivando l'uso di sistemi operativi di tipo Linux in ambito scientifico e fornendo al lettore le competenze minime per utilizzare le potenti shell Linux.

Nel Capitolo 2, vengono forniti i fondamenti della programmazione procedurale: variabili, array, strutture di controllo, cicli, diagrammi di flusso, liste, dizionari, tuple, e così via. Inoltre, questo capitolo presenta C++ e Python (codici compilati e interpretati) come linguaggi di programmazione di riferimento, permettendo al lettore di comprendere meglio gli argomenti trattati attraverso vari esempi ed esercizi pratici.

Il Capitolo 3 mostra l'importanza della Programmazione Orientata agli Oggetti (OOP) attraverso l'uso delle classi, fornisce le principali caratteristiche delle classi e una spiegazione su come procedere per implementarle e utilizzarle, e presenta i vantaggi dell'OOP nei grandi progetti scientifici e nelle collaborazioni di ampia scala.

Abbiamo costruito il Capitolo 4 pensando al potenziale che gli studenti potrebbero avere utilizzando librerie open source nell'analisi dei dati. Questo capitolo descrive alcuni dei framework di analisi più utilizzati in ambito scientifico (come CERN-ROOT, Jupyter e Anaconda), spiegando come installare le librerie di questi ambienti e come utilizzarli. Inoltre, qui vengono presentati alcuni strumenti di analisi utilizzati in presenza di grandi quantità di dati: calcolo e algebra degli istogrammi, modellizzazione dei dati e procedure.

I Capitoli 5–6 contengono molte informazioni sull'elaborazione e la visualizzazione dei dati, nonché sull'acquisizione e l'analisi dei dati sperimentali. Il Capitolo 5 descrive come analizzare e rappresentare i dati utilizzando le classi di Root, i pacchetti python e gnuplot (utility grafica di linux), fornendo diversi dettagli su come python consenta di sfruttare tutti i framework e le librerie (ad esempio, pyRoot) e offrendo numerosi problemi pratici che possono essere risolti con diversi approcci. Infine, il Capitolo 6 spiega come progettare diversi esperimenti (in fisica e, più in generale, in ambito scientifico) con l'uso di microcomputer e microcontrollori, implementando codici in grado di acquisire, elaborare e visualizzare dati, mostrando come utilizzare strumenti di analisi in combinazione con hardware e processi di acquisizione dati. Questo è molto importante in tutti quegli esperimenti in cui è necessario il monitoraggio in tempo reale delle grandezze fisiche.

Tutti i codici dei programmi, gli esercizi e le relative soluzioni presentati in questo libro sono disponibili nel repository GitHub https://github.com/sn-code-inside/open-source-tools-for-physics-data-analysis.

Messina
15 giugno 2026

Giuseppe Mandaglio
Ulderico Wanderlingh
Sebastiano Vasi

Competing Interests The authors have no competing interests to declare that are relevant to the content of this manuscript.

Indice

Acronimi

CD-ROM	Compact Disc – Memoria di sola lettura
CLI	Interfaccia a Riga di Comando
CPU	Unità Centrale di Elaborazione
DVD	Disco Versatile Digitale, Disco Video Digitale
FHS	Standard della Gerarchia del Filesystem
FTP	Protocollo di Trasferimento File
GNU	GNU Non è Unix!
GUI	Interfaccia Grafica Utente
HPC	Calcolo ad Alte Prestazioni
IDLE	Ambiente Integrato di Sviluppo e Apprendimento
OOP	Programmazione Orientata agli Oggetti
OS	Sistema Operativo
PDF	Formato di Documento Portatile
PID	Identificatore di Processo
RAM	Memoria ad Accesso Casuale
ROM	Memoria di sola lettura
STEM	Scienza, Tecnologia, Ingegneria e Matematica
UNIX	Sistema di Elaborazione delle Informazioni Uniplexed
USB	Bus Universale Seriale

Elenco delle figure

Elenco delle tabelle

Elenco dei codici

I
Conoscenze di Base

I sistemi operativi (SO) sono la spina dorsale di qualsiasi sistema informatico, gestendo le risorse hardware e software e fornendo servizi essenziali per i programmi. Tra i vari sistemi operativi, Linux si distingue per la sua natura open-source, robustezza e flessibilità. Linux è ampiamente utilizzato su server, desktop e sistemi embedded, offrendo una varietà di distribuzioni (distro) come Ubuntu, Fedora e CentOS, ciascuna pensata per diversi casi d'uso. L'interfaccia a riga di comando (CLI) di Linux è potente e consente agli utenti di eseguire compiti complessi in modo efficiente.

La programmazione open-source concerne la pratica di rendere il codice sorgente di un software liberamente disponibile affinché chiunque possa usarlo, modificarlo e distribuirlo. Python e C++ sono due linguaggi di programmazione open-source di rilievo. Python è noto per la sua semplicità e leggibilità, rendendolo una scelta eccellente per i principianti. Ha una vasta libreria standard e supporta diversi paradigmi di programmazione, inclusi quello procedurale, funzionale e orientato agli oggetti. Python è ampiamente utilizzato nello sviluppo web, nell'analisi dei dati, nell'intelligenza artificiale e nel calcolo scientifico. C++, invece, è un linguaggio potente che offre un controllo dettagliato sulle risorse di sistema che nasce come estensione del linguaggio C e include funzionalità orientate agli oggetti. C++ è comunemente usato nello sviluppo di sistemi/software, nello sviluppo di videogiochi e in applicazioni che richiedono alte prestazioni, come le simulazioni in tempo reale.

La programmazione orientata agli oggetti (OOP, dall'inglese *objected-oriented programming*) è un paradigma che organizza il codice in oggetti, che sono istanze di classi. Ogni oggetto contiene dati (attributi) e funzioni (metodi) che operano su tali dati. L'OOP offre diversi vantaggi:

- **Modularità**: Il codice è organizzato in oggetti distinti, rendendolo più facile da gestire e comprendere.
- **Riutilizzabilità**: Classi e oggetti possono essere riutilizzati in diversi programmi, riducendo la ridondanza.
- **Scalabilità**: L'OOP facilita la gestione e la scalabilità di grandi basi di codice suddividendo problemi complessi in oggetti più piccoli e gestibili.

- **Incapsulamento**: Dati e metodi sono incapsulati all'interno degli oggetti, proteggendo lo stato interno e promuovendo l'integrità dei dati.
- **Ereditarietà**: Nuove classi possono ereditare attributi e metodi da classi esistenti, favorendo il riutilizzo del codice e riducendo la duplicazione.

In sintesi, comprendere le basi dei sistemi operativi, in particolare Linux, insieme ai linguaggi di programmazione open-source come Python e C++, e ai principi della programmazione orientata agli oggetti, può fornire una solida base a chiunque voglia analizzare i dati degli esperimenti di fisica.

In questa parte del libro, mostreremo gli argomenti più importanti relativi a questi temi, facendo uso di esempi ed esercizi per aiutare il lettore.

Capitolo 1
Sistemi operativi e shell Linux

1.1 Introduzione

Un Sistema Operativo (OS) è essenzialmente l'applicazione ultima che controlla le funzioni del computer dopo il bootstrap e agisce infine come interfaccia con gli utenti davanti lo schermo. É esso stesso un programma che gestisce e controlla la maggior parte degli altri programmi in esecuzione sul computer, fornendo agli utenti un'interfaccia grafico/testuale (che nel caso più semplice si riduce a una semplice finestra di terminale) basata su una rappresentazione iconografica dei contenuti e delle funzioni del computer, da selezionare e avviare tramite i classici gesti del puntatore (mouse). Di conseguenza, su una singola memoria di massa di un PC, possono essere presenti contemporaneamente diversi OS, ma solo uno viene eseguito. É anche possibile, per il sistema operativo in esecuzione, eseguire altri OS in 'modalità emulazione'.

In generale, un dato OS è progettato attorno a una specifica architettura di processore o dispositivi per ottimizzare le prestazioni. Alcuni dei sistemi operativi più comuni, su vari dispositivi, includono Microsoft Windows e Apple OSX per i personal computer e server, Android e iOS per i dispositivi mobili, e Linux per personal computer, server e una vasta gamma di altre applicazioni.

Di seguito, un elenco non esaustivo di quelli che possono essere, in media, considerati pro e contro dei sistemi operativi più comuni:

1.2 Motivazioni per l'utilizzo di sistemi operativi simili a Linux in ambito scientifico

Sebbene Windows e, in misura minore, macOS siano attualmente i sistemi operativi più diffusi, molti utenti che lavorano in ambito scientifico preferiscono utilizzare sistemi basati su Linux. Inoltre, nei grandi centri di ricerca e nelle infrastrutture di ricerca internazionali su larga scala, Linux è la scelta più comune per il con-

G. Mandaglio, U. Wanderlingh, S. Vasi, *Strumenti open source per l'analisi dei dati fisici*,
https://doi.org/10.1007/978-3-032-35750-2_1

Tabella 1.1 Pro e contro dei sistemi operativi più comuni

OS	Pro	Contro
Microsoft Windows	Windows offre un'interfaccia grafica familiare e intuitiva. Un'ampia gamma di applicazioni software è compatibile con Windows. Molti giochi popolari sono sviluppati per Windows. Windows supporta una vasta gamma di configurazioni hardware.	Storicamente, Windows è stato più suscettibile a malware e minacce alla sicurezza. Alcuni utenti trovano scomodi gli aggiornamenti e i riavvii forzati. La versione completa di Windows spesso ha un costo.
MacOS	MacOS è noto per la sua interfaccia elegante e facile da usare. Il Mac App Store offre una selezione curata di applicazioni di alta qualità. MacOS beneficia di un modello di sicurezza robusto, riducendo il rischio di malware. Integrazione perfetta con altri dispositivi e servizi Apple.	Personalizzazione limitata rispetto ad altri sistemi operativi. I computer Apple che eseguono MacOS tendono ad essere relativamente costosi. Scelta hardware limitata, poiché è progettato per funzionare su hardware Apple.
Android	Android è basato su software open-source, favorendo innovazione e personalizzazione. Il Google Play Store offre una vasta selezione di applicazioni. Android è utilizzato su vari dispositivi, dagli smartphone ai tablet. Integrazione fluida con l'ecosistema di servizi Google.	Dispositivi diversi possono eseguire versioni diverse di Android, portando a frammentazione. Essendo open source può essere più suscettibile a specifici problemi di sicurezza.
iOS	iOS è noto per la sua interfaccia elegante e intuitiva. L'App Store è curato, risultando in una qualità generalmente superiore delle applicazioni. Il sistema operativo è considerato più sicuro grazie al suo ecosistema chiuso e al processo di verifica delle app. Apple fornisce aggiornamenti regolari e tempestivi per i dispositivi iOS.	Opzioni di personalizzazione limitate rispetto ad Android. I dispositivi Apple tendono ad essere più costosi rispetto alle controparti.
Unix	Noto per la stabilità e lunghi periodi di attività senza crash. Altamente sicuro con permessi utente robusti e controlli di accesso. Funziona su una varietà di piattaforme hardware con modifiche minime. Supporta più utenti e compiti contemporaneamente. L'approccio modulare consente la personalizzazione. Interfaccia a riga di comando potente e flessibile.	Può essere complesso da imparare e utilizzare, specialmente per i principianti. Non tutto il software è disponibile o compatibile con Unix. Non è user-friendly come altri OS. Alcune versioni possono essere costose. Trovare e comprendere la documentazione può essere difficile. Può richiedere configurazioni hardware specifiche.
Linux	Linux è una versione open source di Unix con un kernel gratuito, che consente agli utenti di modificare e distribuire le proprie versioni. Linux è noto per la sua stabilità, spesso utilizzato come sistema operativo per server. Linux ha una solida reputazione in termini di sicurezza. Può funzionare su hardware datato e utilizza le risorse in modo efficiente.	Alcuni software commerciali e giochi non sono sviluppati per Linux. Per i principianti, Linux può presentare una curva di apprendimento più ripida. Supporto limitato per driver di hardware specifico.

trollo degli strumenti e l'infrastruttura di rete. Questo è anche il caso dei cluster di High-Performance Computing (HPC), inclusi i grandi cluster di ricerca universitari, grazie alla natura intrinsecamente multiutente di Linux e al suo robusto supporto per l'elaborazione parallela. Molti scienziati/ricercatori possono avere diverse ragioni per apprezzare Linux, di seguito abbiamo cercato di riassumerle in modo rapido.

I sistemi operativi Linux sono disponibili in molte distribuzioni diverse (distro), consentendo un'elevata personalizzazione per soddisfare le esigenze degli utenti. Le distribuzioni più conosciute sono probabilmente Ubuntu, Fedora, Debian, Knoppix, Arch, Red Hat, Gentoo e Slackware. Inoltre, per ciascuna di queste distro sono state sviluppate diverse varianti per soddisfare requisiti specifici. I sistemi operativi Linux sono noti per la loro affidabilità e robustezza. Questo è testimoniato dal fatto che una grande parte di Internet, dei server aziendali e di altre infrastrutture critiche in tutto il mondo, inclusi i grandi data center e i servizi cloud, è alimentata da Linux ed è ampiamente utilizzata in applicazioni ad alto traffico e critiche.

Sebbene non tutte le possibili applicazioni utilizzate dagli scienziati che lavorano nei campi più diversi siano disponibili per Linux, è in realtà possibile trovarne molte, o applicazioni simili per lo stesso scopo, sviluppate da team di volontari. Nel caso della ricerca scientifica, questo è spesso vero. Di fatto ciò rappresenta un valore aggiunto quando si tratta di gestire il formato dei file di output prodotti su apparecchiature diverse. Infatti, in molti casi, il formato dei dati dello strumento è di proprietà del marchio produttore, e spesso deve essere letto, manipolato e archiviato tramite software proprietario. Di contro, queste applicazioni alternative, essendo sviluppate da e per una comunità di utenti più ampia, possono gestire la maggior parte dei formati di file standard e possono anche leggere e occasionalmente scrivere molti dei formati di file dei produttori.

Molte applicazioni open-source che girano su sistemi Linux non sono da meno rispetto al corrispondente software commerciale, almeno per quanto riguarda le capacità di elaborazione. L'unico difetto che si può riscontrare riguarda l'estetica dell'interfaccia utente, che può apparire troppo minimalista e poco fluida. Al contrario, è spesso possibile aggiungere 'script' o 'macro', generati dagli utenti, a un'applicazione per estenderne le funzionalità. Questi 'add-on' sono solitamente inclusi nell'applicazione o possono essere scaricati dal web nei forum e nei gruppi di discussione appropriati.

Oggigiorno, la maggior parte, se non tutta, dell'esperienza di uno scienziato si basa sull'uso dei computer. Questo parte dall'acquisizione dei dati, poiché le moderne apparecchiature di misura sono basate su computer. Poi, i dati raccolti hanno un formato digitale, e la loro memorizzazione e recupero sono gestiti tramite computer. Inoltre, la rappresentazione, la manipolazione e l'analisi dei dati sono tutte eseguite su computer utilizzando strumenti software specifici.

I computer sono così pervasivi nell'indagine scientifica, e lo sviluppo del software procede a un ritmo così elevato che i ricercatori che usano questi strumenti in modo passivo sono spesso frustrati e incapaci di sviluppare al massimo le proprie competenze.

Linux spinge gentilmente gli utenti a interagire direttamente con la macchina riguardo ai processi in esecuzione, alle risorse di sistema, ai permessi, ai file system e così via. Questo offre all'utente la possibilità di comprendere i computer a un livello più profondo. Allo stesso tempo, Linux promuove una mentalità orientata alla risoluzione dei problemi. Spinge gli utenti a risolvere i problemi, cercare soluzioni e leggere la documentazione – competenze cruciali in molti campi oltre all'informatica.

Lavorare con piattaforme Linux richiede adattabilità e fornisce una base di conoscenze che può essere utilizzata in vari campi tecnici e scientifici. Questa adattabilità è essenziale nel panorama tecnologico in continua evoluzione, dove competenze diverse possono aprire le porte a nuove opportunità e esperienze lavorative.

Possiamo affermare con sicurezza che il motore al cuore di Linux è il software open-source, con le diverse distribuzioni disponibili che esemplificano questo principio. L'open source promuove collaborazione, innovazione e trasparenza, invitando gli utenti a esplorare, modificare e contribuire ai progetti. Questa esperienza fornisce competenze pratiche e rispecchia gli ambienti professionali di coding/programmazione. Partecipare a progetti open-source permette agli utenti di lavorare in scenari reali, migliorando le proprie capacità di problem solving e di lavoro di squadra, specialmente per i più giovani che si avvicinano a questo percorso.

Il concetto stesso di Open Source è legato alla sua grande e attiva comunità di utenti. Questa rete di supporto include sviluppatori ed entusiasti che forniscono tutorial, forum e guide. Questa comunità è una risorsa preziosa per i principianti, offrendo orientamento e una grande quantità di informazioni per aiutare a navigare e risolvere eventuali problemi. L'aspetto comunitario di Linux garantisce che gli utenti non siano mai isolati, favorendo un ambiente di apprendimento continuo in cui la conoscenza è condivisa liberamente.

Un'altra caratteristica cruciale di Linux è la sua natura leggera; una distribuzione minimale può persino stare in supporti da 8 Mb. Questo lo rende più efficiente e veloce poiché, per le distribuzioni leggere, è possibile eseguire tutto esclusivamente sulla RAM del computer. Questa leggerezza diventa essenziale su hardware più vecchio, dando nuova vita a sistemi obsoleti. Allo stesso tempo, è possibile installare distribuzioni complete che sono in grado di clonare l'interfaccia grafica utente (GUI) dei sistemi operativi commerciali.

Ciò che distingue Linux è anche il livello di controllo che offre sulle operazioni di sistema. A differenza di altri sistemi operativi che nascondono molte funzionalità, Linux incoraggia gli utenti ad approfondire, comprendere e gestire i propri sistemi in modo completo. Questa trasparenza e controllo permettono agli utenti di ottimizzare i propri sistemi per migliori prestazioni e sicurezza, adattando l'ambiente alle proprie esigenze.

Nell'industria informatica, Linux rende facile lavorare con linguaggi e strumenti di programmazione. Con Python spesso preinstallato e altri linguaggi come Java, C++ facilmente accessibili, Linux è una piattaforma ideale per la programmazione. Le distribuzioni Linux orientate agli sviluppatori semplificano compiti come l'installazione di linguaggi di programmazione, la configurazione di database, la configurazione di server e la gestione delle dipendenze.

Gli strumenti Package Manager gestiscono senza problemi il software installato. Forniscono agli utenti un modo semplice per installare, rimuovere e aggiornare i pacchetti sul proprio sistema. Trovano anche la versione corretta per una data architettura e risolvono le dipendenze delle librerie. Sebbene esistano diversi package manager, i tre più comunemente usati sono apt, yum e pacman.

Apt (Advanced Packaging Tool). Package manager basati su Debian sono i package manager predefiniti per le distribuzioni Linux basate su Debian, come Ubuntu, Linux Mint e Debian stessa.

Yum (Yellowdog Updater Modified). Package manager basati su Red Hat. É il package manager predefinito per le distribuzioni Linux basate su Red Hat, come CentOS, Fedora e Red Hat Enterprise Linux.

Pacman (Package Manager). Package manager basati su Linux sono i package manager predefiniti per Arch Linux e le sue derivate, come Manjaro ed EndeavourOS.

Questa gestione efficiente dei pacchetti nello sviluppo Linux è stata un punto di svolta, specialmente in ambienti che richiedono aggiornamenti frequenti del software e l'integrazione di più strumenti.

La competenza in Linux è anche molto apprezzata nell'industria tecnologica. Linux alimenta server, sistemi embedded e supercomputer, rendendolo una competenza essenziale per l'amministrazione di sistemi, lo sviluppo software, DevOps e molte altre carriere. Comprendere Linux può aprire numerose porte professionali, fornendo competenze competitive in un mercato del lavoro che valorizza sempre più la versatilità tecnica e l'esperienza open-source.

La natura open-source di Linux significa che è una creazione collaborativa di appassionati di tecnologia di tutto il mondo. Supporta il multitasking, come l'esecuzione di analisi dati mentre si gestiscono altri compiti. Inoltre, Linux è rinomato per la sua resistenza a virus e malware, garantendo la sicurezza dei dati. Questa caratteristica di sicurezza è essenziale in ambienti in cui l'integrità e la riservatezza dei dati sono critiche, come la ricerca scientifica e i sistemi aziendali.

Un aspetto chiave dell'utilizzo di Linux per la scienza è la padronanza del file system. Linux struttura file e directory in un formato ad albero gerarchico, con la directory root simboleggiata da una barra ("/"). Comandi come "cd" aiutano a navigare in questa struttura, rendendo più facile trovare e gestire i dati. Comprendere il file system è fondamentale per organizzare i dati, assicurando che i data scientist possano localizzare e manipolare efficientemente i set di dati.

La Command Line Interface (CLI) in Linux è uno strumento potente, che offre un livello di controllo apprezzato dagli utenti. Mentre le GUI forniscono facilità d'uso, la CLI consente un controllo fine, essenziale per compiti come la manipolazione dei dati, la scrittura di script e la gestione dei server. Padroneggiare la CLI è come avere una marcia in più, migliorando la produttività e l'accuratezza nella gestione di operazioni complesse.

1.2.1 Linux File System

Il file system di Linux è più di un semplice luogo dove risiedono i file; è un ambiente strutturato che segue una logica rigorosa, essenziale per mantenere l'ordine e l'efficienza del sistema. Linux impiega un file system gerarchico basato su una relazione genitore-figlio. Questa struttura è nota come Linux Filesystem Hierarchy Standard (FHS). L'FHS funge da riferimento che delinea le convenzioni per l'organizzazione della disposizione dei file di un sistema UNIX, e anche altre varianti UNIX, incluso Linux, lo utilizzano. Questo standard è mantenuto dalla Linux Foundation. All'interno della gerarchia del file system di Linux si trova una directory di livello superiore chiamata directory root, rappresentata dal simbolo /. Tutte le altre directory e file sono organizzati sotto questa directory root, rendendoli gerarchicamente subordinati.

Di seguito è riportata una panoramica delle directory più comuni e delle loro funzioni:

/ – Directory Root La directory root, identificata da una singola barra ("/"), svolge un ruolo cruciale poiché rappresenta il livello più alto della gerarchia del file system di Linux. Questa directory contiene sottodirectory e file che costituiscono la spina dorsale del sistema operativo, ed è il punto di riferimento da cui si diramano tutte le altre directory. La sua integrità e sicurezza sono essenziali per la stabilità e la sicurezza dell'intero sistema.

/bin – Eseguibili dei Comandi Essenziali La directory /bin è il deposito dei file eseguibili essenziali per le operazioni di base del sistema, come l'avvio, il recupero e la manutenzione in modalità utente singolo. Questi file eseguibili includono alcuni degli strumenti più comunemente usati in Linux, cruciali per la navigazione e la gestione dei file, e sono accessibili a tutti gli utenti.

/boot – File di Boot Loader di Sistema La directory /boot ospita file critici necessari per il processo di avvio del sistema operativo. Questi includono l'immagine del kernel Linux, essenziale per il caricamento del sistema, e file di configurazione e script di boot, come GRUB, che rappresentano il primo punto di contatto del computer durante l'inizializzazione dell'hardware.

/dev – File di Dispositivo La directory /dev è un aspetto unico dei sistemi Unix-like, dove i dispositivi sono trattati come file. Questa directory contiene file speciali che rappresentano dispositivi fisici (come hard disk e USB) e dispositivi virtuali (come socket e pipe), permettendo al sistema e agli utenti di interagire con essi tramite le normali operazioni sui file.

/etc – File di Configurazione Specifici dell'Host /etc è la libreria centrale dei file di configurazione del sistema. Ogni programma di servizio e script di avvio attinge da questa directory per le proprie configurazioni, che spaziano dalla gestione degli utenti ai servizi di rete e ai demoni di sistema. Le modifiche in questa directory possono influire in modo significativo sul funzionamento e sulla sicurezza del sistema.

/home – Directory Home degli Utenti La directory /home è il luogo virtuale dove gli utenti possono conservare i propri documenti, configurazioni delle applicazioni e dati personali. Serve come spazio di lavoro personale per gli utenti, fornendo una chiara e sicura separazione dei dati tra i diversi account.

/lib – Moduli di Libreria Condivisa La directory /lib contiene le librerie condivise necessarie per il funzionamento dei programmi essenziali situati in /bin e /sbin. Le librerie sono porzioni di codice che possono essere utilizzate contemporaneamente da più programmi, risparmiando spazio e risorse e facilitando l'aggiornamento e la manutenzione del software.

/media – File di Supporti Rimovibili /media funge da punto di mount per dispositivi rimovibili, come CD-ROM, DVD e chiavette USB. Il sistema operativo di solito crea automaticamente sottodirectory in /media quando un dispositivo viene collegato, consentendo agli utenti un facile accesso al contenuto dei dispositivi rimovibili.

/mnt – File System Montati Temporaneamente File system di vario tipo vengono montati temporaneamente in /mnt, spesso utilizzato dagli amministratori di sistema per mount manuali temporanei. Serve come spazio di lavoro per accedere a file system non permanenti, come quelli condivisi in rete o dischi esterni in uso temporaneo.

/opt – Pacchetti di Applicazioni Aggiuntive La directory /opt è destinata a ospitare software e applicazioni aggiuntive al di fuori del sistema standard di gestione dei pacchetti della distribuzione Linux. Può includere pacchetti software commerciali e applicazioni di terze parti che non si integrano strettamente nella gerarchia standard del file system.

/proc – File Generati Automaticamente La directory /proc è una caratteristica distintiva di Linux, fornendo una visione dinamica del sistema in esecuzione. Questa directory non esiste fisicamente sul disco, ma viene generata dinamicamente dal kernel, offrendo una finestra in tempo reale sul sistema e sui processi in esecuzione, inclusi parametri come l'uso della CPU e della memoria e configurazioni interne del kernel.

/root – Directory Home dell'Utente root La directory /root è lo spazio personale riservato all'utente root, l'account amministrativo principale del sistema Linux. Questa separazione da /home garantisce che i file critici dell'amministratore siano mantenuti sicuri e separati dai dati degli utenti standard.

/run – Dati di Programmi in Esecuzione /run è progettata per contenere informazioni di sistema necessarie dall'avvio fino al completo caricamento del file system ed è vitale per il processo di boot e l'esecuzione del sistema. Include dati volatili come i PID dei processi in esecuzione e file di lock, che aiutano a gestire e coordinare l'avvio e l'interazione tra i vari servizi.

/sbin – Binari di Sistema La directory /sbin è simile a /bin ma contiene binari e programmi generalmente eseguiti dall'amministratore di sistema. Questi strumenti sono essenziali per la manutenzione, la diagnostica e la riparazione del sistema, inclusi comandi per la gestione dei file system, il controllo dell'hardware e altre attività amministrative.

/srv – Dati Specifici del Sito Serviti dal Sistema /srv contiene dati che vengono serviti dal sistema per vari servizi, come dati di server web, FTP e altri protocolli di trasferimento dati. Questa directory è spesso utilizzata per conservare dati esposti ai client tramite la rete.

/sys – Directory Virtuale per il Sistema Come /proc, la directory /sys è una vista virtuale fornita dal kernel che espone informazioni sull'hardware del sistema tramite il file system sysfs, permettendo agli amministratori di ottenere informazioni dettagliate sull'hardware ed eseguire alcune configurazioni a livello di sistema.

/tmp – File Temporanei /tmp è lo spazio di archiviazione per i file temporanei utilizzati dalle applicazioni e dal sistema operativo. Questi dati sono solitamente destinati a essere mantenuti solo per una sessione e vengono spesso eliminati al riavvio del sistema, fornendo una pulizia automatica e prevenendo l'accumulo di dati inutili.

/usr – Dati Utente in Sola Lettura /usr è una delle principali sottodirectory e funge da deposito per applicazioni utente, librerie condivise, documentazione e codice sorgente. Progettata per essere in sola lettura durante il normale funzionamento del sistema, /usr fornisce una raccolta fondamentale di risorse per utenti e programmi.

/var – File Variabili La directory /var è destinata a contenere file soggetti a frequenti cambiamenti, come i file di log che registrano le attività del sistema, file di spool di stampa, email in attesa e altri dati dinamici. Questi file spesso crescono senza limiti predefiniti, richiedendo un'attenta gestione dello spazio su disco.

1.3 Potenza in una shell

Come menzionato in precedenza, la shell di Linux è un'interfaccia a riga di comando (CLI) basata su testo che consente agli utenti di interagire con il sistema operativo digitando comandi. Agisce come intermediario tra l'utente e il sistema operativo, interpretando i comandi inseriti dall'utente ed eseguendo le corrispondenti funzioni di sistema. Sebbene la maggior parte del lavoro venga svolta utilizzando interfacce grafiche (GUI) più pratiche sui computer moderni, che in definitiva eseguono comandi della shell, è ancora utile per gli utenti di sistemi Unix avere familiarità con la shell. Il sistema Unix dipende in modo critico dalla shell poiché tutte le procedure interne sono procedure di shell.

1.3.1 Shell Comuni

Sono disponibili molte shell, elencate nel file `/etc/shells`, e sono per lo più file eseguibili che si trovano in `/bin`. La shell assegnata all'utente al login è associata al suo nome utente nel file `/etc/passwd`. Gli utenti possono cambiare la loro shell predefinita usando il comando `chsh`, oppure cambiarla temporaneamente usando, ad esempio, il comando `csh` per la C shell, aprendo un processo con la nuova shell che interpreta i comandi. Le principali shell che si trovano su sistemi Unix sono:

- Bourne Shell (sh): Una delle prime e più semplici shell Unix, scritta da Steve Bourne per UNIX System 7 nel 1979.
- C Shell (csh): Introduce una sintassi e capacità di scripting simili al linguaggio C, sviluppata a Berkeley da Bill Joy per la versione Berkeley di UNIX intorno al 1981.
- Korn Shell (ksh): Combinò le caratteristiche delle shell Bourne e C, aggiungendo maggiori capacità di scripting, sviluppata presso AT&T da David Korn intorno al 1986.
- Bourne Again Shell (bash): simile alle shell Bourne e Korn, ampiamente utilizzata nei sistemi Linux e parte del Progetto GNU mantenuto dalla FSF (Free Software Foundation). Scritta da Brian Fox e disponibile liberamente dal 1988.
- TENEX C Shell (tcsh): Una versione avanzata della C shell che offre un'esperienza più user-friendly e interattiva rispetto a csh, mantenendo la compatibilità con gli script della C shell.
- Z Shell (zsh): Nota per le sue opzioni di personalizzazione estese e le funzionalità per l'uso interattivo.

Le caratteristiche chiave della shell Unix sono:

- **Esecuzione di Comandi**: La funzione principale di una shell è eseguire comandi. Gli utenti digitano i comandi, che vengono interpretati dalla shell corrente e passati al sistema operativo per svolgere compiti come la manipolazione di file, l'esecuzione di programmi e il controllo del sistema.
- **Controllo dell'Ambiente**: La shell fornisce un ambiente in cui gli utenti possono impostare variabili che influenzano il comportamento dei processi. Ad esempio, variabili d'ambiente come PATH determinano dove il sistema cerca i file eseguibili.
- **Gestione dei File**: Gli utenti possono navigare nel file system, creare, eliminare e modificare file e directory.
- **Gestione dei Processi**: Le shell permettono agli utenti di monitorare i processi di sistema e interromperne l'esecuzione. Comandi come `ps`, `kill`, `top` e `bg`/`fg`.
- **Redirezione I/O e piping**: Gli utenti possono reindirizzare input e output da e verso file, dispositivi e altri comandi. Ad esempio, l'output di un comando può essere reindirizzato su un file, oppure l'input di un comando può provenire da un file. Reindirizzare l'output di un comando come input per un altro si chiama piping.
- **Scripting**: I comandi della shell possono essere raccolti in uno script, cioè gli utenti possono scrivere un file di testo come sequenza di comandi per automatizzare compiti ripetitivi. All'interno di uno script di shell, l'utente può includere cicli, condizioni e variabili, rendendoli strumenti potenti per la gestione delle operazioni di sistema.
- **Wildcard**: i caratteri jolly, noti anche come caratteri di "globbing", sono caratteri speciali utilizzati nei comandi per rappresentare o corrispondere a un gruppo di

file o directory in base a specifiche strutture di testo. Sono particolarmente utili quando si lavora con più file contemporaneamente, permettendo operazioni da linea di comando più flessibili e potenti. I wildcard migliorano notevolmente l'efficienza quando si lavora nel terminale e meritano un elenco dettagliato:

`*` (Asterisco) Corrisponde a zero o più caratteri.
Esempio: `ls *.txt` elenca tutti i file che terminano con `.txt`.

`?` (Punto Interrogativo) Corrisponde esattamente a un carattere.
Esempio: `ls file?.txt` corrisponde a `file1.txt` ma non a `file10.txt`.

`[ ]` (Parentesi Quadre) Corrisponde a uno qualsiasi dei caratteri all'interno delle parentesi.
Esempio: `ls file[123].txt` corrisponde a `file1.txt`, `file2.txt` o `file3.txt`.

`[! ]` (Punto Esclamativo nelle Parentesi Quadre) Corrisponde a qualsiasi carattere *non* presente tra le parentesi.
Esempio: `ls file[!123].txt` corrisponde a `file4.txt`, `file5.txt`, ecc., ma non a `file1.txt`, `file2.txt` o `file3.txt`.

`{ }` (Parentesi Graffe) Utilizzate per l'espansione di pattern per corrispondere a più alternative.
Esempio: `mv file{1,2}.txt /backup/` sposta `file1.txt` e `file2.txt` nella cartella `/backup/`.

`~` (Tilde) Rappresenta la directory home dell'utente corrente.
Esempio: `cd /Documents` cambia directory nella cartella "Documents" nella home dell'utente.

`**` (Doppio Asterisco in Bash 4.0+) Corrisponde a file e directory ricorsivamente.
Esempio: `ls **/*.txt` elenca tutti i file `.txt` nella directory corrente e in tutte le sottodirectory.

É possibile combinare i caratteri jolly per creare pattern più complessi.
'ls file[0-9]*.txt': Elenca i file che iniziano con "file", seguiti da una cifra, e terminano con '.txt'.
'cp /Documents/*.pdf /backup/': Copia tutti i file PDF dalla directory 'Documents' alla directory '/backup/'.
Se è necessario utilizzare un carattere che normalmente è un wildcard (come * o ?) come carattere letterale, si può evitare l'espansione anteponendo un backslash ('\').
'ls file*.txt': Corrisponde a un file chiamato 'file*.txt'.

Tutti i comandi della shell hanno una sintassi comune:

```
command_name option option option ... argument argument ...
```

Le opzioni o flag sono generalmente precedute da un `-` o `--` e talvolta possono essere raggruppate insieme. Ad esempio, per elencare tutti i file che iniziano con "a", ordinati per data di creazione, l'utente digiterà:

```
ls -lt a*
```

Di seguito, forniamo elenchi dei comandi shell più utilizzati. E' utile ricordare che premendo il tasto `Tab`, dopo aver inserito la parte iniziale di un comando/nome file, la shell completa il comando/nome file o suggerisce i comandi/nome file disponibili che iniziano con il testo digitato.

Come già detto, un comando shellesegue un file eseguibile (processo) e blocca la finestra del terminale fino al termine del processo; ciò può essere evitato digitando il comando seguito dalla e commerciale `command &` per eseguirlo in background.

1.3.1.1 Operazioni Generali

Le operazioni di base che possono essere eseguite nelle shell sono:

exit	Esce dalla shell.
Ctrl+c	Interrompe un comando.
Ctrl+a	Sposta il cursore all'inizio della riga.
Ctrl+e	Sposta il cursore alla fine della riga.
Ctrl+d	Disconnette da qualsiasi terminale e lo chiude.
;	Separa più comandi dati sulla stessa riga.
#	Indica un commento dopo il comando.
history	Mostra gli ultimi comandi eseguiti (memorizzati nel file `~/.bash_history`). La cronologia può essere consultata anche premendo il tasto `freccia su`

1.3.1.2 Operazioni sulle Variabili

=	Assegna una variabile.
$	Valuta una variabile.

1.3.1.3 Ottenere Informazioni

help Informazioni generali sulla shell.
man command Informazioni sul comando.
which command Mostra dove si trova l'eseguibile.

1.3.1.4 Elencare i File

ls a* Mostra i file che iniziano con 'a'.
tree -d Mostra l'albero delle directory.
stat filename Mostra tutte le caratteristiche di un file o link.
lstat o stat -l Si riferisce al file reale, non al link.
lsof Mostra tutti i file aperti nel sistema.

Grazie alle numerose opzioni, i comandi Linux sono altamente versatili e offrono numerose funzionalità aggiuntive. Queste opzioni possono essere attivate digitando uno spazio dopo il comando, seguito da un trattino e una o più lettere. Si consiglia al lettore di consultare il manuale di ciascun comando utilizzato digitando *man* seguito dal nome del comando di cui si desidera approfondire la conoscenza.

1.3.1.5 Pipe e Redirezione

command > file L'output standard del comando va nel file.
command >> file L'output standard del comando viene aggiunto al file.
command < file L'input standard del comando è il file.
command | command I comandi sono concatenati; l'output standard del primo è l'input standard del secondo.

Nell'esempio mostrato in Figura 1.1, possiamo comprendere meglio come operano i comandi concatenati. Una spiegazione semplificata potrebbe affermare che l'operatore > crea il file list.dat e contiene l'output del comando ls. Tuttavia, questa descrizione è incompleta e non chiarisce perché il file appare nell'elenco. Una spiegazione più accurata è che l'operatore > crea prima il file list.dat, e solo successivamente viene eseguito il comando ls, il cui output viene reindirizzato nel file appena creato. Poiché il file esiste al momento dell'esecuzione di ls, il suo nome è incluso nell'output.

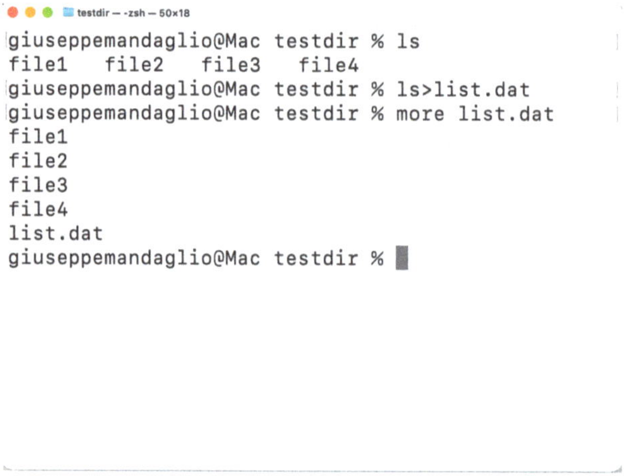

Figura 1.1 Esempio di utilizzo dell'operatore > e concatenazione di comandi

1.3.1.6 Navigare nel File System

tree -d	Mostra l'albero delle directory.
cd directory	Cambia nella directory indicata.
cd ..	Torna alla directory superiore.
cd ~	Va nella directory home.
cd -	Cambia alla directory precedente.
pwd	Mostra la directory corrente.

1.3.1.7 Visualizzare i File

more filename	Visualizza i file una pagina alla volta. Durante la visualizzazione del file, è possibile impartire comandi: space Avanza di una pagina. b Torna indietro di una pagina. q Esce dalla visualizzazione.
more *	Visualizza tutti i file.
less file	Simile a `more`, ma con più opzioni.
cat filename	Visualizza il contenuto del file.
tail filename	Mostra la fine di un file.
tail -100 filename	Ultime 100 righe.
head filename	Mostra l'inizio del file.
wc filename	Conta righe, parole e caratteri nel file.
diff file1 file2	Differenze tra due file.

1.3.1.8 Creazione, Eliminazione, Spostamento di File

touch filename	Crea un file vuoto o ne modifica la data.
rm filename	Elimina un file.
mv filename newname	Sposta un file o lo rinomina.
mv file1 file2 file3 directory	Sposta una serie di file nella directory.

1.3.1.9 Link

ln -s real_file link_name	Crea un link simbolico (soft link).
ln real_file link_name	Crea un link fisico (hard link).

1.3.1.10 Permessi dei File

chown user:group file	Cambia il proprietario di un file.
chmod a+x file	Rende il file eseguibile da tutti.
chmod og-r file	Solo il proprietario può leggere il file.
chmod u-w file	Il proprietario non può modificarlo.

1.3.1.11 Ricerca di File: find

Trovare file per nome: Esempio: find /path/to/directory -name "file.txt"
Cerca file chiamati file.txt nella directory specificata e nelle sue sottodirectory.

Trovare file per estensione: Esempio: find /path/to/directory -name "*.txt"
Cerca tutti i file .txt nella directory specificata e nelle sue sottodirectory.

Trovare file per tipo: Esempio: find /path/to/directory -type d
Cerca directory (-type d). Usa -type f per i file.

Trovare file per dimensione: Esempio: find /path/to/directory -size +50M
Cerca file più grandi di 50 MB. Usa -size -50M per file più piccoli di 50 MB.

Trovare file per data di modifica: Esempio: find /path/to/directory -mtime -7
Cerca file modificati negli ultimi 7 giorni. Usa +7 per file modificati più di 7 giorni fa.

Trovare file per permessi: Esempio: find /path/to/directory -perm 755
Cerca file con permessi 755.

Trovare e cancellare file: Esempio: find /path/to/directory -name "*.tmp" -delete
Cerca e cancella tutti i file .tmp.

Trovare ed eseguire un comando: Esempio: find /path/to/directory -name "*.log" -exec rm
Cerca tutti i file .log e li elimina.

Trovare file o directory vuoti: Esempio: find /path/to/directory -empty
Cerca file e directory vuoti.

Trovare file per utente: Esempio: find /path/to/directory -user username
Cerca file di proprietà dell'utente specificato.

1.3.1.12 Ricerca di pattern in un file: grep

Uso di base: Il comando `grep` cerca un pattern specificato in un file o in un input. Ad esempio, `grep "pattern" filename` cerca la parola "pattern" nel file specificato e mostra le righe corrispondenti.

Ricerca senza distinzione tra maiuscole e minuscole: L'opzione `-i` permette di effettuare ricerche senza distinzione tra maiuscole e minuscole. Ad esempio, `grep -i "pattern" filename` trova "pattern", "Pattern", "PATTERN", ecc.

Ricerca ricorsiva: L'opzione `-r` o `-R` permette a `grep` di cercare ricorsivamente nelle directory, trovando tutte le occorrenze di un pattern nei file all'interno di una directory e delle sue sottodirectory.

Mostrare i numeri di riga: L'opzione `-n` mostra i numeri di riga delle corrispondenze all'interno dei file, facilitando l'individuazione di pattern specifici in file di grandi dimensioni.

Invertire la corrispondenza: L'opzione `-v` inverte la ricerca, mostrando le righe che *non* corrispondono al pattern, utile per filtrare contenuti specifici.

Contare le corrispondenze: L'opzione `-c` mostra il numero di righe corrispondenti invece delle righe stesse, utile per statistiche rapide.

Ricerca di parole intere: L'opzione `-w` assicura che `grep` corrisponda solo a parole intere e non a sottostringhe. Ad esempio, `grep -w "word" filename` non troverà "wording".

Uso con espressioni regolari: `grep` supporta espressioni regolari estese, rendendolo uno strumento flessibile per la ricerca di pattern, l'estrazione di dati e l'elaborazione di testo.

```
ps aux | grep firefox
grep -n -v pattern file   # Stampa le righe del file che non (-v)
    contengono il pattern, scrive il numero di riga (-n)
```

Codice 1.1 Esempi di linee di comando

Operazioni sul File System I nomi dei dischi sono:

/dev/sda	Master primario (`/dev/sda1`, `sda2` ecc. sono le partizioni).
/dev/sdb	Slave primario.
/dev/sdc	Master secondario.
/dev/sdd	Slave secondario.
/dev/nvme0n1	Disco NVMe (comune nei sistemi moderni).
/dev/fd0	Il floppy.

Queste azioni sono permesse solo all'utente root.

fdisk -l /dev/sda	Mostra la tabella delle partizioni.
fsck -v -r /dev/sda1	Ripara un file system.
mkfs -t ext4 /dev/sdb2	Crea un file system ext4 sulla seconda partizione dello slave primario.
mount -o remount,rw /dev/sda1	Rimonta in lettura-scrittura.

Operazioni su Processi e Utenti L'interprete di comandi interattivo offerto dal terminale Linux mette a disposizione molti comandi utente utili per controllare le attività del computer, come verificare i processi in esecuzione e le risorse utilizzate, lo spazio su disco usato, gestire i diritti di utilizzo degli utenti, ecc. Un elenco dei comandi utente più comuni è il seguente:

ps	Mostra i processi.
ps aux	Mostra tutti i processi.
du	Mostra lo spazio su disco utilizzato.
df	Mostra i file system.
kill -9 process_number	Invia il segnale 9 al processo.
trap	All'interno di uno script, per reagire a un segnale.
whoami	Mostra l'utente corrente.
groups	Mostra i gruppi a cui appartiene l'utente.
passwd	Cambia la password.
passwd username	Cambia la password dell'utente (solo root o l'utente stesso possono farlo).
members group	Mostra i membri del gruppo.
who	Mostra chi è connesso.
w	Mostra chi è connesso e cosa sta facendo.
last	Mostra gli ultimi accessi.
useradd, userdel	Aggiunge o elimina un utente.
adduser, addgroup	In alcune distribuzioni, questi comandi sono più comodi delle loro controparti.
date	Mostra data e ora.
date -s '+1 hour'	Imposta l'orologio avanti di un'ora (eseguito da root).
uptime	Mostra da quanto tempo il sistema è attivo.
uname -a	Mostra informazioni sul sistema operativo.
uname -r	Mostra la versione del kernel.
lsof	Mostra i file aperti.
top	Mostra l'utilizzo delle risorse di sistema (uscita con `Ctrl+C`).
free	Mostra la memoria libera.
times	Mostra l'utilizzo della CPU.
time command	Esegue e mostra il tempo di esecuzione.
nice command	Esegue con bassa priorità.

Lavori Batch

command	Esegue il comando.
command1 &	Esegue il comando in background.
nohup command1 &	Continua a funzionare anche quando il terminale viene chiuso.
at 8pm May 29 -f /home/user/program	Esegue il programma alle 20:00 del 29 maggio.
Ctrl+z	Interrompe il comando.
jobs	Visualizza i comandi in corso.
bg %1	Manda il job 1 in background.
fg %1	Porta il job 1 in foreground.

Variabili della Shell

PATH	Dove vengono cercati i comandi.
DISPLAY	Terminale per l'output X11.
SHELL	Shell corrente.
USERNAME	Nome dell'utente.
PWD	Directory corrente.
HOSTNAME	Nome dell'host.
HOME	Directory home.
PS1	Prompt.

Esecuzione Condizionale di Comandi

command && command2	`command2` viene eseguito se `command` ha successo.
command || command2	`command2` viene eseguito se `command` fallisce.

1.4 Esercizi

1.1 Esercitati a usare il comando cd navigando tra le cartelle del tuo computer e controllando la tua posizione attuale.

1.2 Apri un terminale e crea una cartella chiamata test1. Poi, entra in quella cartella e crea una nuova cartella chiamata test2. Naviga in test2 e chiedi alla shell di mostrare il tuo percorso attuale.

1.3 Apri un terminale e crea una cartella chiamata test1. Poi, esegui il comando ls e copia tutti i file con estensione .pdf nella cartella test1.

1.4 Usa il comando grep per verificare quante volte appare l'istruzione cout in un file sorgente C++.

1.5 Scrivi l'output del comando ls in un file chiamato test.txt, includendo l'elenco di file e cartelle.

Capitolo 2
Rudimenti di programmazione

2.1 Linguaggi di programmazione di base utili in Scienza

Programmare significa scrivere codici, ovvero un insieme di istruzioni volte a indicare a un computer come risolvere un problema o svolgere un compito specifico. In termini semplici, la programmazione è ciò che produce il software che utilizzi quotidianamente al tuo computer o al tuo smartphone consentendo di far funzionare le applicazioni che ami. In altre parole, è una componente essenziale del mondo moderno così come lo conosciamo. In ambito scientifico, la programmazione offre a studiosi e ricercatori la possibilità di effettuare calcoli complessi, fare previsione sulla base di modelli e/o informazioni estratte da misure sperimentali, archiviare grandi quantità di dati e analizzare risultati in modo rapido ed efficiente. Grazie ad essa, processi che altrimenti sarebbero lunghi, imprecisi e ripetitivi possono essere automatizzati, liberando tempo ed energie per attività più creative.

Molti linguaggi di programmazione possono essere utilizzati in ambito scientifico. In questo capitolo ne abbiamo scelti due tra i più importanti. Abbiamo utilizzato linguaggi di programmazione open source, **Python** – per la sua semplicità e per le enormi opportunità offerte dalle sue librerie e pacchetti – e **C++** – perché può essere usato sia a basso livello (programmazione di microcontrollori) sia ad alto livello (programmazione orientata agli oggetti). In questo libro ci riferiremo principalmente a codice scritto per Linux, ma tutto il codice C++ e Python può essere riprodotto anche su altri sistemi operativi come Windows e macOS. I sistemi operativi come Linux e macOS condividono la stessa base architetturale di tipo UNIX; per questo motivo, il porting del software sviluppato per Linux su macOS risulta generalmente più agevole. La pagina web della documentazione Microsoft fornisce tutte le istruzioni per installare C++ e Python su questo sistema operativo. Allo stesso modo, Python e C++ possono essere facilmente installati seguendo le guide presenti sui rispettivi siti web.

I repository Linux sono disponibili in tutte le loro distribuzioni. Questi repository permettono l'installazione di C++ (gnu-g++), Python3 e tutte le librerie di sviluppo.

G. Mandaglio, U. Wanderlingh, S. Vasi, *Strumenti open source per l'analisi dei dati fisici*,
https://doi.org/10.1007/978-3-032-35750-2_2

2.1.1 C++

C++ è un'evoluzione del linguaggio C standard, progettata per introdurre la programmazione orientata agli oggetti e ampliare le possibilità offerte dal suo predecessore. Nato come linguaggio compilato, C++ è stato concepito per garantire la massima efficienza in fase di esecuzione, caratteristica che lo rende ideale per applicazioni ad alte prestazioni. Sebbene la compilazione resti la modalità principale di utilizzo, esistono anche interpreti come Cling, parte del framework di analisi ROOT, che consentono di eseguire codice C++ in piccoli script, in maniera simile a quanto avviene con linguaggi dinamici come Python.

C++ è noto per la sua curva di apprendimento ripida, dovuta alla complessità del linguaggio e alla necessità di padroneggiare concetti sia fondamentali che avanzati, tra cui: gestione manuale della memoria, programmazione orientata agli oggetti, uso esteso dei puntatori, attenzione alle prestazioni e alla gestione delle risorse. La ricca libreria standard e la grande flessibilità del linguaggio lo rendono potente ma al tempo stesso impegnativo per i principianti. Tuttavia, chi riesce a padroneggiarlo dispone di uno strumento estremamente efficace per lo sviluppo di applicazioni ad alte prestazioni.

C++ trova applicazione in numerosi ambiti: dai sistemi operativi ai motori grafici, fino allo sviluppo di altri linguaggi di programmazione (ad esempio, Python è in gran parte implementato in C++). In campo scientifico, la sua padronanza è particolarmente preziosa: permette di scrivere codice eseguibile ad alta velocità per simulazioni e analisi di grandi mole di dati, oltre a programmare firmware per microcontrollori, fondamentali nella realizzazione di sistemi di acquisizione dati.

Il codice C++ necessita di un compilatore per essere tradotto in linguaggio macchina prima di poter essere eseguito. In alternativa, può essere eseguito anche tramite un interprete. Un esempio è il ROOT Data Analysis Framework, che include l'interprete C++ Cling, progettato per consentire l'esecuzione interattiva di piccoli script.

Il codice compilato viene convertito direttamente in istruzioni macchina, garantendo prestazioni ottimali e sfruttando al massimo le potenzialità dell'hardware. Al contrario, un interprete traduce ed esegue il codice riga per riga, con un inevitabile calo di efficienza.

Per questo motivo, l'esecuzione interpretata è generalmente adatta a compiti limitati o alla risoluzione rapida di problemi specifici, mentre non rappresenta la scelta ideale per progetti di grandi dimensioni o applicazioni che richiedono elevate prestazioni.

Esistono diversi compilatori per C++, ciascuno con le proprie peculiarità, i più noti e utilizzati sono: **GCC (GNU Compiler Collection)**, uno dei compilatori più popolari, disponibile su molte piattaforme, tra cui Linux, macOS e Windows (tramite MinGW). Supporta diverse versioni dello standard C++. **Clang** è un compilatore open source parte del progetto LLVM. È il compilatore predefinito in macOS, spesso utilizzato come alternativa a GCC su altre piattaforme. **MSVC (Micro-**

soft Visual C++) è il compilatore C++ fornito da Microsoft come parte di Visual Studio. È il compilatore standard per lo sviluppo di applicazioni Windows. **Intel C++ Compiler (ICC)** è un compilatore proprietario fornito da Intel. Ottimizzato per le architetture CPU Intel, spesso utilizzato in applicazioni che richiedono alte prestazioni.

Il codice sorgente può essere scritto utilizzando qualsiasi editor di testo. Linux offre molti editor di testo, sia con che senza interfaccia grafica. I più comuni e popolari sono nano, pico, vim, emacs (senza interfaccia grafica), oppure geany, Atom, kdevelop e kate (con interfaccia grafica).Su Windows, una scelta pratica e gratuita è Dev-C++, distribuito sotto licenza GNU General Public License, ideale per chi cerca un ambiente leggero per lo sviluppo in C/C++. Per gli utenti macOS, è disponibile Xcode, un ambiente di sviluppo integrato che offre strumenti avanzati per la programmazione in C++, oltre ad altri linguaggi, ed è particolarmente adatto per lo sviluppo su piattaforma Apple.

2.1.2 Python

Python è un linguaggio di programmazione di alto livello, caratterizzato da una sintassi semplice e leggibile, che lo rende al tempo stesso facile da apprendere ed estremamente potente. È dotato di un interprete, grazie al quale risulta indipendente dalla piattaforma su cui viene eseguito. Può essere utilizzato in modalità **interattiva**, digitando istruzioni direttamente nell'interprete, in modo simile all'uso di una calcolatrice; oppure in modalità esecuzione **script**, eseguendo una sequenza di istruzioni salvate in un file con estensione .py.

Questa flessibilità, unita alla portabilità e alla vasta disponibilità di librerie, ha reso Python uno dei linguaggi più diffusi e apprezzati sia in ambito accademico e della ricerca scientifica che industriale.

Python è presentato nella sua pagina "About" (https://www.python.org/about/) come segue: "*Python è potente ... e veloce; si integra bene con gli altri; funziona ovunque; è amichevole & facile da imparare; è Open.*". Infatti, Python è un linguaggio di programmazione moderno e di alto livello basato su una sintassi semplice e potente – simile alla lingua inglese – che permette agli sviluppatori di scrivere programmi con meno linee rispetto ad altri linguaggi di programmazione. Inoltre, Python funziona su diversi sistemi operativi (Windows, Mac, Linux, Raspberry Pi, ecc.) e utilizza un *interprete* che traduce il codice di un linguaggio di programmazione di alto livello in codice macchina riga per riga, garantendo la possibilità di eseguire il codice non appena viene scritto. Python è un linguaggio di programmazione orientato agli oggetti. Quasi tutto in Python è un oggetto, con le sue proprietà e metodi.

Il linguaggio Python consente di sviluppare programmi di diversa complessità, anche partendo dal lavoro già realizzato da altri programmatori. Questa è una delle grandi forze dell'Open Source e della vasta comunità di sviluppatori Python.

Quando un programmatore crea una nuova libreria, può condividerla con tutti gli altri, contribuendo così ad arricchire l'ecosistema del linguaggio. Le librerie rivestono un ruolo fondamentale perché raccolgono funzioni e classi — che approfondiremo più avanti — organizzandole in moduli.

Ogni modulo mette a disposizione numerose funzioni già pronte, che possono essere facilmente integrate nei nostri programmi per semplificare lo sviluppo e ridurre i tempi di implementazione.

L'installazione e il primo utilizzo di Python sono generalmente semplici, e diverse distribuzioni Linux e UNIX includono già una versione recente di Python. Se l'utente ha bisogno di scaricare ed eseguire una "nuova" installazione di Python, l'ultima versione può essere scaricata dalla "pagina Download" (https://www.python.org/downloads/) per diversi sistemi operativi – è possibile installare molte altre versioni di Python, disponibili sulla pagina appena indicata.

Scrivere codice in Python può essere fatto utilizzando sia semplici editor di testo sia veri e propri Ambienti di Sviluppo Integrati (IDE). Tra i più diffusi troviamo **Thonny**, **PyCharm**, **NetBeans** ed **Eclipse**. Questi sono particolarmente utili quando si gestiscono collezioni più grandi di file Python.

Una guida introduttiva molto valida è fornita dalla documentazione online (http://docs.python.org/). Essa offre sia informazioni di base che approfondite su Python e una descrizione delle numerose librerie e della sintassi di Python.

Dopo aver installato la versione di Python e l'IDE scelto, possiamo provare a creare un primo e semplicissimo esempio di programma che stampa il nostro nome sullo schermo utilizzando la funzione `print()`. Una volta avviato il nostro IDE, possiamo digitare questa semplice riga di codice:

```
print("Il mio nome è Sebastiano")
#Output: Il mio nome è Sebastiano
```

Codice 2.1 Primo esempio in Python con la funzione print()

e poi eseguire il codice. In questo esempio, si noti che forniamo come input alla funzione print() in Python il testo tra virgolette posto tra le parentesi, stampandolo a schermo come output[1]. L'esempio 2.1 restituisce come output una *stringa*, uno dei più importanti *tipi di dato* utilizzati in programmazione. L'utilizzo del tipo di dato corretto è fondamentale per scrivere codice efficiente e ridurre al minimo gli errori di programmazione. Una scelta appropriata dei tipi di dato non solo migliora le prestazioni, ma rende anche il codice più chiaro e affidabile.

In questo contesto, nella prossima sezione introdurremo i tipi di dato di base più comuni, che costituiscono i mattoni fondamentali di ogni programma.

[1] Di solito, in Python, se si vuole stampare a schermo, si consiglia l'uso della funzione print() poiché funziona sia scrivendo in IDLE che con l'editor di testo, ma spesso in IDLE l'argomento viene scritto direttamente senza usare print().

Tabella 2.1 Tipi di dato comuni

Tipo di dato	Utilizzato per	Esempi
Integer	Tutti i numeri interi[a] e i loro corrispondenti negativi	`7, -12, 0, 999`
Float	Numeri frazionari[b]	`3.14159, -9.1, 0.0`
String	Una sequenza di caratteri alfanumerici[c]	`Hello world!, Seb123`
Boolean	Valori logici[d]	`True, False`

[a] una collezione di numeri positivi senza frazioni e zero
[b] numeri con un punto decimale
[c] una combinazione di caratteri alfabetici e numerici
[d] valori che indicano la relazione di una proposizione con la verità

2.2 Tipi di dato

Una parte molto importante della comprensione e/o scrittura di un programma riguarda quali tipi di dati utilizziamo e come gestire questi dati. Un **tipo di dato** è una classificazione dei dati che fornisce istruzioni al compilatore o all'interprete su come utilizzare i dati. I dati – come input e/o output – sono processati utilizzando *byte* che possono essere interpretati come valori che comprendiamo, proprio come un tipo di dato di base. La maggior parte dei linguaggi di programmazione supporta tipi di dato, inclusi interi, reali, caratteri o stringhe, e booleani. I tipi di dato comuni sono riportati nella tabella 2.1.

Questi tipi di dato comuni possono solitamente essere utilizzati nella maggior parte dei linguaggi di programmazione, così come ulteriori tipi di dato complessi e/o composti. Come menzionato in 2.1, vedremo ora come richiamare/impiegare questi tipi di dato in Python e C++, introducendo anche alcuni esempi.

2.2.1 C++

In C++, le variabili e il loro tipo devono sempre essere dichiarati prima dell'uso. Se si dichiarano le variabili al di fuori della funzione principale `main`, queste variabili sono chiamate *variabili globali*. Le variabili globali sono visibili a tutte le funzioni presenti nel codice. Al contrario, se le variabili sono dichiarate all'interno del programma principale o in altre funzioni, queste sono *variabili locali* e vivono solo nella funzione in cui sono state dichiarate. Le variabili globali sono utilizzate da qualunque funzione del programma come se fossero variabili locali, al contrario, le variabili locali esistono solo all'interno della funzione in cui sono state definite e non sono visibili al di fuori di essa. Questa distinzione è fondamentale per la gestione della memoria e per evitare conflitti tra variabili con lo stesso nome.

Ripetiamo in C++ tutte le variabili devono essere dichiarate. Se proviamo a compilare il seguente codice 2.2:

```
#include <iostream>
int main()
{
  pi_greek=3.14; //istruzione di assegnazione
  return 0;
}
```

Codice 2.2 Esempio di codice C++ con un errore dovuto all'uso di una variabile non dichiarata

il compilatore restituirà il seguente errore:

```
gmandaglio75@buccellato:~> g++ prova.cpp
prova.cpp: In function int main():
prova.cpp:6:3: error: pi_greek was not declared in this scope
   pi_greek=3.14;
   ^~~~~~~~
```

Questo perché la variabile *pi_greek* non è stata definita prima; quindi, non possiamo eseguire l'istruzione di assegnazione. La versione corretta del codice 2.2 sarà:

```
#include <iostream>
int main()
{
  float pi_greek=3.14;
  return 0;
}
```

Codice 2.3 Versione corretta del codice 2.2

In questo caso, abbiamo definito la variabile nel codice 2.3, e poi nella stessa istruzione abbiamo effettuato l'assegnazione. È possibile, ovviamente, definire la variabile e poi procedere con un'assegnazione in un'altra istruzione. Le istruzioni rappresentano le operazioni fondamentali che compongono un programma. In C++, ogni istruzione deve terminare con un punto e virgola. Nel programma principale mostrato in 2.3 sono presenti due istruzioni: una di dichiarazione e assegnazione e una di terminazione del programma. Come si può osservare, entrambe terminano correttamente con un punto e virgola.

Una variabile è una parola, comune o inventata dall'utente, capace di memorizzare informazioni del tipo specificato secondo la sua definizione. Nel nostro esempio, la parola pi_greek è una variabile reale di tipo float che memorizza il numero 3.14.

Nella tabella 2.2 sono riportati i principali tipi di dati in C++.

La principale preoccupazione di chi inizia a programmare è spesso quella di ricordare correttamente i nomi delle variabili per evitare errori in fase di compilazione. Tuttavia, è ancora più importante prestare attenzione al tipo di variabile utilizzato, poiché una scelta errata può portare a errori logici difficili da individuare. Un esempio comune è il tentativo di memorizzare un numero reale all'interno di una variabile intera: in questo caso, la parte decimale verrebbe automaticamente eliminata, con conseguente perdita di informazione.

Tabella 2.2 Principali tipi di dati in C++

Gruppi	Nomi	Informazioni aggiuntive
Carattere	char	1 byte, almeno 8 bit
	char16_t	non più piccolo di char, almeno 16 bit
	char32_t	non più piccolo di char16_t, almeno 32 bit
	wchar_t	carattere più grande supportato
Intero con segno	signed int	da $-2\,147\,483\,648$ a $2\,147\,483\,648$ (32 bit)
	signed long int	da $-2\,147\,483\,648$ a $2\,147\,483\,648$
	signed long long int	da $-9\,223\,372\,036\,854\,775\,808$ a $9\,223\,372\,036\,854\,775\,808$
Reale	float	da 1.17549×10^{-38} a $3.40282 \times 10^{+38}$
	double	da 2.22507×10^{-308} a $1.79769 \times 10^{+308}$
	long double	da 3.3621×10^{-4932} a $1.18973 \times 10^{+4932}$
Booleano	bool	assume solo due valori “true“ o “false”
Void	void	nessuno spazio di memoria utilizzato

2.2.2 *Python*

In Python, un tipo di dato può essere identificato come una classe usando la funzione `type()`. Può essere applicata a un argomento restituendo il tipo dell’oggetto dato:

```
type(10)
#Restituisce <class 'int'> identificando l'argomento come un
    intero

type(10.56)
#Restituisce <class 'float'> identificando l'argomento come un
    float

type(True)
#Restituisce <class 'bool'> identificando l'argomento come un
    booleano

type("My name is Sebastiano")
#Restituisce <class 'str'> identificando l'argomento come una
    stringa
```

Codice 2.4 Funzione type() in Python

Nota che combinando la funzione type() con la funzione print() – vedi “Codice 2.1” – si ottengono gli stessi risultati dell’esempio precedente:

```
print(type(10))
#Restituisce <class 'int'> identificando l'argomento come un
    intero

```

```
print(type(10.56))
#Restituisce <class 'float'> identificando l'argomento come un
    float

print(type(True))
#Restituisce <class 'bool'> identificando l'argomento come un
    booleano

print(type("My name is Sebastiano"))
#Restituisce <class 'str'> identificando l'argomento come una
    stringa
```

In Python, gli **interi** non hanno un limite di lunghezza – l'unica restrizione è dovuta alla quantità di memoria disponibile sul tuo sistema, quindi un intero può avere tutte le cifre che desideri nel limite della memoria del sistema. Inoltre, è possibile effettuare rapidamente calcoli tra interi sempre utilizzando la funzione print(). Alcuni esempi sono riportati di seguito:

```
print(1083752935885029)
#Restituisce il valore 1083752935885029

print(8375293 + 418397)
#Restituisce il valore 8793690 eseguendo la somma tra due interi

print(8375293 * 418397 * 3)
#Restituisce il valore 10512592395963, eseguendo la
    moltiplicazione tra tre interi

print(08375293 + 418397)
#Restituisce "SyntaxError", un errore di sintassi nel codice di
    programmazione
```

Codice 2.5 Interi in Python

Nota che gli zeri iniziali nei letterali interi decimali non sono permessi. Se vuoi verificare che il risultato dell'operazione sia ancora un intero, usa la funzione type() prima dell'operazione – il tipo intero si chiama `int`.

```
print(type(8375293 * 418397 * 3))
#Restituisce <class 'int'> confermando che il risultato dell'
    operazione è ancora un intero
```

Un **float** è un numero a virgola mobile che viene specificato con un punto decimale[2] Un computer rappresenta questo tipo di numero come frazioni binarie – ad esempio, la frazione decimale 0.237 ha valore $2/10 + 3/100 + 7/1000$ (base 10), e allo stesso modo, la frazione binaria 0.001 ha valore $0/2 + 0/4 + 1/8$ (base 2). La

[2] I paesi anglofoni (e la Cina) usano il punto decimale e separano le migliaia con le virgole. La maggior parte dei paesi europei, come l'Italia, usa uno spazio o un punto per separare le migliaia – ma non necessariamente quando si fa riferimento ai milioni – e una virgola per i decimali. Qui facciamo uso del punto decimale separando le migliaia con le virgole.

maggior parte delle frazioni in base 10 non corrisponde esattamente alla base 2. Quindi i numeri decimali a virgola mobile possono essere solo *approssimati* dai numeri a virgola mobile binari memorizzati nella macchina. Questo tipo di base si chiama `float` in Python. In scienza in generale e in fisica in particolare, questo tipo di dato è essenziale perché spesso è necessario indicare numeri molto piccoli o molto grandi, cosa che si fa usando la *notazione scientifica*. Python permette di scrivere numeri enormi e/o molto piccoli con il carattere e o E seguito da un intero positivo o negativo. Esempi di numeri sono mostrati qui nel "Codice 2.6".

```
print(108.3752935885029)
#Restituisce il valore 108.3752935885029

print(-5.)
#Restituisce il valore -5.0

print(.6)
#Restituisce il valore 0.6

print(3.1e8)
#Restituisce il valore 310000000.0

print(-293.1 + 8397)
#Restituisce il valore 8103.9 eseguendo la somma di due valori
#Nei calcoli aritmetici, nota che il numero scritto come intero
    viene considerato anch'esso un float

print(-2.102e-3 * 2.5)
#Restituisce il valore -0.005255, eseguendo la moltiplicazione
    tra due float
```

Codice 2.6 Float in Python

Suggerimento
Generalmente, i sistemi operativi usano numeri a virgola mobile in Python come valori a "doppia precisione" a 64 bit, secondo lo standard IEEE 754. In questo contesto, abbiamo:

1. il valore massimo per un float è circa 1.8×10^{308} e Python rappresenterà un numero maggiore di questo con la stringa `inf`;
2. il numero più vicino a zero è quasi 5.0×10^{-324}, quindi qualsiasi numero più vicino a zero di tale valore viene riportato come `zero`.

Una **stringa** è una sequenza di dati *carattere* – caratteri alfanumerici – e il suo tipo in Python è `str`. Abbiamo già visto questo tipo base nel primo codice Python alla fine della sottosezione 2.1.2. Le virgolette singole o doppie attorno alle stringhe sono essenziali perché marcano accuratamente l’inizio e la fine di una stringa. Ecco alcuni altri esempi di stringhe valide:

```
print('Hello world')
#Output: Hello world

print("Please, consider that the approximated value of pi is
    3.14159")
#Output: Please, consider that the approximated value of pi is
    3.14159

print('')
#Restituisce una stringa vuota
```

Codice 2.7 Stringhe in Python

Suggerimento
Se vuoi includere un carattere di virgoletta come parte della stringa stessa, i modi più semplici sono delimitare la stringa con l’altro tipo – se una stringa deve contenere una virgoletta singola, delimitala con le virgolette doppie e viceversa – oppure usare le stringhe delimitate da tre virgolette.

```
print("This code contains 'Hello world' inside it!")
#Output: This code contains 'Hello world' inside it!

print('This code contains "Hello world" inside it!')
#Output: This code contains "Hello world" inside it!

print(Test code with "Hello world" and ’Sebastiano’.)
#Stringa delimitata da tre virgolette.
#Output: Test code with "Hello world" and 'Sebastiano'.
```

Possiamo ottenere stringhe ancora più complesse usando (i) le *sequenze di escape* in cui l’uso di una barra rovesciata (“\”) fa sì che la sequenza di caratteri successiva “esca” dal suo significato usuale (ad esempio, la sequenza di escape “\n” non restituisce n come output, ma un carattere ASCII Linefeed), e/o (ii) le *stringhe raw*, cioè stringhe precedute da “r” o “R”, che specificano che le sequenze di escape nella stringa associata non vengono tradotte.

```
print("\u03C0 \u2192 \"pi\"\nValue: 3.14159...70679 \N{rightwards
    arrow} Approximated value: 3.14159\n\u03C0\\\u03C0 = 1")
#Sequenza di escape.
#Output: π → "pi"
         Value: 3.14159...70679 → Approximated value: 3.14159
         π\π = 1
```

```
print(r"\u03C0 \u2192 \"pi\"\nValue: 3.14159...70679 \N{rightwards arrow} Approximated value: 3.14159\n\u03C0\\\u03C0 = 1")
#Stringa raw.
#Output: \u03C0 \u2192 \"pi\"\nValue: 3.14159...70679 \N{rightwards arrow} Approximated value: 3.14159\n\u03C0\\\u03C0 = 1
```

Codice 2.8 Stringhe complesse in Python

Il tipo di dato **Booleano** può essere solo `True` oppure `False` e si chiama `bool`. Quando discuteremo delle espressioni e delle loro applicazioni più avanti, vedremo l'importanza dell'aritmetica e della logica booleana nell'indagare la verità o la falsità di un'espressione.

```
print(type(True))
#Output: <class 'bool'>

print(type(False))
#Output: <class 'bool'>
```

Codice 2.9 Tipo di dato booleano in Python

I **numeri complessi** sono molto usati in ambito scientifico e sono espressi in Python come una *parte reale* più una *parte immaginaria* rappresentata come un numero moltiplicato per j. Questo tipo base si chiama `complex`:

```
print(-7+2j)
#Restituisce (-7+2j)

print(type(5.1-1j))
#Restituisce <class 'complex'>
```

Codice 2.10 Numeri complessi in Python

Nota l'importanza di inserire sempre un valore prima di "j"; altrimenti, Python restituisce un errore.

2.3 Programmare in C++ e Python

In questa sezione verrà presentato come implementare codice in C++ e Python, includendo la struttura del codice, l'uso delle librerie, le variabili e i loro operatori, le strutture di controllo (istruzioni di sequenza, selezione e ripetizione), le funzioni e le classi.

2.3.1 Il mio primo codice in C++

Il codice sorgente, che deve essere compilato prima di poter essere eseguito, va scritto in un documento di testo semplice (non formattato). Un file creato con programmi di videoscrittura come MS Word, LibreOffice Writer o equivalenti non è adatto: questi, infatti, generano file contenenti formattazioni e metadati, leggibili solo attraverso il programma con cui sono stati prodotti. I sorgenti, invece, devono essere salvati come puro testo, in formato ASCII, e non in linguaggio macchina.

Per scrivere codice sorgente è quindi necessario utilizzare un editor di testo. Nei sistemi operativi Linux sono disponibili diversi editor, sia privi di interfaccia grafica e utilizzabili direttamente dal terminale (come vim, pico, nano, emacs), sia con interfaccia grafica più user-friendly (come gedit, kate, Atom, KDevelop, ecc.). Gli stessi strumenti possono essere installati anche su altri sistemi operativi, come Windows e macOS, che offrono comunque editor di testo nativi.

Per identificare un file sorgente è importante osservare la sua estensione: ad esempio, nel caso del C++ l'estensione tipica di un file sorgente in C++ è *.cpp*. Infine, gli editor testuali senza interfaccia grafica possono rivelarsi particolarmente utili quando si lavora su sistemi di calcolo che mettono a disposizione soltanto il terminale; per questo motivo, avere familiarità con almeno uno di questi strumenti è fortemente consigliato.

Il seguente esempio riporta il codice 2.11 più semplice: il famoso "Hello world", ovvero come stampare un messaggio nel terminale usando un programma compilato. Il codice ci permette di dare alcune istruzioni sulla struttura di un programma C++.

```
1 #include <iostream> //input/output libreria
2 int main(){  //programma principale
3 std::cout<<"hello world"<<std::endl;
4 return 0;
5 }
```

Codice 2.11 Visualizzazione del messaggio 'Hello World' usando C++.

Commentando il breve codice riportato in 2.11 è possibile comprendere perché l'apprendimento del C++ possa risultare complesso. In sole quattro righe si concentrano infatti numerose informazioni che lo studente deve conoscere. Nella prima riga, per utilizzare l'operazione di output `cout` è necessario includere la libreria appropriata, in questo caso "`iostream`", tramite l'istruzione `#include <NomedellaLibreria>`. La seconda riga introduce il programma principale, che in C++ è definito come una funzione. La parola chiave `int` specifica che tale funzione restituisce un valore intero al Sistema Operativo. Il nome della funzione deve essere obbligatoriamente "main", seguito da due parentesi tonde: se vuote, indicano che la funzione non riceve alcun argomento in ingresso. Tutte le istruzioni del corpo della funzione devono essere racchiuse tra parentesi graffe. Inoltre, ogni istruzione termina con un punto e virgola, con l'eccezione delle direttive di inclusione delle librerie. La prima istruzione del main utilizza l'operatore `cout` per stampare una stringa sullo schermo e l'operatore `endl` per andare a capo. Le doppie barre oblique (`//`) servono a introdurre un commento nel codice. I commenti vengono ignorati dal compilatore, ma sono estremamente utili: facilitano la condivisione con altri e aiutano lo stesso autore a ricordare la logica del programma a distanza di tempo. Infine, il codice termina con l'istruzione `return 0;`, che restituisce al Sistema Operativo il valore intero indicato, come stabilito dalla dichiarazione iniziale della funzione.

Per compilare il sorgente, cioè tradurlo in linguaggio macchina, su una shell Linux o macOS è sufficiente aprire il terminale, spostarsi nella cartella che contiene il file e digitare:

```
g++ printhelloworld.cpp
```

Il compilatore controlla prima la presenza di errori: se non ne trova, traduce il codice e produce un file eseguibile in formato binario (incomprensibile per l'uomo ma leggibile dalla macchina). Per impostazione predefinita, l'eseguibile viene chiamato "a.out". Se si desidera personalizzare il nome del file eseguibile basta aggiungere al comando di compilazione il nome dell'eseguibile preceduto da -o (la o sta per output):
g++ -o eseguibile.exe sorgente.cpp Per eseguire il programma dal terminale basta scrivere:

```
./a.out
```

Il risultato sarà la stampa della stringa "hello world" sulla shell.

Se durante la compilazione il codice contiene errori, il compilatore non produce l'eseguibile. Al contrario, se incontra solo avvertimenti (*warning*), la compilazione prosegue comunque e l'eseguibile viene generato. I warning non impediscono l'esecuzione del programma, ma segnalano al programmatore possibili inefficienze o cattive pratiche. Ad esempio, se si dichiara una variabile senza poi utilizzarla, il compilatore genera un warning: il programma funziona lo stesso, ma la variabile inutilizzata rappresenta uno spreco di risorse.

2.3.2 Il mio primo codice in Python

In Python, l'implementazione del codice è più semplice. Per ripetere l'esercizio della sezione 2.3.1, è sufficiente scrivere in un file di testo non formattato e con estensione ".py" la funzione `print` come segue:

```python
#"Myfirstmacro.py"
print("hello")
```

Codice 2.12 Script Python "Myfirstmacro.py"

Tutto qui! Per aggiungere un commento nella macro Python, ignorato dall'interprete, è necessario utilizzare il carattere # prima del commento. L'esecuzione della

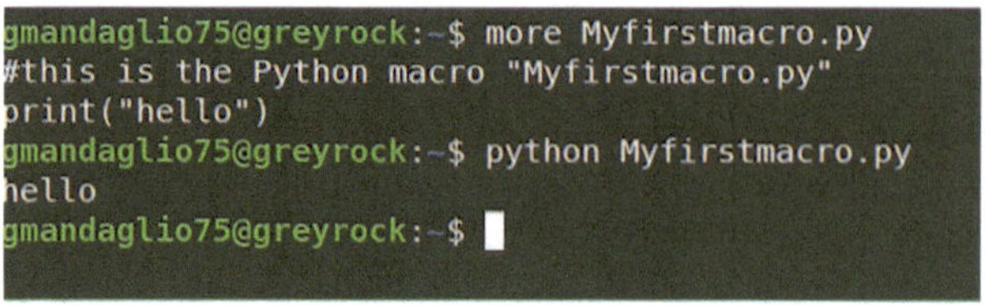

Figura 2.1 Esecuzione dello script Python

macro è mostrata in Figura 2.1. In questo caso l'unica cosa da sapere è che, per stampare un messaggio a schermo, basta utilizzare la funzione *print*. Questo semplice esempio mostra come la curva di apprendimento di Python sia decisamente più dolce rispetto a quella di altri linguaggi di programmazione, come il C++.

2.3.3 Operazioni di Input/Output

Uno degli obiettivi principali della programmazione è l'analisi dei dati. Per raggiungerlo, è fondamentale disporre di strumenti che consentano la comunicazione con l'operatore umano. A tal fine, tutti i linguaggi di programmazione mettono a disposizione un insieme completo di istruzioni di input/output (I/O), che permettono di gestire in modo efficiente anche grandi volumi di dati. Le operazioni di I/O comprendono, ad esempio, la visualizzazione di messaggi sullo schermo, l'acquisizione di input dall'utente, la lettura di dati da file o dispositivi hardware e la scrittura di output su file in un formato specifico. Questa sezione presenta le funzionalità di input/output di base in C++ e Python.

2.3.3.1 C++

Quando vogliamo intrattenere una conversazione con qualcuno, la nostra prima preoccupazione è capire cosa sta dicendo e sapere come rispondergli. Lo stesso vale quando impariamo a programmare. Queste operazioni sono chiamate operazioni di *Input/Output*. Abbiamo già incontrato la libreria che fornisce gli strumenti necessari a questo scopo, ovvero `iostream`, e visto come includerla in un programma, insieme all'operatore di output `cout`. L'operatore corrispondente per l'input è `cin`. La sua sintassi è molto simile a quella di `cout`: l'unica differenza consiste nel fatto che al posto dell'operatore di inserimento << si utilizza l'operatore di estrazione >>.

Il modo migliore per familiarizzare con questi nuovi strumenti è scrivere del codice. Un primo esempio potrebbe consistere nel chiedere all'utente di inserire due numeri e visualizzare a schermo la loro somma. Questo è illustrato nel codice 2.13.

```
1 #include <iostream>
2 using namespace std;//consente di evitare di scrivere std:: davanti a cout, cin, e endl
3 int main(){
4     float firstNumber, secondNumber;//dichiarazione di due variabili reali
5     cout<<"Per favore dammi due numeri e io ti restituisco la somma \n"; // \n all'interno della stringa consene di andare a capo
6     cout<<"Dammi il primo numero \n";
7     cin>>firstNumber;//cin trasferisce alla variabile il dato fornito da terminale dall'utente
8     cout<<"dammi il secondo numero \n";
9     cin>>secondNumber;
10    cout<<"la somma di "<<firstNumber<<"+"<<secondNumber<<" vale "<<fistNumber+secondNumer<<endl;
11    return 0;
12 }
```

Codice 2.13 Codice in grado di sommare due numeri

Spieghiamo brevemente il codice 2.13.

- L'istruzione riportata alla seconda riga ci permette di evitare di anteporre "`std::`" a *cout*, *cin* ed *endl*.
- Come già detto, le variabili devono sempre essere dichiarate prima dell'uso. In questo caso sono di tipo "reale", poiché le abbiamo dichiarate come `float` alla riga 4. È inoltre possibile dichiararne più di una separandole con la virgola.
- Alla riga 5 si nota che la sequenza "\n" all'interno della stringa passata a *cout* ha lo stesso effetto di *endl*.
- La riga 6 mostra il primo utilizzo dell'operatore *cin*. Esso assegna alla variabile il valore digitato nel terminale della shell; la stessa operazione viene ripetuta alla riga 8 per la variabile *firstNumber*.
- *cout* può stampare più variabili e stringhe concatenate. Alla riga 9, ad esempio, vengono stampati in sequenza: (i) la stringa "the sum of ", (ii) il valore della variabile *firstNumber*, (iii) la stringa " + ", (iv) il valore del secondo numero, (v) un'ulteriore stringa, (vi) il risultato della somma delle due variabili e infine (vii) il comando di nuova riga *endl*.
- Come mostrato anche nel codice 2.11, la funzione termina alla riga 10 con l'istruzione `return`. In base alla sua dichiarazione, la funzione deve restituire un valore intero: per convenzione, si restituisce `0` se il programma si è concluso correttamente, mentre valori diversi da zero possono essere scelti dal programmatore per segnalare differenti condizioni di errore o terminazioni anomale.

Come abbiamo già visto, le operazioni di input/output sul terminale sono essenziali per rendere un programma interattivo. Tuttavia, per poter lavorare sui dati è spesso necessario gestire anche l'input e l'output su file. In generale, i dati si trovano in formato testuale (file ASCII), e le operazioni di lettura e scrittura risultano quindi fondamentali. Per questo motivo introduciamo le classi `ifstream` (per la lettura) e `ofstream` (per la scrittura), messe a disposizione dalla libreria `fstream`. È semplice ricordarne la funzione: la lettera iniziale di `ifstream`, `i`, indica *input*, mentre la `o` di `ofstream` indica *output*. Quindi la prima viene utilizzata per le operazioni di lettura mentre la seconda per le operazioni di scrittura.

Il seguente codice 2.14 mostra come funziona ifstream:

```
#include <iostream>
#include <fstream>
using namespace std;
int main()
{
ifstream readme; //readme è un oggetto della classe ifstream
readme.open("/path/of/folder/nome_of_file.dat");//il metodo open
    consente di accedere ad un file in lettura
float container;
leggimi>>container; //l'operatore >> legge un valore del file e
    lo assegna alla variabile container
cout<<"that what we read "<<container<<endl; //per mostrare il
    contenuto
readme.close();//il metodo close chiude il collegamento al file
return 0;
}
```

Codice 2.14 Esempio di funzionamento della classe ifstream

e di seguito è riportato un esempio di come funziona la classe ofstream nel codice 2.15:

```
#include <iostream>
#include <fstream>
using namespace std;
int main()
{
ofstream writeme; //readme è un oggetto della classe ofstream
writeme.open("/path/of/folder/nome_of_file.dat");//il metodo open
    consente di accedere ad un file in scrittura
float container =15.23;
writeme<<container; //L'operatore >> scrive il valore memorizzato
    nella variabile nel file
writeme.close();//il metodo close chiude il collegamento al file
return 0;
}
```

Codice 2.15 Esempio di funzionamento della classe ofstream

Gli oggetti `readme` e `writeme`, appartenenti rispettivamente alle classi `ifstream` e `ofstream` nei codici 2.14 e 2.15, funzionano in modo analogo a `cin` e `cout`, ma operano sui file anziché sul terminale. Un oggetto di tipo `ifstream` legge il contenuto di un file tramite l'operatore `>>`: il flusso di lettura procede dal primo valore, scorrendo da sinistra a destra e riga per riga fino a raggiungere la fine del file. Ogni lettura andata a buon fine restituisce al programma un valore logico `true`. Una volta raggiunto l'ultimo valore, un'ulteriore operazione di lettura restituisce invece `false`. Se si desidera rileggere nuovamente il file, è necessario riportare il flusso all'inizio: ciò può essere fatto richiamando i metodi `clear()` e `seekg()`, oppure, in maniera più semplice, chiudendo il file con `close()` e riaprendolo tramite `open()`.

Quando si utilizza la classe `ifstream`, è importante verificare che l'oggetto riesca effettivamente ad aprire il file. Questo non avviene, ad esempio, se il percorso e/o il nome del file sono errati. Il compilatore non segnala l'errore: il programma viene comunque eseguito producendo messaggi di errore evidenti nei casi più fortunati, in quelli meno fortunati e più comuni risultati privi di senso. Per evitare questa situazione, la classe mette a disposizione il metodo `is_open()`, che restituisce un valore logico `true` se l'apertura del file è avvenuta correttamente. Nel seguente frammento di codice sono riportate le istruzioni per verificare se un file è stato aperto correttamente. Si utilizza una struttura di controllo if, basata sull'esito del metodo `is_open()` in forma logica inversa: in questo modo, se il file non è stato aperto, il programma entra nel blocco if, visualizza un messaggio di avviso e termina l'esecuzione, poiché non avrebbe senso proseguire.

```
ifstream leggimi("documento.txt");
if(!leggimi.is_open()){
    cout<<"non riesco a trovare il documento\n";
    return 1;
}
```

2.3.3.2 Python

Quando si scrive un programma in Python, la prima cosa da ricordare è che l'indentazione del codice, che in altri linguaggi rappresenta una buona pratica per favorire la leggibilità del codice, in Python è invece obbligatoria e funzionale. L'accapo serve a distinguere un'istruzione dall'altra, mentre l'indentazione definisce a quale blocco appartengano le istruzioni. In altre parole, l'accapo svolge la funzione del punto e virgola in C++, e l'indentazione sostituisce le parentesi graffe

Se volessimo scrivere un programma che stampa la parola "hello" sullo schermo, useremmo la funzione `print()`, passando la stringa "hello" direttamente come argomento alla funzione, come mostrato nel codice 2.12.

Partendo dall'istruzione di stampa a schermo, possiamo introdurre il tema dell'indentazione. Lo script Python *Myfirstmacro.py* funziona correttamente, ma se volessimo eseguire la stessa operazione due volte, basterebbe ripetere il comando. A prima vista, inserire uno spazio davanti alla seconda istruzione potrebbe sembrare innocuo; tuttavia, in Python questo non è consentito, poiché violerebbe le regole di indentazione. Tali regole sono fondamentali per definire la struttura gerarchica del codice, stabilendo quali istruzioni dipendono dalle altre. Nel codice riportato in 2.16 è mostrato un esempio di questo tipo di errore sintattico.

```
#this is the Python macro "Myfirstmacro.py"
print("hello")
 print("hello")
```

Codice 2.16 Esempio di errore di indentazione in Python

In questo caso, Python restituirebbe il seguente messaggio di errore:

```
  gmandaglio75@greyrock:~$ python buttami.py
  File "Myfirstmacro.py", line 2
    print("hello")
    ^
IndentationError: unexpected indent
```

Per eliminare l'errore, basta rimuovere lo spazio aggiuntivo prima della funzione print() nella seconda istruzione del codice, e in questo caso il codice stamperà sullo schermo due volte la parola "hello" senza alcun messaggio di errore.

Oltre a semplici stringhe, è anche possibile stampare sullo schermo il contenuto di variabili. Per farlo, basta passare queste variabili come argomenti alla funzione print. Se ci sono più contenuti da stampare, vanno separati con una virgola. Di seguito un semplice esempio 2.17:

```
#IPrintConstant.py
g = 9.81
pi = 3.14
print("A common physical quantity is worth ", g,"m/s^2 while a
    famous number is approximately",pi)
```

Codice 2.17 Esempio di utilizzo della funzione print in Python

La funzione `input()` gestisce invece le operazioni di input da terminale. Ciò che input() riceve dal terminale lo restituisce sempre una stringa, che può essere memorizzata in una variabile. L'argomento della funzione, se presente, è una stringa che viene visualizzata come messaggio sullo schermo: il programmatore può sfruttarlo per fornire istruzioni o richieste all'utente. Questa caratteristica è utile, ad esempio, per chiedere informazioni da utilizzare nel programma.

Di seguito implementiamo una macro che chiede all'utente due numeri e ne calcola la somma, stampando il risultato sullo schermo. La macro sarà volutamente "sbagliata", per stressare un aspetto importante: la funzione `input()` non legge numeri, ma stringhe. Questa precisazione è una ripetizione, ma è necessaria per sottolineare il concetto, come mostrato nel codice 2.18:

```
# Ask the user for two numbers
num1 = input("Enter the first number: ")
num2 = input("Enter the second number: ")

# Tentiamo a sommare i valori, ma questa operazione non darà
    quanto ci si aspetterebbe
sum_result = num1 + num2

```

```
# Stampo il risultato
print("The sum is:", sum_result)
```

Codice 2.18 Come funziona realmente la funzione input in Python

In questo esempio riportato nel codice 2.18, la funzione input leggendo stringhe e non numeri concatenerà le stringhe invece di eseguire una somma numerica. Se eseguiamo la macro e forniamo, ad esempio, i numeri 3.12 e 2.13 il programma stamperà 3.122.13 sullo schermo. In questo caso, il programma ha eseguito correttamente una concatenazione di stringhe, un'operazione corretta per molti scopi, ma non per quello che desideravamo. Il modo per correggere la macro è convertire le stringhe in un numero utilizzando la funzione `float()`. La funzione `float()` prende come argomento una stringa contenente un numero e restituisce un numero reale se la stringa contiene realmente un numero, altrimenti segnalerà l'errore. Ecco la versione corretta del codice leggi due numeri reali e restituisci la somma:

```
# Chiede ad un utente due numeri
num1 = input("Enter the first number: ")
num2 = input("Enter the second number: ")

# Tentiamo a sommare i valori, ma questa volta darà quanto ci si
    aspetterebbe
sum_result = float(num1) + float(num2)

# Stampo il risultato
print("The sum is:", sum_result)
```

Codice 2.19 Come leggere numeri reali usando la funzione input e stampare il risultato della somma in Python

Alcune osservazioni sul codice 2.19 appena scritto: le variabili num1 e num2 sono automaticamente delle stringhe adattandosi al tipo restituito da input(), successivamente abbiamo convertito le due stringhe in un numero reale e la variabile sum_result in fase di assegnazione accoglie un numero reale dall'operazione di somma. Questo esempio mette in evidenza come Python, a differenza di C++, riconosca automaticamente il tipo della variabile senza la necessità di dichiararla esplicitamente prima dell'uso.

Chi è abituato a lavorare in C++ potrebbe percepire la funzione input() di Python come una complicazione. In realtà, è tutto il contrario: proviamo a dimostrarlo con un esercizio che in Python risulta estremamente semplice, mentre in altri linguaggi sarebbe meno immediato. Supponiamo di chiedere a uno studente di inserire, separati da uno spazio, i voti ottenuti finora nella sua carriera universitaria. Una volta acquisiti, il programma dovrà calcolare e restituire la media, senza sapere in anticipo quanti esami lo studente abbia sostenuto.

```
#Meangrades.py
grades = input("Please give me your grades")
grades =grades.split()
grades = list(map(float, grades))
```

ID: 10.1007/978-3-032-35750-2 – 002 Date: October 16, 2026 Proof number: 1


```
print ("the mean value of your grades is  ", sum(grades)/len(
    grades))
```

Codice 2.20 Esempio di utilizzo del metodo split e delle funzioni map, list, sum, len in Python

Nel codice 2.20, abbiamo introdotto il metodo split() della classe stringa, le funzioni accessorie di Python `map`, `list`, `sum` e `len`. Il codice è breve, ma possiamo renderlo ancora più compatto nel modo seguente:

```
#Meangrades.py
grades = list(map(float, input("Please give me your grades").
    split()))
print ("the mean value of your grades is  ", sum(grades)/len(
    grades))
```

Codice 2.21 Versione compatta del codice 2.20

Il codice 2.21, sebbene molto compatto, racchiude diverse funzionalità interessanti, che emergono chiaramente se lo analizziamo passo dopo passo. La variabile grades memorizza una stringa contenente tutti i voti inseriti dall'utente tramite il terminale, acquisiti con la funzione input. Successivamente, il metodo split() della classe str (stringa) suddivide questa stringa in una lista di sotto-stringhe. La funzione map() invece applica a ciascun elemento della lista di stringhe la funzione float() trasformando così ogni stringa in un numero reale. Infine la funzione list trasforma l'oggetto restituito da map in una lista.

Si noti la potenza e l'eleganza della soluzione: il codice non dipende dalla conoscenza del numero di esami superati e risolve in modo generale il problema di determinare la media dei voti dello studente.

Per confronto, invitiamo il lettore a ripetere lo stesso esercizio in C++, sia gestendo l'input come un'unica stringa, come avviene in Python, sia inserendo direttamente i voti come valori interi.

Dopo aver esaminato le funzioni di input e output su terminale, passiamo ora a quelle relative alla gestione dei file. La funzione open() viene utilizzata per aprire un file e richiede come argomento una stringa che specifichi il percorso e il nome del file da aprire. Nel codice 2.22, la funzione input() viene impiegata per chiedere all'utente di indicare il percorso del file, che viene poi memorizzato nella variabile name. L'oggetto restituito da open() consente di accedere al file e, tramite il metodo read(), di ottenere una stringa contenente l'intero contenuto del file.

Se, ad esempio, lo studente ha salvato i voti in un file chiamato mymark.txt, possiamo riscrivere il codice 2.21 come mostrato nel codice 2.22, ottenendo la stessa funzionalità.

```
#Meangrades.py
name = input("Please, tell me how to reach the file, path plus
    name, or name: ")
grades = list(map(float, open(name).read().split()))
print ("the mean value of your grades is  ", sum(grades)/len(
    grades))
```

Codice 2.22 Versione del codice 2.20 che legge i dati da file

ID: 10.1007/978-3-032-35750-2 – 002 Date: October 16, 2026 Proof number: 1

2.3.4 Variabili multidimensionali

Questo paragrafo introduce le variabili multidimensionali, illustrandone la definizione, l'utilizzo e gli operatori che consentono di manipolarle. Lo scopo di ogni programma informatico è elaborare informazioni, e proprio variabili e operatori costituiscono gli elementi fondamentali che rendono possibile tale elaborazione. Gli argomenti verranno presentati mettendo in parallelo le soluzioni offerte da C++ e da Python.

2.3.4.1 Array

Il tipo di variabile più semplice per gestire una collezione di dati omogenei, come numeri o caratteri, è l'array. Un array si definisce indicando il tipo degli elementi che contiene — in modo esplicito o implicito, a seconda del linguaggio di programmazione — insieme al nome della variabile e a un indice che consente di accedere ai singoli elementi memorizzati. In questo paragrafo partiremo dall'array, considerato l'esempio più elementare di struttura dati, per poi introdurre forme più complesse come liste, tuple, dizionari e altre strutture avanzate.

2.3.4.1.1 C++

Per definire un array, è necessario dichiarare che tipo di dati dobbiamo memorizzare nella variabile array, il nome della variabile e la dimensione dell'array utilizzando un intero racchiuso tra due parentesi quadre. Se vogliamo memorizzare dieci numeri reali di tipo float in un array, scriveremo:

```
#include <iostream>
int main()
{
  float myarray[10]; //10 in questo caso definisce la dimensione
  myarray[0] = 4.2; //assegnazione di un valore al primo elemento 'dellarray
  myarray[1]=12.4;//assegnazione di un valore al secondo elemento 'dellarray
  myarray[9] = 20.1;//assegnazione di un valore 'allultimo elemento di questo array
  return 0;
}
```

Codice 2.23 Esempio di definizione di array in C++

Nel codice 2.23 osserviamo che, analogamente alle variabili semplici, per dichiarare un array è necessario specificarne il tipo (in questo esempio float), il nome e infine la dimensione. Quest'ultima viene fissata al momento della definizione e non può essere modificata successivamente. L'accesso agli elementi avviene tramite un

ID: 10.1007/978-3-032-35750-2 – 002 Date: October 16, 2026 Proof number: 1

indice che varia da zero (primo elemento) fino a dimensione − 1, poiché in C++ la numerazione parte da zero.

L'array mostrato negli esempi del codice 2.23 è unidimensionale, ma è possibile definire array con più dimensioni. Per esempio, un array bidimensionale, ossia una matrice, si dichiara aggiungendo una seconda coppia di parentesi quadre contenente un numero intero che ne definisce la seconda dimensione, come illustrato nel codice 2.24.

```
#include <iostream>
int main()
{
  float mymatrix[10][5]; //nella dichiarazione 10 e 5
    rappresentano le dimensioni
  mymatrix[3][2] = 14.23; //14.23 viene assegnato 'allelemento
    (3,2) 'dellarray bidimensionale
  return 0;
}
```

Codice 2.24 Esempio di definizione di array bidimensionale in C++

2.3.4.1.2 Python

In Python, gli array memorizzano più valori in una singola variabile. Tuttavia, Python non ha un supporto nativo per gli array come altri linguaggi di programmazione. Invece, è possibile importare librerie come `array` o NumPy[3] per le funzionalità degli array.

Qui riportiamo il modulo `array` incluso nella libreria standard di Python, quindi non è necessaria alcuna installazione aggiuntiva. Esso fornisce un modo per creare array con elementi dello stesso tipo:

```
import array as arr
a = arr.array('i', [1, 2, 3])
print(a)
# Output: array('i', [1, 2, 3])
```

Codice 2.25 Esempio di libreria array in Python

A differenza di C++, non è necessario specificare il tipo di dato memorizzato nell'array mostrato nell'esempio 2.25: Python riconosce automaticamente che si tratta di valori interi. Inoltre, in Python non utilizziamo array statici, ma strutture più flessibili e potenti, come le liste.

[3] La libreria NumPy e i suoi moduli saranno ampiamente trattati nel Capitolo 5.

2.3.4.2 Lista

2.3.4.2.1 C++

Le liste sono contenitori sequenziali che consentono l'allocazione di memoria non contigua. A differenza dei vettori, l'accesso agli elementi è meno rapido, ma l'inserimento e la cancellazione risultano molto efficienti una volta individuata la posizione, poiché avvengono in tempo costante. In genere, quando si parla di List, ci si riferisce a una lista doppiamente concatenata. Se invece si desidera implementare una lista semplicemente concatenata, si ricorre a una struttura dati apposita `forward_list`.

La classe `std::list` rappresenta il contenitore List. Fa parte della Standard Template Library (STL) di C++ ed è definita nell'header '<list>'.

```cpp
#include <iostream>
#include <list>

int main() {
    std::list<int> mylist = {1, 2, 3, 4};
    for (int item : mylist) {
        std::cout << item << " ";
    }
    return 0;
}
```

Codice 2.26 Esempio di lista in C++

Le operazioni di base sulle liste in C++ comprendono:

- Aggiunta di elementi:
  - `push_front()`: Aggiunge un elemento all'inizio della lista.
  - `push_back()`: Aggiunge un elemento alla fine della lista.
- Rimozione di elementi:
  - `pop_front()`: Rimuove il primo elemento della lista.
  - `pop_back()`: Rimuove l'ultimo elemento della lista.
- Accesso agli elementi:
  - Iteratori e indicizzazione (vedi l'esempio seguente).
  - `front()`: Restituisce il primo elemento della lista.
  - `back()`: Restituisce l'ultimo elemento della lista.

```cpp
#include <iostream>
#include <list>

int main() {
    // Definisce una lista e la stampa
    std::list<int> mylist = {1, 2, 3, 4};
    std::cout << "The elements of the list are: ";
```

```
    for (int item : mylist) {
        std::cout << item << " " ;
    }

    std::cout << '\n';

    //Stampa la dimensione della lista
    std::cout << "The size of 'mylist' is: " << mylist.size() <<
    " " << std::endl; // Output: 4

    // Aggiunge il valore 6 alla fine della lista
    mylist.push_back(6);
    std::cout << "Adding '6' to the list..." << std::endl; //

    //Stampa gli elementi della lista
    std::cout << "The elements of the list are: ";
    for (int item : mylist) {
        std::cout << item << " " ;
    }

    std::cout << '\n';

    //Print the new size of the list
    std::cout << "The new size of 'mylist' is: " << mylist.size()
     << " " << std::endl; // Output: 5

    std::cout << '\n';

    //Stampa la dimensione della lista
    std::cout << "The last element of the list is: " << mylist.
    back() << " " << std::endl;   // Output: 6;

    // Crea un iteratore che punta al primo elemento della lista
    std::list<int>::iterator itr = mylist.begin();

    // Incrementa itr che ora punta al secondo elemento
    ++itr;

    //Mostra il secondo elemento
    std::cout << "Second element of 'mylist': " << *itr << std::
    endl;

    return 0;
}
```

Codice 2.27 Operazioni di base con le liste in C++

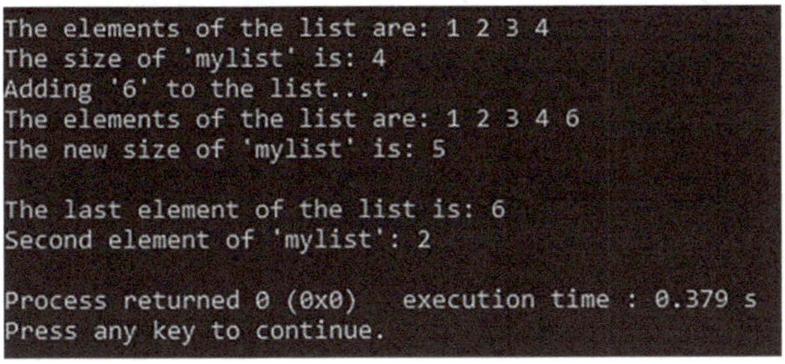

Figura 2.2 Output del Codice 2.27

Questo esempio include le librerie <iostream> e <list> rispettivamente per le operazioni di input/output e per l'utilizzo delle liste. Nella funzione main, creiamo una lista di interi 'mylist' con gli elementi 1, 2, 3 e 4, e li stampiamo insieme alla dimensione effettiva della lista – che è 4. Utilizzando il comando `mylist.push_back(6)`, è possibile aggiungere l'elemento 6 alla fine della lista. Questa operazione viene confermata da nuove stampe di (i) gli elementi aggiornati della lista, che ora sono 1, 2, 3, 4 e 6, e (ii) la nuova dimensione della lista, che è 5. La parte di codice in cui utilizziamo `mylist.back()` e `std:cout` ci permette di stampare l'ultimo elemento della lista. Infine, l'ultima parte dell'esempio 2.27,

```
std::list<int>::iterator itr = mylist.begin();
++itr;
std::cout << "Second element of 'mylist': " << *itr << std::endl;
```

crea un iteratore 'itr' che punta al primo elemento della lista, lo incrementa per puntare al secondo elemento, e stampa il secondo elemento, che è 2. Il risultato di questo codice è riportato in Figura 2.2.

2.3.4.2.2 Python

In Python, una lista è una struttura dati estremamente versatile che consente di memorizzare più elementi all'interno di una singola variabile. Le liste rappresentano una componente fondamentale del linguaggio e sono molto utilizzate grazie alla loro flessibilità e semplicità d'uso. Gli elementi di una lista hanno un ordine definito, che rimane invariato finché non viene modificato esplicitamente; sono mutabili, quindi è possibile aggiungere, rimuovere o modificare elementi dopo la creazione della lista; possono essere duplicati, quindi la lista può contenere più occorrenze dello stesso valore. Sono indicizzati, con il primo elemento in posizione 0, il secondo in posizione 1 e così via. Gli elementi memorizzati in una lista possono essere di differente tipo.

Queste caratteristiche rendono le liste uno strumento potente per la gestione di insiemi di dati in Python.

Come illustrato nel seguente esempio, una lista può essere creata inserendo tutti gli elementi tra parentesi quadre "[ ]", separati da virgole.

```
mylist = ["blue", "red", "green"]
print(mylist)
# Output: ['blue', 'red', 'green']
```

Codice 2.28 Creare una lista in Python

L'accesso agli elementi di una lista può essere effettuato facendo riferimento al rispettivo indice.

```
print(mylist[0])
# Output: blue
```

Codice 2.29 Accedere agli elementi di una lista in Python

Poiché le liste sono mutabili, possiamo modificare il valore di un elemento specifico facendo riferimento al suo indice.

```
mylist[2] = "yellow"
print(mylist)
# Output: ['blue', 'red', 'yellow']
```

Codice 2.30 Modificare gli elementi di una lista in Python

Un'altra caratteristica essenziale è l'aggiunta di elementi in una lista utilizzando metodi come `append()`, `insert()` o `extend()`.

```
mylist.append("orange")
print(mylist)
# Output: ['blue', 'red', 'yellow', 'orange']
```

Codice 2.31 Aggiungere elementi a una lista in Python

Possiamo rimuovere elementi da una lista utilizzando metodi come `remove()`, `pop()` o `clear()`.

```
mylist.remove("yellow")
print(mylist)
# Output: ['blue', 'red', 'orange']
```

Codice 2.32 Rimuovere elementi da una lista in Python

Le liste in Python dispongono di una varietà di metodi integrati, come `sort()`, `reverse()`, `copy()`, e altri.

```
mylist.sort()
print(mylist)
# Output: ['blue', 'orange', 'red']
```

Codice 2.33 Esempio del metodo `sort()` in Python

Come mostrato negli esempi dei codici 2.20 e 2.21, è molto semplice utilizzare una lista come input per funzioni integrate di Python, come sum() e len(), al fine di elaborare i dati in modo rapido ed efficace.

ID: 10.1007/978-3-032-35750-2 – 002 Date: October 16, 2026 Proof number: 1

In Python, le liste non supportano operazioni vettoriali né formalismi tipici dell'algebra lineare. Se abbiamo due liste di uguale lunghezza, ad esempio v1 e v2, che rappresentano le componenti di due vettori, e proviamo a sommarle con l'operatore +, il risultato non sarà la somma elemento per elemento, ma la concatenazione delle due liste. Se vogliamo implementare una somma vettoriale tra due liste, dobbiamo usare un ciclo, il frammento di codice che segue mostra quanto appena affermato:

```
V1 = [1,2,3]
V2 = [4,5,6]
print(V1+V2) # Output: [1,2,3,4,5,6]
```

Più avanti nel testo scopriremo che il formalismo vettoriale è reso disponibile dalla libreria numpy, che consente di convertire agevolmente le liste in numpy-array, e questi godono dell'eleganza, velocità e comodità del formalismo vettoriale.

2.3.4.3 Dizionario

2.3.4.3.1 Python

In Python, un dizionario è una collezione di coppie chiave-valore. Si tratta di una struttura dati non ordinata, mutabile e indicizzata che permette di memorizzare e recuperare dati in modo efficiente. Un dizionario può essere creato utilizzando le parentesi graffe "{ }" oppure la funzione `dict()`:

```
# Utilizzando le parentesi graffe
my_dict_curly = {
    "physical_quantity": "mass",
    "value": 30,
    "unit": "kg"
}

# Utilizzando la funzione dict()
my_dict_func = dict(physical_quantity = "mass", value = 30, unit
    = "kg")

print(my_dict_curly)
print(my_dict_func)

# Output: {'physical_quantity': 'mass', 'value': 30, 'unit': 'kg
    '}
# Nota che i due comandi print forniscono lo stesso output.
```

Questo semplice esempio mostra come creare un dizionario uguale utilizzando i due metodi menzionati sopra. Al suo interno ci sono 3 coppie chiave-valore, ad esempio, "physical_quantity" come chiave e "mass" come valore associato, e così via.

Tabella 2.3 Metodi dei dizionari in Python

Modulo	Funzionamento
`.keys()`	Restituisce un oggetto view delle chiavi del dizionario
`.values()`	Restituisce un oggetto view dei valori del dizionario
`.items()`	Restituisce un oggetto view delle coppie chiave–valore del dizionario
`.get(key)`	Restituisce il valore per la chiave specificata se la chiave è presente nel dizionario
`.clear()`	Rimuove tutti gli elementi dal dizionario

È possibile accedere ai valori in un dizionario utilizzando le relative chiavi:

```
...
print('The ' + my_dict_func["physical_quantity"] + ' has been
    measured giving ' + str(my_dict_func["value"]) + my_dict_func
    ["unit"] + ' as result.')

# Output: The mass has been measured, giving 30kg as a result.
```

Allo stesso modo, l'utente può aggiungere o aggiornare voci (coppie chiave-valore) con i seguenti comandi:

```
...
# Aggiunta di una nuova coppia chiave-valore
my_dict_func["measurement(s)"] = 10

# Aggiornamento di una coppia chiave-valore esistente
my_dict_func["unit"] = "g"

print(my_dict_func)
# Output: {'physical_quantity': 'mass', 'value': 30, 'unit': 'g',
     'measurement(s)': 10}
```

Invece, se non hai bisogno di coppie chiave-valore, puoi utilizzare l'istruzione "del" oppure il metodo `pop()` per rimuovere le voci.

Riportiamo alcuni metodi utili per i dizionari nella Tabella 2.3.

Il seguente esempio mostra l'uso di un dizionario:

```
# Creazione di un dizionario
my_dict_func = dict(physical_quantity = "mass", value = 30, unit
    = "kg")
print(my_dict_func)
# Output: {'physical_quantity': 'mass', 'value': 30, 'unit': 'kg
    '}

# Accesso ai valori
print(my_dict_func["unit"])
# Output: 30
```

```python

# Aggiunta di una nuova coppia chiave-valore
my_dict_func["measurement(s)"] = 10

# Aggiornamento di una coppia chiave-valore esistente
my_dict_func["unit"] = "g"

print(my_dict_func)
# Output: {{'physical_quantity': 'mass', 'value': 30, 'unit': 'g', 'measurement(s)': 10}

# Rimozione di una coppia chiave-valore
del my_dict_func["measurement(s)"]

# Iterazione sulle coppie chiave-valore
for key, value in my_dict_func.items():
    print(f"{key}: {value}")
# Output: physical_quantity: mass
#         value: 30
#         unit: g
```

Codice 2.34 Esempio di creazione e utilizzo di dizionari in Python

2.3.4.3.2 C++

La creazione di un dizionario in C++ può essere effettuata utilizzando `std::map` oppure `std::unordered_map` dalla Standard Template Library (STL). Come mostrato nel paragrafo 2.3.4.3.1, questi contenitori memorizzano coppie chiave-valore e permettono un recupero efficiente dei valori in base alle chiavi. Un semplice esempio – che riporta alcune unità di misura del Sistema Internazionale (SI) – è fornito qui:

```cpp
#include <iostream>
#include <map>
#include <string>

int main() {
    // Creazione di una mappa per memorizzare il dizionario
    std::map<std::string, std::string> dictionary;

    // Inserimento di coppie chiave-valore nella mappa
    dictionary["newton"] = "The unit of force in the SI.";
    dictionary["ampere"] = "The unit of electric current in the SI.";
    dictionary["second"] = "The unit of time in the SI.";

```

ID: 10.1007/978-3-032-35750-2 – 002 Date: October 16, 2026 Proof number: 1

Tabella 2.4 Operatori aritmetici in C++

Operatore	Operazione
	somma
–	sottrazione
*	moltiplicazione
/	divisione
%	operazione modulo

```
    // Accesso e stampa dei valori tramite le chiavi
    std::cout << "Newton: " << dictionary["newton"] << std::endl;
    std::cout << "Ampere: " << dictionary["ampere"] << std::endl;
    std::cout << "Second: " << dictionary["second"] << std::endl;

    return 0;
}
```

Codice 2.35 Esempio di creazione e utilizzo di dizionari in C++

In questo esempio, utilizzando gli header necessari (ad esempio iostream e map), creiamo una `std::map` chiamata "dictionary" per memorizzare le nostre coppie chiave-valore. Successivamente, inseriamo alcune coppie chiave-valore nella mappa e poi accediamo e stampiamo i valori utilizzando le relative chiavi.

2.3.4.4 Operatori aritmetici in C++ e Python

Gli operatori aritmetici sono utilizzati per implementare l'algebra tra le variabili del codice; il risultato di ogni operazione aritmetica è un numero, e non funzionano con variabili di tipo carattere[4]. Gli operatori aritmetici sono riportati nella tabella 2.4.

La gerarchia nell'ordine delle operazioni è quella della matematica standard. Si noti che, in C++, la divisione tra due numeri interi restituisce un valore intero; pertanto, se il divisore è maggiore del dividendo, il risultato sarà zero. Python, invece, gestisce la divisione in modo più flessibile, producendo un numero reale con la parte decimale anche nel caso di operandi interi.

Altri operatori aritmetici utili sono gli operatori di incremento e decremento, disponibili solo in C++. Per incrementare una variabile di una unità, è sufficiente implementare un'istruzione con il nome della variabile seguito da un doppio simbolo "+", e per il decremento, seguito da un doppio simbolo "-".

```
Operatori di incremento e decremento in C++

int a = 10;
int b = a;
a++; //equivale a a = a +1;
b--; //equivale a b = b -1;
```

[4] L'operatore +, quando applicato alle liste, non rappresenta una somma aritmetica, ma viene interpretato come operatore di concatenazione

ID: 10.1007/978-3-032-35750-2 – 002 Date: October 16, 2026 Proof number: 1

Tabella 2.5 Operatori di assegnazione

Operatore	Uso	Significato
=	a = b;	a assume il valore di b
+=	a += b;	a = a + b;
-=	a -= b;	a = a - b;
*=	a *= b;	a = a * b;
/=	a /= b;	a = a / b;
%=	a %= b;	a = a % b;

Negli esempi riportati, a++ indica che il valore della variabile a aumenta di 1, passando da 10 a 11, mentre b-- indica che il valore della variabile b diminuisce di 1, passando da 10 a 9 dopo l'esecuzione dell'istruzione.

2.3.4.5 Operatori di assegnazione in C++ e Python

Gli operatori di assegnazione sono necessari per assegnare un valore a una variabile. L'elenco degli operatori di assegnazione in C++ e Python sono riportati nella seguente tabella 2.5.

2.3.4.6 Operatori relazionali e logici in C++ e Python

Gli operatori relazionali permettono di stabilire la relazione tra due variabili; l'operazione restituisce un valore logico vero "true" se la relazione è soddisfatta, falso "false" nel caso contrario. La Tabella 2.6 riporta un elenco degli operatori relazionali.

Gli operatori relazionali possono essere utilizzati per costruire espressioni logiche la cui veridicità può essere usata per controllare il comportamento di un programma. È possibile collegare più espressioni logiche utilizzando gli operatori logici, come riportato nella Tabella 2.7 per C++. In Python, a differenza di C++, l'operatore AND è *and*, l'OR è *or*, e il NOT è *not*. Quindi, se vogliamo collegare le condizioni $a < b$ e $b > c$ con l'operatore OR in Python, dobbiamo scrivere $a < b$ *or* $b > c$. Un errore comune di programmazione è usare l'operatore di assegnazione = al posto dell'uguaglianza ==. Questo errore è fastidioso perché il compilatore/interprete non lo rileva, in quanto non è un errore di sintassi. Diventa evidente solo quando il codice non funziona come previsto.

Tabella 2.6 Operatori relazionali

Nome	Operatore	Uso	Significato
uguaglianza	==	(x==y);	restituisce true se x e y sono uguali, false altrimenti
disuguaglianza	!=	(x!=y);	restituisce true se x e y sono diversi, false altrimenti
maggioranza	> (>=)	x>b;	restituisce true se x è maggiore (maggiore o uguale) di y, false altrimenti
minoranza	< (<=)	x<b;	restituisce true se x è minore (minore o uguale) di y, false altrimenti

ID: 10.1007/978-3-032-35750-2 – 002 Date: October 16, 2026 Proof number: 1

Tabella 2.7 Operatori logici

<table>
<tr><th>Nome</th><th>Operatore</th><th>Uso</th><th>Significato</th></tr>
<tr><td>AND</td><td>&&</td><td>(x>a) && (x<b);</td><td>restituisce true se entrambe le espressioni sono vere</td></tr>
<tr><td>OR</td><td>||</td><td>(x<a) || (x>b);</td><td>restituisce true se almeno una delle espressioni è vera</td></tr>
<tr><td>NOT</td><td>!</td><td>!(a<b);</td><td>Inverte il risultato logico dell'espressione</td></tr>
</table>

2.3.5 Strutture di controllo

Le strutture di controllo sono strumenti fondamentali per costruire un algoritmo logico. Senza di esse, anche operazioni semplici diventerebbero complesse o addirittura impossibili da realizzare. Pensiamo, ad esempio, a implementare sommatoria o una calcolatrice che esegua le cinque operazioni aritmetiche: senza strutture di controllo, sarebbe impraticabile. Le strutture di controllo si dividono principalmente in due categorie:

- Istruzioni condizionali: come if, if-else e switch, che consentono di eseguire blocchi di codice in base alla veridicità di determinate condizioni.
- Istruzioni iterative: come while, do-while e for, che permettono di ripetere un insieme di istruzioni.

Tutti i linguaggi di programmazione, pur con sintassi differenti, fanno uso di queste strutture per controllare il flusso di esecuzione del programma.

2.3.5.1 Operatori if, if-else e switch in C++

La sintassi dell'istruzione *if* prevede la parola chiave *if*, seguita da un'espressione booleana tra parentesi tonde, quindi da una singola istruzione oppure da un blocco di istruzioni delimitato da parentesi graffe. Benché sia consentito omettere le parentesi graffe in presenza di una sola istruzione, si raccomanda di utilizzarle comunque in quanto consentono una scrittura del codice più ordinata e leggibile. Il contenuto del blocco *if* viene eseguito esclusivamente quando la condizione tra parentesi tonde è vera; in caso contrario viene saltato (cfr. codice 2.36).

```
if(conditions){
    statement 1;
    statement 2;
    ....
}
```

Codice 2.36 Struttura operativa dell'operatore if

L'operatore if, in combinazione con l'operatore else, funziona come un interruttore con due stadi. Se la condizione è *true*, permette l'esecuzione delle istruzioni successive all'if saltando quelle sottomesse all'else; altrimenti, esegue le istruzioni che seguono l'else, saltando quelle dell'if.

ID: 10.1007/978-3-032-35750-2 – 002 Date: October 16, 2026 Proof number: 1

Questi operatori possono essere annidati, permettendo strutture logiche più complesse all'interno del codice. Ad esempio, consideriamo il caso di un'equazione di secondo grado, dove la natura delle soluzioni dipende dal valore del discriminante (vedi Codice 2.37).

```
//noti i coefficienti dell'equazione a*x^2 + b*x + c = 0
float delta = b*b - 4*a*c; //definisce il determinante dell' equazione

if(delta > 0 ){
cout <<"la prima radice è uguale a "<<(-b + sqrt(delta))/(2*a)<< endl;
cout <<"la seconda radice è uguale a "<<(-b - sqrt(delta))/(2*a) <<endl;
}
else{
    if(delta==0){
        cout<<"l'unica soluzione è "<< -b/(2*a)<<endl;
    }
    else{
        cout<<"l'equazione non ha soluzioni reali"<<endl;
    }
}
```

Codice 2.37 Codice decisionale in un'equazione di secondo grado

Un ulteriore esempio, mostrato nel Codice 2.38, dimostra come l'operatore if possa essere utilizzato per verificare se un oggetto della classe ifstream è stato correttamente collegato a un file, prevenendo potenziali problemi di mancata lettura. Il codice 2.38 mostra un esempio di utilizzo della classe `ifstream`, in cui la funzione `is_open()` viene impiegata per verificare l'apertura corretta di un file. Tale funzione restituisce `true` se il file è stato aperto con successo e `false` in caso contrario. Nel codice, il controllo viene realizzato all'interno di un costrutto `if` in logica inversa: l'operatore `!` applicato a `leggo.is_open()` inverte infatti il valore logico restituito, consentendo di eseguire le istruzioni previste quando il file non è stato aperto correttamente. In caso di mancata lettura, il programma stampa a schermo un messaggio che segnala il problema riscontrato nella fase di lettura e termina il programma restituendo al sistema operativo il valore `1`. Le strutture di controllo risultano fondamentali anche per garantire il corretto funzionamento di un programma.

```
#include <iostream>
#include <fstream>
using namespace std;
int main(){
    //leggo un file e stampo a schermo il contenuto
    float usami; //variabile di servizio, usata per leggere
    ifstream leggo("gassy.dat");
```

```
    //controllo se ho aperto il file correttamente
    if(!leggo.is_open()){
        cout<<"non trovo il file"<<endl;//stampo il messaggio di allarme
        return 1;//esco non ha senso continuare
    }
    cout<<"il file e' stato aperto correttamente, da qui in avanti posso effettuare le operazioni di lettura in sicurezza !\n";
    return 0;
}
```

Codice 2.38 Esempio di un programma capace di controllare se l'oggetto della classe ifstream è in grado di aprire un file correttamente

L'operatore switch è strutturato attorno a un valore di controllo e a una lista di valori chiave. Esso consente l'esecuzione esclusiva del blocco di istruzioni associato al valore chiave che coincide con il valore di controllo (si veda l'esempio nel codice 2.39). In alternativa, lo stesso comportamento può essere ottenuto mediante una sequenza di istruzioni if–else. Nel linguaggio di programmazione Python l'operatore switch non è presente, ma dal versione 3.10 in poi è disponibile `match/case`.

```
/*
switch(variabile di controllo) {
  case valore chiave:
    // istruzioni
  case valore chiave:
    // istruzioni
*/
float a =5, b=7;
cout<<"fammi sapere se vuoi eseguire una somma, differenza,
    moltiplicazione o divisione"<<endl;
string choice;
cin>>choice;
switch(choice){
   case "sum":
   cout<<"il risultato della somma e' "<< a+b;
   case "difference":
   cout<<"il risultato della differenza e' "<< a-b;
   case "multiplication":
cout<<"il risultato della somma e' "<< a*b;
   case "division":
   cout<<"il risultato della somma e' "<< a/b;
}
```

Codice 2.39 Operatore switch

ID: 10.1007/978-3-032-35750-2 – 002 Date: October 16, 2026 Proof number: 1

2.3.5.2 Operatori if, if-else, e match in Python

Python utilizza le stesse parole chiave utilizzate in C++ per gli operatori if-else. Mentre, l'istruzione "else if" in Python si realizza con la parola chiave **elif**. Nel seguente codice 2.40, implementiamo uno script Python che chiede all'utente i coefficienti di un'equazione di secondo grado e ne restituisce le soluzioni.

```
1  import math
2  coeff = input("per favore, dimmi i coefficienti dell'equazione di
       secondo grado ax^2+bx+c \n")
3  coeff = list(map(float,coeff.split()))
4  delta = coeff[1]*coeff[1] - 4*coeff[0]*coeff[2];
5  if delta > 0 :
6      print("la prima radice e' uguale a ",(-coeff[1] + math.sqrt(
       delta))/(2*coeff[0]))
7      print("la seconda radice e' uguale a ",(-coeff[1] - math.sqrt
       (delta))/(2*coeff[0]))
8  elif delta == 0:
9      print("l'unica soluzione e' ", -b/(2*a))
10 else :
11     print("l'equazione non ha soluzioni reali")
```

Codice 2.40 Soluzione di un'equazione di secondo grado in Python

Osservando il codice riportato in 2.40, notiamo che alla riga 1 viene importata la libreria math, necessaria per utilizzare la funzione di radice quadrata. Alla riga 2, la stringa passata alla funzione input termina con \n, così da forzare l'andata a capo nel terminale durante l'esecuzione dello script. Alla riga 5, invece, viene introdotta la costruzione dell'istruzione if. La sintassi di un'istruzione if in Python inizia con la parola chiave if, seguita da una condizione logica (senza l'uso di parentesi) e dai due punti : che introducono il corpo dell'istruzione. Gli operatori logici utilizzati sono gli stessi del linguaggio C++. L'istruzione else segue una struttura simile, ma non richiede alcuna condizione, proprio come in C++. L'istruzione elif risulta particolarmente utile per gestire condizioni multiple: in sua assenza, sarebbe necessario annidare più istruzioni if, rendendo il codice meno leggibile (si veda il codice in 2.41).

```
import math
coeff = input("per favore, dimmi i coefficienti dell'equazione di
     2° grado ax^2+bx+c \n")
coeff = list(map(float,coeff.split()))
delta = coeff[1]*coeff[1] - 4*coeff[0]*coeff[2];
if delta > 0 :
    print("la prima radice è uguale a ",(-coeff[1] + math.sqrt(
    delta))/(2*coeff[0]))
    print("la seconda radice è uguale a ",(-coeff[1] - math.sqrt(
    delta))/(2*coeff[0]))
    if delta == 0:
        print("l'unica soluzione è ", -b/(2*a))
```

```
10   else :
11       print("l'equazione non ha soluzioni reali")
```

Codice 2.41 Soluzione di un'equazione di secondo grado in Python, usando solo if-statement

L'istruzione if alla riga 8 del codice 2.41 è annidato rispetto a quello della riga 5.

L'istruzione switch può essere implementata come una sequenza di if – elif – elif – ... – else, oppure utilizzando le parole chiave **match** e **case** a partire dalla versione 3.10 di Python. Nel codice 2.42, riscriviamo il codice 2.39 con l'istruzione match.

```
numbers = inpunt("Sono un programma calcolatrice...dammi due
    numeri \n")
numbers= list(map(float,numbers.split()))
choice = input("fammi sapere se vuoi eseguire una somma,
    differenza, moltiplicazione o divisione")
match  choice:
    case "sum":
        print("il risultato della somma è ", a+b)
    case "difference":
        print("il risultato della somma è ", a-b)
    case "multiplication":
        print("il risultato della somma è ", a*b)
    case "division":
        print("il risultato della somma è ", a/b)
```

Codice 2.42 Soluzione di una equazione di secondo grado in Python, usando solo if-statement

Nell'esempio implementato, usiamo una sola condizione dopo gli operatori if- ed elif-. Tuttavia, come possiamo procedere se vogliamo combinare più frasi da valutare con gli operatori condizionali? Dobbiamo usare gli operatori logici, che in Python sono implementati, come già detto, con le parole chiave **and**, **or** e **not**. I primi due combinano due condizioni, mentre l'ultimo ne inverte il valore logico di un'espressione logica o di una variabile booleana. Il codice 2.43 è riportato come esempio di utilizzo dell'operatore and.

```
word = input("digita una password più lunga di 10 caratteri, che
    non superi i 20")
if len(word) >=10 and len(word) <=20:
    print("la lunghezza della password e' corretta")
else:
    print("la lunghezza della password non e' corretta, riprova!"
    )
```

Codice 2.43 Esempio di utilizzo dell'operatore and in Python

2.3.5.3 Operatori while, do-while, for in C++

Ogni volta che un insieme di istruzioni deve essere eseguito ripetutamente, si deve utilizzare un ciclo. Il ciclo può essere implementato utilizzando gli operatori *while*,

ID: 10.1007/978-3-032-35750-2 – 002 Date: October 16, 2026 Proof number: 1

do-while o *for*. Gli operatori *while* e *do-while* si usano quando non si conosce a priori quante ripetizioni si devono eseguire; l'operatore for si usa, invece, quando si conosce il numero di ripetizioni.

Il funzionamento del ciclo while è riassunto di seguito:

```
while(condition){ //la condizione può essere il risultato di un
    confronto, variabili booleane, o una combinazione logica di
    esse
istruzione 1;
istruzione 2;
istruzione 3;
.....
}
```

Codice 2.44 Schema del ciclo while

Il ciclo while, simile nella struttura all'istruzione if, esegue il suo blocco di istruzioni, racchiuso tra parentesi graffe, finché la condizione rimane vera. Questo tipo di ciclo può essere eseguito indefinitamente (ciclo infinito) se la condizione continua a risultare vera, oppure può terminare quando un'istruzione all'interno del ciclo modifica la condizione rendendola falsa. Un ciclo infinito può indicare un errore di programmazione se non è previsto un meccanismo di uscita. Tuttavia, in alcuni casi può essere intenzionale, ad esempio quando un sistema deve monitorare continuamente delle periferiche, come in un sistema di sicurezza domestica o in un dispositivo di rilevamento ambientale.

Nel codice 2.45 è riportata, come esempio, la somma dei numeri tra 0 e 9. Si noti che se scambiamo l'istruzione della riga 5 con quella della riga 6, includiamo nella somma anche il numero 10, cosa che non era voluta. Ripeteremo spesso questa affermazione in questo libro: l'ordine delle istruzioni è cruciale per il corretto funzionamento logico del programma. Esercitarsi a disegnare il diagramma di flusso di un programma è molto utile per comprendere l'importanza dell'ordine delle istruzioni.

```
1 //ripete le istruzioni dieci volte, somma i numeri da 0 a 9
2 int count = 0;
3 int sum =0;
4 while(count<10){
5 sum+=count;
6 cout++;
7 }
```

Codice 2.45 Esempio di somma con ciclo while

Osservando questi pochi esempi, possiamo notare che il ciclo while ha sempre bisogno di un valore vero per eseguire il corpo del ciclo la prima volta. Questo può essere voluto e necessario in molte circostanze. Nei casi in cui si voglia eseguire le istruzioni del ciclo almeno una volta senza valutare la veridicità di alcuna condizione, si può usare il ciclo do-while. Nel codice 2.46, riscriviamo quello riportato in 2.45 utilizzando la struttura do-while. Notiamo che alla fine del ciclo, dopo il while, chiudiamo il ciclo do-while con un punto e virgola.

```
//ripete le istruzioni dieci volte, somma i numeri da 0 a 9
int count = 1;
int sum =0;
do{
sum+=count;
cout++;
}while(count<10);
```

Codice 2.46 Esempio di somma con ciclo do-while

Come esempio di applicazione di un ciclo do-while, riportiamo il seguente codice:

```
//Il programma chiede all'utente due numeri e dice quale è
    maggiore
#include <iostream>
#include <string>
using namespace std;
int main(){
 string decision;
  do{
     float first, second;
     cout<<"per favore inserisci due numeri reali"<<endl;
     cin>>first>>second;
     if(first>second){
        cout<<"il primo numero è maggiore del secondo"<<endl;
     }
     else{
        cout<<"il secondo numero è maggiore del primo"<<endl;
     }
  cout<<"Vuoi confrontare altri due numeri?"<<endl;
   cin >>decision;
   while(decision != "yes" && decision != "not"){
      cout<<"Spiacente, non capisco! Per favore rispondi yes o
    not"<<endl;
      cin>>decision;
   }
  }while(decision =="yes");

 return 0;
}
```

Codice 2.47 Programma che dice all'utente quale numero è il maggiore

Il programma riportato nel codice 2.47 chiede due numeri e valuta quale dei due sia il più grande. Notiamo l'uso di un ciclo do-while, che garantisce che le istruzioni del ciclo vengano eseguite almeno una volta; la struttura if-else, che determina il numero maggiore; e un ciclo while, utilizzato per evitare risposte ambigue.

Come già detto, il ciclo *for* viene utilizzato quando si conosce a priori il numero di ripetizioni. Il funzionamento è riportato nello schema seguente:

ID: 10.1007/978-3-032-35750-2 – 002 Date: October 16, 2026 Proof number: 1


```
//Il programma dice all'utente quale numero è maggiore
#include <iostream>
using namespace std;
int main(){
 //somma gli interi da 0 a 100
int sum =0; //inizializza la somma a zero
// for( condizione iniziale; condizione di stop; incremento)
 for(int i=0; i<=100; i++){
sum+=i;
 }
 cout<<"la somma dei primi 100 numeri è "<<sum <<endl;
 return 0;
}
```

Codice 2.48 Esempio di somma con ciclo for

Il ciclo *for* richiede una condizione iniziale per una variabile, una condizione di stop e un incremento per la variabile. Notiamo che ogni istruzione è separata da un punto e virgola. La variabile in un ciclo for è generalmente un intero e funge da contatore, ma può anche essere una variabile reale (floating-point). La variabile del ciclo for può essere utilizzata all'interno del ciclo, ad esempio quando si generano sequenze numeriche, oppure può non partecipare affatto alle operazioni ripetute all'interno del ciclo.

2.3.5.4 Operatori while, do-while, for in Python

Le strutture di controllo iterative in Python hanno gli stessi nomi che in C++, con poche differenze operative. L'operatore di ciclo *for*, ad esempio, funziona come mostrato nel codice 2.49:

```
#Script Python - esempio operatore for
things = [0,1,2,3,"hello",5,6,7,8,9]
for var in things:
    print(var)
```

Codice 2.49 Esempio di codice Python che utilizza il ciclo for

Il ciclo è scritto con la parola chiave "for" che precede una variabile, la parola chiave "in", una lista e i due punti. Dopo i due punti, le istruzioni che dipendono dal ciclo devono essere indentate per indicare a Python che dette istruzioni appartengono al ciclo. Nell'esempio, lo script stampa a schermo la lista "things" utilizzando la variabile "var", che assume sequenzialmente il valore di ciascun elemento della lista.

Possiamo utilizzare la funzione built-in range() di Python per generare una sequenza di numeri interi all'interno di un ciclo. Lo scopo della funzione range() è quello di produrre una sequenza numerica da iterare. In particolare, quando viene fornito un valore N, la funzione range() genera una sequenza di interi che parte da

ID: 10.1007/978-3-032-35750-2 – 002 Date: October 16, 2026 Proof number: 1

zero e termina a N − 1, con incremento unitario. Il codice riportato in 2.50 stampa la sequenza numerica da zero a 9, sostituendo la stampa della stringa “hello” dell’esempio precedente con la stampa del valore numerico.

```
#Script Python - esempio operatore for
for var in range(10):
    print(var)
```

Codice 2.50 Esempio di codice Python che utilizza il ciclo for e la funzione range

L’operatore *for* in Python è molto flessibile; può ciclare su tutti i tipi di oggetti iterabili come ad esempio nel codice 2.51 su una stringa. Nel seguente esempio, il codice stampa tutti i caratteri della stringa, ovvero una lista di caratteri.

```
#Script Python - esempio operatore for
words = "hello"
for var in words:
    print(var)
```

Codice 2.51 Esempio di ciclo for in Python che cicla su una variabile stringa

e il risultato è:

```
h
e
l
l
o
```

Se trasformiamo con il metodo split() della classe str una stringa in una lista di stringhe prima di effettuare il ciclo, il codice 2.52 sarà:

```
#Script Python - esempio operatore for
words = "hello, I'm Python and I'm very flexible!"
for var in words.split():
    print(var)
```

Codice 2.52 Esempio di ciclo for in Python che cicla su una stringa contenente una frase suddivisa in singole parole

e i risultati saranno

```
Hello,
I'm
Python
and
I'm
flexible!
```

Per introdurre l’operatore di ciclo while in Python, proviamo a riscrivere in Python il codice 2.45 che somma i numeri da zero a 9 nel seguente codice 2.53:

ID: 10.1007/978-3-032-35750-2 – 002 Date: October 16, 2026 Proof number: 1


```python
#Script Python - esempio operatore for
count = 0
sum = 0
while (count < 10):
    sum = sum + count
    count = count +1
print(sum)
```

Codice 2.53 Esempio di sommatoria scritto in Python come in C++

Possiamo notare che, similmente all'operatore for, il while termina con i due punti e poi due istruzioni sono indentate e appartengono al while. Il codice è una traduzione letterale in Python di quello C++. Risolve lo stesso problema, ma è un approccio corretto in Python? La risposta è no! Python è più flessibile di C++, ma è un linguaggio interpretato. Quindi, se programmiamo in Python come abbiamo fatto in C++, il codice risulterà molto meno efficiente. Proviamo un approccio diverso nel seguente codice 2.54:

```python
#Script Python - esempio operatore for
data = range(10)
print(data.sum())
```

Codice 2.54 Sommatoria in Python

Nell'esempio, memorizziamo una lista di numeri interi da zero a 9 nella variabile data e usiamo il metodo sum della lista per ottenere lo stesso risultato. Il ciclo sembra essere scomparso in questo caso, ma è ancora presente e verrà eseguito dal metodo sum(). Lo stesso esercizio può essere risolto utilizzando la funzione built-in di Python sum(), sostituendo l'istruzione *print(data.sum())* con *print(sum(data))*.

Un esempio particolarmente significativo è la somma vettoriale di due liste di pari dimensione. Come già accennato, le liste in Python non supportano il formalismo vettoriale: in particolare, l'operatore + non esegue la somma elemento per elemento, ma si limita a concatenare le liste. Nel codice seguente viene mostrato come realizzare la somma vettoriale utilizzando un ciclo for:

```python
V1 = [1,2,3]
V2 = [4,5,6]
S = []#lista vuota
for a, b in zip(V1,V2): #zip consente di ciclare su due liste
    contemporaneamente
    S.append(a+b) #append aggiunge in coda alla lista
print(S) # Output: [5,7,9]
```

È interessante notare che, grazie alla funzione **zip** di Python, è possibile iterare contemporaneamente su due liste senza dover ricorrere agli indici per accedere ai singoli elementi. Se avessimo utilizzato la notazione vettoriale con gli array della libreria NumPy, non sarebbe stato necessario ricorrere esplicitamente al ciclo: la somma elemento per elemento verrebbe eseguita in modo automatico. Tuttavia, è importante non cadere nell'errore di pensare che il ciclo "scompaia": in realtà, NumPy lo esegue internamente, ma in maniera estremamente ottimizzata ed efficiente.

ID: 10.1007/978-3-032-35750-2 – 002 Date: October 16, 2026 Proof number: 1

2.3.6 *Applicazioni*

Riportiamo applicazioni utilizzando quanto abbiamo appreso sulle operazioni di input-output, sulle strutture di controllo e sugli operatori di ciclo.

2.3.6.1 Lettura di un file di dati memorizzati in modo disordinato

Il primo problema è la lettura di un file in cui i dati sono memorizzati in modo disordinato Per creare un contesto per questo esempio, immaginiamo di avere un dispositivo che scrive in una riga di un file il numero di cariche prodotte dalla radiazione su un rivelatore in un minuto, e che lavora per diverse ore. Questa particolare situazione produrrà un file di dati in cui ogni riga presenta un numero casuale di dati, a causa della natura casuale della radioattività naturale. In questo caso, non possiamo usare un ciclo for per leggere tutti i dati perché non sappiamo quanti dati dobbiamo leggere. Il ciclo while è la soluzione migliore, ma non è banale perché dobbiamo implementare un metodo per fermare la procedura di lettura. Per gestire questi problemi, la classe ifstream è dotata del metodo eof() (eof sta per end of file) che restituisce il valore logico *true* se l'oggetto collegato al file raggiunge la fine del file e un valore falso negli altri casi. Nel seguente codice, la soluzione è ottenuta utilizzando il metodo eof():

```
//the program tells a use
#include <iostream>
#include <string>
using namespace std;
int main(){
    ifstream readme("disorderedfile.dat");
    float value;
    int countme=0;
    while(!readme.eof()){
    readme>>value;
    countme++;
    }
    countme--; //Per tenere in conto l'estra lettura per ottenere
     il valore falso dal metodo eof()
    return 0;
}
```

Codice 2.55 Lettura di un file con dati memorizzati in modo disordinato, calcolo della media e della radice quadratica media del campione di dati

Un'altra soluzione pratica allo stesso problema è utilizzare la proprietà dell'istruzione di lettura di restituire un valore logico vero o falso quando la lettura ha successo o fallisce. Di seguito, lo stesso codice 2.55 utilizzando questo trucco:

```
#include <iostream>
#include <string>
using namespace std;
int main(){
    ifstream readme("disorderedfile.dat");
    float value;
    int countme=0;
    while(readme>>value){ //leggiamo nell'argomento del ciclo
    while per usare il valore logico restituito, true se la
    lettura ha successo, false altrimenti
    countme++;
    }
    cout<<" abbiamo letto "<< countme<< " volte"<< endl;
    return 0;
}
```

Codice 2.56 Lettura dei dati con ciclo while

I codici 2.55 e 2.56 risolvono il problema di contare il numero di misure memorizzate nel file. Ora possiamo procedere ad analizzare i dati, ad esempio calcolando la media e la radice quadratica media del campione di dati come segue:

```
//the program tells a use
#include <iostream>
#include <string>
#include <cmath>//library to use the function pow()
using namespace std;
int main(){
    ifstream readme("disorderedfile.dat");
    float value;
    int countme=0;
    float sum =0; //inizializziamo a zero la somma di tutti i
    dati
     while(readme>>value){
        sum+=value;
        countme++;
    }
    cout<<"la media dei dati letti è pari a "<<sum/countme<<endl;
    float average = sum/countme;
    //Rileggendo il file, possiamo stimare la radice quadratica
    media
    //come abbiamo fatto per la media, oppure possiamo definire
    un array per memorizzare
    //i dati ed evitare di leggere più volte lo stesso file in
    caso di analisi future
    float *array = new float[countme];
    readme.close();
    readme.open("disorderedfile.dat");
```

ID: 10.1007/978-3-032-35750-2 – 002 Date: October 16, 2026 Proof number: 1


```
    for(int i=0; i<countme; i++){
    readme>>array[i];
    }
    //ora possiamo stimare la radice quadratica media

    sum =0; //ricicliamo la variabile
    for(int i=0; i<countme; i++){
    sum += pow(average - array[i],2);
    }
    float rms = sqrt(sum/countme);
    cout<<"la radice quadratica media è pari a "<<rms<<endl;
    return 0;
}
```

Codice 2.57 Lettura di un file con dati memorizzati in modo disordinato

2.3.6.2 Lettura di un file di dati memorizzati in modo disordinato, in Python

In Python, l'esercizio che prevede la lettura di un file contenente dati memorizzati in modo disordinato, è semplice rispetto ad altri linguaggi: se vogliamo leggere un file di dati reali, disposti nel file in modo disordinato, è sufficiente scrivere il seguente script 2.58 utilizzando le funzioni built-in di Python "open", "map" e "list" e il metodo "split" della classe stringa:

```
data = list (map(float,open("data.dat").read().split()))
#solo per verificare che data contenga una lista di valori reali
for number in data:
    print(number)
```

Codice 2.58 Lettura di un file con dati memorizzati in modo disordinato in Python

In una sola riga, la prima dello script, abbiamo aperto il file, lo abbiamo letto come stringa, suddiviso la stringa in una lista di stringhe, convertito ogni stringa in un valore reale tramite la funzione float applicata ad ogni elemento della lista dalla funzione map, convertito l'oggetto restituito da map in una lista e infine memorizzato i risultati nella variabile data. Una lunga serie di operazioni in un'unica istruzione; ovviamente, tutte le funzioni eseguono i necessari cicli e controlli logici sui dati. Tuttavia, il concetto è che non dobbiamo reinventare la ruota ogni volta, ma per usare al meglio Python dobbiamo modificare il nostro approccio alla programmazione, pensando prima a ciò che Python offre prima di scrivere il codice.

Se volessimo stimare il valore medio e la deviazione standard del campione di dati che abbiamo letto e memorizzato nella lista "data" del codice 2.58, potremmo tradurre le istruzioni del codice C++ 2.57 in Python e questo sarebbe l'approccio sbagliato, anche se risolve il problema. Il modo migliore è utilizzare le funzioni di Python e le proprietà della lista Python come riportato nel codice 2.59:

ID: 10.1007/978-3-032-35750-2 – 002 Date: October 16, 2026 Proof number: 1


```
1  import math # libreria math importata per usare la funzione sqrt
2  data = list (map(float,open("data.dat").read().split()))
3  #solo per verificare che data contenga una lista di valori reali
4  for number in data:
5      print(number)
6  mean = sum(data)/len(data)
7  squaredeviation = []
8  for a in data:
9      squaredeviation.append((a-mean)**2)
10 rms = math.sqrt(sum(squaredeviation)/len(squaredeviation))
11 print("il valore medio dei dati letti è ", mean)
12 print("la deviazione standard dei dati è ", rms)
```

Codice 2.59 Stima del valore medio e della deviazione standard in Python

Il codice 2.59 ha meno istruzioni rispetto al codice C++ 2.57, riflettendo la natura di linguaggio ad alto livello di Python. La soluzione al problema sarebbe stata ancora più semplice, se alla riga 6, usiamo le funzioni built-in di Python *sum* e *len* per sommare la lista dei dati, stimare il numero di elementi della lista e calcolare la media tramite il rapporto di questi due valori. Il ciclo alla riga 8 stima la lista delle deviazioni quadrate rispetto al valore medio. Infine, alla riga 10, la deviazione standard (o radice quadratica media) è stimata come la radice quadrata della media delle deviazioni quadrate. Si noti che, sebbene il codice Python tenda ad essere più semplice e compatto, ciò non implica che i compiti complessi che abbiamo visto nel codice C++ non vengano eseguiti. La differenza sta nella capacità di Python di delegare la gestione dei problemi minori alle funzioni built-in, permettendoci di assemblare il codice in modo più modulare, come con i componenti dei Lego. Per fare un esempio di quanto detto, se riscriviamo il codice 2.59 utilizzando la potente libreria numpy otteniamo un codice ancora più semplice 2.60:

```
import numpy as np
data = np.loadtxt("data.dat")
print("il valore medio dei dati letti e' ", data.mean())
print("la varianza dei dati e' ", data.var()
print("la deviazione standard dei dati e' ", data.std())
```

Codice 2.60 Stima del valore medio e della deviazione standard tramite numpy

utilizzando solo 4 istruzioni più una per stimare la varianza.

Vedremo i dettagli, le capacità e la potenza della libreria NumPy nel capitolo 5.

2.3.6.3 Risoluzione di un sistema di equazioni lineari con il metodo di Gauss – uso combinato di cicli e strutture di controllo

Il codice presentato in questo paragrafo risolve il problema di trovare le soluzioni di un sistema lineare di 3 equazioni in 3 incognite con il metodo di Gauss. Il codice 2.61 può essere facilmente generalizzato a sistemi di equazioni con un qualsiasi numero di incognite. Il programma legge i dati da un file esterno e restituisce le soluzioni del sistema.

```
//Implementazione di un codice in grado di risolvere un sistema lineare in tre incognite con il metodo di triangolarizzazione di Gauss
#include <iostream>
#include <fstream>
using namespace std;
int main(){
/* indici dei coefficienti delle variabili e dei termini noti dei sistemi
   (0,0)x + (0,1)y + (0,2)z = (0,3)
   (1,0)x + (1,1)y + (1,2)z = (1,3)
   (2,0)x + (2,1)y + (2,2)z = (2,3)
lo scopo del codice è porre i coefficienti (1,0), (2,0) e (2,1) a zero tramite combinazioni lineari delle equazioni.
È facile notare che gli zeri disegnano un triangolo sotto la diagonale principale della matrice dei coefficienti noti dell'equazione, motivo per cui si chiama metodo di triangolarizzazione.
La soluzione del sistema triangolarizzato diventa banale, la soluzione dell'ultima equazione è immediata, e le altre si ricavano a cascata risolvendo ciascuna equazione dalla fine all'inizio.
*/

// numero di equazioni
  int numrows = 3;
//numero di coefficienti
  int numcoef   =numrows +1;
  //matrice del sistema
  double coef[numrows][numcoef];
  ifstream readme("data.dat");
  if(!readme.is_open()){
    cout<<"Spiacente, non posso aprire il file, controlla per favore!"<<endl;
    return;
  }
//cicli di lettura
  for(int i =0; i<numrows; i++){
    for(int j=0; j<numcoef+1;j++){
      readme>>coef[i][j];
    }
  }
//***************************!!
```

```
//Stampa dei coefficienti per controllare se letti correttamente !!
  for(int i =0; i<numrows; i++){
    for(int j=0; j<numcoef+1;j++){
      cout<<coef[i][j]<<"  ";
    }
    cout<<endl;
  }
  cout<<endl;
  cout<<endl;
//****************************!!

//Variabile di servizio
  double denom, numen,temp;
  int xx=1;//indice per effettuare lo scambio di righe
//****************************!!


  for(int k =0; k<numrighe-1;k++){ //ciclo sulle colonne
    numen=coef[k][k]; // l'elemento sulla diagonale è la chiave del processo!
// se questo coefficiente è uguale a zero, non ci permette di effettuare la triangolazione
// quindi procediamo cercando una riga dove il primo elemento sia diverso da zero per
// Effettuare un semplice scambio
    if(numen==0){
//questo ciclo while cerca la prima riga utile per uno scambio
      while(coef[k+xx][k]==0){
  xx++;
      }
//Questo ciclo effettua lo scambio
      for(int m =0; m<numrighe+1;m++){
  temp = coef[k][m];
  coef[k][m]=coef[k+xx][m];
  coef[k+xx][m]=temp;
      }
//  numen=coef[k][k];
//inizializza xx a 1 in caso di un altro controllo tramite ciclo while
      xx=1;
    }

    for(int i =k+1; i<numrighe; i++){
      denom=coef[i][k];
      //Se l'elemento è zero nell'area triangolare è già zero, saltiamo la procedura
      if(denom!=0){
```

ID: 10.1007/978-3-032-35750-2 – 002 Date: October 16, 2026 Proof number: 1


```
76     for(int j=k; j<numrighe+1; j++){
77       coef[i][j] =  coef[k][j]- (coef[i][j]/denom)*numen;
78     }//ciclo su h
79       }
80     }//ciclo su i
81   }//ciclo su k
82
83   //Stampa dei risultati finali
84   for(int i =0; i<numrighe; i++){
85     for(int j=0; j<numrighe+1;j++){
86       cout<<coef[i][j]<<"   ";
87     }
88     cout<<endl;
89
90   }
91
92 double sol[numrighe];
93
94 for(int i=numrighe-1; i>-1;i--){
95 sol[i]=coef[i][numrighe];
96
97 for(int j=i;j<numrighe-1;j++){
98 sol[i]-= sol[j+1]*coef[i][j+1];
99 }
100
101 sol[i]= sol[i]/coef[i][i];
102
103 }
104 for(int i =0; i<numrighe;i++){
105 cout<<"soluzione "<<i+1<<" = "<<sol[i]<<endl;
106 }
107   return 0;
108 }
```

Codice 2.61 Risoluzione di un sistema di equazioni lineari con il metodo di Gauss in C++

Risulta molto semplice generalizzare il codice alla risoluzione di un sistema di equazioni di ordine qualunque, modificando il numero delle equazioni alla riga 16 del codice 2.61.

2.3.6.4 Risoluzione di un sistema di equazioni lineari con numpy

Nella sottosezione precedente abbiamo riportato la soluzione di un sistema di equazioni lineari con il metodo di Gauss in C++; l'esercizio è stato l'occasione per costringere il lettore ad allenarsi con le strutture di ciclo e logica. Nel seguente codice 2.62 viene riportata la soluzione al problema utilizzando un metodo della classe numpy di Python:

ID: 10.1007/978-3-032-35750-2 – 002 Date: October 16, 2026 Proof number: 1


```python
#macro LinSys.py risoluzione del sistema di equazioni lineari i cui coefficienti sono memorizzati nel file test.dat
#i dati devono essere disposti con i coefficienti delle variabili e il termine noto di ciascuna equazione su una singola riga e tante righe quante sono le equazioni del sistema.
import numpy as np
data = np.loadtxt("test.dat")
solutions = np.linalg.solve(data[:,0:len(data[:,0])],data[:,len(data[:,0])])
print(solutions)
```

Codice 2.62 Risoluzione di un sistema di equazioni lineari in Python

In Python, come al solito, poche istruzioni corrispondono a molte azioni. Per capirlo basta provare a commentare il codice. La prima riga importa le librerie numpy e crea l'alias con la parola np, la seconda importa nella variabile data la matrice dei coefficienti delle equazioni del sistema memorizzata nel file test.dat, e la terza istruzione utilizza il metodo solve del metodo linalg per risolvere il sistema di equazioni lineari, l'ultima istruzione stampa a schermo le soluzioni. Si noti che, in accordo con il prototipo del metodo solve, sono stati passati come argomenti la matrice dei coefficienti delle variabili e l'array dei termini noti, ottenuti mediante un opportuno slicing dei dati memorizzati nell'array NumPy.

2.3.6.5 Ricerca del massimo e minimo assoluto in C++

Un altro esempio interessante è la ricerca del massimo e minimo assoluto in un campione di dati. Abbiamo già visto come leggere un file e memorizzare i dati in un array, quindi la strategia sarà confrontare ciascun elemento dell'array usando la condizione giusta per determinare il valore massimo o minimo. Di seguito riportiamo solo il frammento di codice 2.63 che risolve il compito:

```cpp
//dichiariamo due variabili per memorizzare il massimo e il minimo assoluto
//inizializzandole al primo elemento dell'array
float maxy=misure[0];
float miny=misure[0];
for(i=0; i<DimArray; i++){
  if(data[i]>maxy){
    maxy=data[i];}
  else if(data[i]<miny){
  miny=data[i];}
}
cout<<"that minimum value is: "<<miny<<endl;
cout<<"that maximum value is: "<<maxy<<endl;
```

Codice 2.63 Codice che cerca i valori massimo e minimo assoluti in una collezione di numeri in C++

ID: 10.1007/978-3-032-35750-2 – 002 Date: October 16, 2026 Proof number: 1

Invitiamo il lettore a riflettere sul motivo per cui le variabili *maxy* e *miny* sono inizializzate con un valore dell'array e cosa potrebbe succedere se fossero inizializzate arbitrariamente, assumendo valori che non appartengono all'insieme. In entrambi i casi, il codice può essere eseguito senza errori, ma nel secondo scenario il codice potrebbe non riuscire a identificare correttamente il valore massimo o minimo se il valore iniziale non appartiene al set di dati. Perché succede questo?

2.3.6.6 Ricerca del massimo e del minimo assoluti con Python

Risolveremo il problema con due approcci. Il primo utilizza le funzioni di Python: leggiamo i dati e li memorizziamo in una lista, e usiamo le funzioni built-in di Python *min* e *max* sulla lista. Queste funzioni hanno bisogno come input una lista, e come output restituiscono rispettivamente il minimo e il massimo.

```
data = list(map(float, open("facilino.dat").read().split()))
print("the minimum is ",min(data), "  the maximum is ", max(data)
    )
```

Il secondo metodo risolve questo semplice problema utilizzando la libreria numpy.

```
import numpy as np
data = np.loadtxt("facilino.dat")
print("the minimum is ",data.min(), "  the maximum is ", data.max
    ())
#numpy fornisce altri metodi utili:
print("the mean value is ",data.mean(), "  the variance is  ",
    data.var())
```

NumPy è uno strumento potente per problemi legati ai numeri. Gli esempi sono solo per la prima pratica; nel libro riporteremo usi più complessi.

2.3.6.7 Calcolo dell'istogramma in C++

Prima di scrivere un programma, è necessario comprendere appieno il problema e pensare alla migliore strategia di calcolo.

Quindi, prima di tutto, cerchiamo di capire cos'è un istogramma. Un istogramma è un modo utilizzato in statistica di rappresentare i dati. È essenziale nel caso di misure ripetute della stessa grandezza fisica (istogramma monodimensionale) o di più grandezze in relazione tra loro (istogramma multidimensionale), e permette di leggere rapidamente le informazioni statistiche contenute nei dati.

Un approccio pratico per costruire un istogramma prevede l'identificazione dei valori massimo e minimo assoluti all'interno del dataset. Questi valori definiscono l'intervallo totale di variazione per l'istogramma. Questo intervallo viene poi suddiviso in un numero scelto di sotto-intervalli di uguale ampiezza, comunemente chiamati 'bin'. Infine, per ogni bin si conta il numero di dati che ricadono in quell'intervallo. L'intervallo di definizione dell'istogramma può essere più largo

ID: 10.1007/978-3-032-35750-2 – 002 Date: October 16, 2026 Proof number: 1

di quello identificato dal massimo-minimo, e in questo caso potremmo ottenere dei 'bin' vuoti. Al contrario, se l'intervallo viene scelto più ristretto, una parte dei dati non verrà inclusa nell'istogramma, con conseguente perdita di informazione. La scelta dell'intervallo non segue una regola univoca, ma dipende dal contesto dell'analisi ed è quindi affidata all'esperienza e agli obiettivi dello sperimentatore.

Il codice mostrato nel Codice 2.64 svolge questo compito stampando, in una colonna, il valore medio di ciascun sotto-intervallo, e in una seconda colonna, la frequenza assoluta dei conteggi dei bin.

```
//Calcolo dell'istogramma
int rebinning=0;
do{ // permette di ripetere e cambiare gli intervalli dei bin
 int nint;
 cout<<"\nDimmi il numero di bin: \n";
 cin>>nint;
 float l=(max-min)/(float)nint;//Stima dell'ampiezza del bin
 cout<<"Ampiezza del bin: "<<l<<endl;
 int bin[nint]; //definisce un array di contatori
 for(i=0;i<nint;i++){
  bin[i]=0; //inizializza ogni contatore a zero
  }
 for(i=0;i<nint;i++){
   for(int v=0; v<j; v++){
    if((misure[v]>=min+i*l)&&(misure[v]<=min+(i+1)*l)){
//Conta la frequenza dei numeri in ogni intervallo i
    bin[i]++;
    }
   }
  }

//cout << scientific;
 cout << fixed; //fissa l'allineamento
 for(int n=0; n<nint; n++){
  cout<<min+l/2+n*l<<"\t"<<bin[n] <<endl;
 }
 cout<<"\n Vuoi cambiare il numero di bin? (se si digita 1):\n";
 cin>>rebinning;
 }while(rebinning==1);
```

Codice 2.64 Calcolo dell'istogramma in modalità procedurale in C++

L'output del codice è:

```
-4.049477 21
-2.526830 154
-1.004183 1038
0.518463  4618
2.041110  13894
3.563756  27787
5.086403  36796
```

ID: 10.1007/978-3-032-35750-2 – 002 Date: October 16, 2026 Proof number: 1


```
6.609050  31854
8.131697  18555
9.654344  7240
11.176990 1821
12.699636 329
14.222283 40
15.744930 3
17.267576 0
```

Quello che osserviamo è una rappresentazione numerica, piuttosto che grafica. Come accennato in precedenza, la tabella fornisce preziose informazioni statiche. Già a una prima osservazione risulta evidente che la frequenza massima si concentra nell'intervallo compreso tra 5.086403 e 6.609050. Questo suggerisce che il valore medio della distribuzione possa collocarsi all'interno di tale intervallo. Tale ipotesi è confermata dal calcolo diretto della media, riportato negli esempi precedenti, che fornisce un valore pari a 5.35344.

2.3.7 *Calcolo dell'istogramma con Python*

Ripetiamo l'esercizio della sezione precedente per mostrare come cambia l'approccio quando risolviamo lo stesso problema in un linguaggio di alto livello come Python. La regola del gioco è leggere i dati da un file, determinare il valore massimo e minimo, e calcolare la frequenza dei dati in un numero desiderato di intervalli (bin) tra il valore massimo e minimo dei dati. Verificheremo se alcuni strumenti di Python possono risolvere questo compito. Vediamo che numpy, che approfondiremo più avanti nel libro, può leggere i dati, trovare il valore massimo e minimo in una raccolta di dati e calcolare un istogramma. Quindi, il modo più conveniente è controllare la sintassi corretta per usare i metodi di numpy e procedere per risolvere il problema. Il seguente codice 2.65 riporta un semplice script Python in grado di calcolare l'istogramma:

```python
import numpy as np
data = np.loadtxt("test.dat")
histo = np.histogram(data,bins=50,range = (data.max(),data.min())
    )
print("Il primo vettore contiene le frequenze assolute dell'
    istogramma")
print(data[0])
print("Il secondo vettore i bordi degli intervalli dell'
    istogramma")
print(data[1])
```

Codice 2.65 Calcolo dell'istogramma con Numpy

Lo script carica i numeri dei dati in un array numpy chiamato data, poi il metodo histogram calcola l'istogramma prendendo in input l'array contenente i dati, il numero di bin e i limiti assoluti dell'istogramma calcolati da numpy con i metodi max() e min(). Il metodo histogram restituisce una tupla contenente due array, il primo memorizza la frequenza assoluta dell'istogramma, mentre il secondo memorizza i bordi dei bin dell'istogramma. Se si desidera utilizzare le informazioni per una rappresentazione grafica dell'istogramma, bisogna ricordare che il secondo array non memorizza il centro dei bin, ma i bordi dei bin. Il secondo array ha quindi una dimensione pari al primo array più uno.

2.3.8 *Funzioni*

In programmazione, le funzioni rappresentano il principale mezzo per rendere un programma modulare. Sono progettate per risolvere problemi specifici, accettando dati in ingresso, elaborandoli, restituendo valori o modificando le variabili che ricevono. Delegando compiti specifici alle funzioni, problemi complessi possono essere suddivisi in parti più piccole e meglio gestibili, migliorando la modularità e la leggibilità del codice.

2.3.8.1 C++

In C/C++, ogni programma e sottoprogramma è definito come una funzione. Anche il programma principale è una funzione, chiamata *main*, perché rappresenta il punto di ingresso e deve essere presente in ogni programma C++ compilato. Tutte le funzioni, inclusa *main*, seguono la stessa struttura: si specifica il tipo di ciò che viene restituito, il nome della funzione e i parametri di ingresso tra parentesi tonde. Il corpo della funzione è racchiuso invece tra parentesi graffe.

Il seguente codice è una semplice implementazione di una funzione che restituisce la somma di due interi forniti alla funzione.

```
int sum(int a, int b){
return a+b;
}
```

Vediamo ora come le funzioni vengono implementate all'interno di un programma, come vengono chiamate e quali regole devono essere seguite. Una regola che non ammette eccezioni è che ogni funzione deve essere dichiarata prima dell'esecuzione della funzione *main*. La dichiarazione della funzione è chiamata prototipo. La dichiarazione può coincidere o meno con l'implementazione completa. Il prototipo di una funzione è costituito dalla dichiarazione di ciò che vine restituito, dal nome della funzione e dai parametri che legge come input tra parentesi tonde. I nomi delle variabili utilizzate all'interno dell'implementazione delle funzioni sono del tutto arbitrari e hanno validità locale. In generale, i nomi delle variabili impiegati nella funzione *main* non devono coincidere con quelli utilizzati in altre funzioni. Le variabili dichiarate all'interno di una funzione sono infatti considerate locali e

ID: 10.1007/978-3-032-35750-2 – 002 Date: October 16, 2026 Proof number: 1

possono essere lette o modificate esclusivamente all'interno di quella funzione. Per definire variabili globali accessibili a tutte le funzioni, inclusa la funzione *main*, esse devono essere dichiarate prima di qualsiasi definizione di funzione, tipicamente dopo l'inclusione delle librerie, e in questo caso qualunque funzione è in grado di accedere e/o modificarne il contenuto. Di seguito è riportato un esempio che mostra un prototipo di funzione e la sua implementazione definita prima della funzione *main* 2.66.

```
#include <iostream>
using namespace std;
int sum(int a, int b){
return a+b;
}
int main(){
int var1,var2;
var1=10;
var2=20;
cout<<somma(var1,var2)<<endl;
return 1;
}
```

Codice 2.66 Dichiarazione del prototipo di funzione e implementazione prima della funzione main

Un altro esempio di prototipazione di funzione, implementata dopo la funzione main, è riportato nel codice 2.67.

```
#include <iostream>
using namespace std;

int somma(int a, int b);

int main(){
int pino,pina;
pino =10;
pina=20;
cout<<somma(pino,pina)<<endl;
return 1;
}
int somma(int a, int b){
return a+b;
}
```

Codice 2.67 Prototipo di funzione dichiarato prima della funzione main e implementazione dopo

Le funzioni possono essere implementate anche in file differenti da quello che contiene la funzione principale; tali file sono detti header e possono essere inclusi nel programma principale utilizzando la stessa sintassi impiegata per l'inclusione delle librerie. Un esempio in cui la funzione ausiliaria sum è dichiarata in un file header denominato sum.h è riportato nel codice 2.68.

```
#include <iostream>
#include "somma.h"
using namespace std;
int main(){
int pino,pina;
pino =10;
pina=20;
cout<<somma(pino,pina)<<endl;
return 0;
}
```

Codice 2.68 Prototipazione e implementazione di funzione in un file header

Il file header "sum.h", che in questo esempio si trova nella stessa cartella del programma è caricato tramite la direttiva #include, contiene il prototipo e l'implementazione della funzione:

```
// file somma.h
int somma(int a, int b){
return a+b;
}
```

2.3.8.1.1 Passaggio di valori alle funzioni per valore o per riferimento in C++

Negli esempi della sezione precedente è stata utilizzata, in modo implicito, la tecnica del passaggio degli argomenti per valore. Quando si trasferiscono variabili da una funzione (come la funzione *main*) a un'altra, è infatti importante evitare modifiche indesiderate ai dati originali. Per questo motivo, in C/C++ il meccanismo predefinito è il passaggio per valore: la funzione chiamata riceve una copia di ciascun argomento e opera esclusivamente su tali copie, lasciando inalterate le variabili originali.

Tuttavia, se vogliamo che la funzione modifichi direttamente le variabili che riceve, possiamo utilizzare un approccio diverso, noto come passaggio di informazione *per riferimento*. In questo metodo, non si passa la variabile alla funzione, ma piuttosto l'indirizzo in cui la variabile è memorizzata. La funzione copierà questa informazione come prima, ma potrà agire sulle variabili tramite gli indirizzi di memoria. Una variabile in grado di memorizzare un indirizzo di memoria è chiamata "puntatore". Le variabili *puntatore* sono la chiave per il passaggio di valori per riferimento.

Scriviamo un esempio

```
// Prototipo di funzione in grado di leggere indirizzi
// tramite variabili puntatore
void swap(double *first, double *second);

int main(){
  double a = 5.4;
  double b = 10.2;
```

ID: 10.1007/978-3-032-35750-2 – 002 Date: October 16, 2026 Proof number: 1


```
  cout << "Valore di a: " << a << endl;
  cout << "Valore di b: " << b << endl;
  swap(&a, &b);
  cout << "Nuovo valore di a: " << a << endl;
  cout << "Nuovo valore di b: " << b << endl;
  return 0;
}

void swap(double *first, double *second){
   double temp;
   temp = *first; // accesso al contenuto del puntatore
   *first = *second;
   *second = temp;
   return 0;
}
```

Codice 2.69 Implementazione corretta di una funzione swap in C++, passando i dati per riferimento

Abbiamo implementato la classica funzione di scambio di contenuto tra variabili (swap) nell'esempio riportato nel codice 2.69. Abbiamo fornito gli indirizzi delle variabili a e b alla funzione swap, memorizzandoli in due variabili puntatore. La funzione utilizza poi questi puntatori per accedere e modificare i valori nelle corrispondenti posizioni di memoria. Per chiarire, le variabili first e second contengono gli indirizzi di memoria di a e b, rispettivamente. Possiamo accedere e modificare il contenuto di queste posizioni di memoria utilizzando l'operatore di dereferenziazione (*).

Se proviamo a ripetere lo stesso esercizio utilizzando il metodo del passaggio per valore alla funzione, possiamo riscrivere il codice 2.69 nel seguente modo 2.70:

```
#include <iostream>
// Prototipo di funzione in grado di leggere indirizzi
// tramite variabili puntatore
void swap(double first, double second);

int main(){
  double a = 5.4;
  double b = 10.2;
  cout << "Valore di a: " << a << endl;
  cout << "Valore di b: " << b << endl;
  swap(a, b);
  cout << "Nuovo valore di a: " << a << endl;
  cout << "Nuovo valore di b: " << b << endl;
  return 0;
}

void swap(double first, double second){
   double temp;
   temp = first;
   first = second;
```

ID: 10.1007/978-3-032-35750-2 – 002 Date: October 16, 2026 Proof number: 1


```
    second = temp;
    return;
}
```

Codice 2.70 Implementazione errata di una funzione swap in C++, passando i dati per valore

A questo punto ci chiediamo cosa succederebbe se eseguissimo questo codice. La risposta è che i vecchi e nuovi valori coinciderebbero, la funzione swap agirebbe sulle copie delle variabili fornite e le variabili originali rimarrebbero invariate.

Se si desidera che una funzione modifichi le variabili originali, è necessario passarle per riferimento, ovvero fornendo i rispettivi indirizzi di memoria. In questo modo, tramite variabili puntatore, la funzione può accedere e modificare direttamente i valori memorizzati nelle posizioni di memoria indicate.

La sintassi e l'uso delle variabili puntatore sono spiegati nel seguente codice 2.71:

```
1  // Esempio di variabile puntatore
2  #include <iostream>
3  using namespace std;
4
5  int main(){
6    double normalvariable = 10;
7    //Dichiarazione di variabile puntatore
8    //tipo  *nomevariabile;
9    double *pointervariable;//il simbolo * precede la variabile
10   pointervariable = &nomaralvariable;//il simbolo & permette di accedere all'indirizzo di memoria dove è memorizzata l'informazione della normalvariable.
11   cout<<"cosa è memorizzato nell'indirizzo di memoria della variabile normale usando il puntatore"<<*pointervariable; // Solo dopo la definizione, il simbolo * permette di accedere al valore puntato dall'indirizzo di memoria memorizzato nella pointervariabel
12   return 0;
13 }
```

Codice 2.71 Uso e significato delle variabili puntatore

La variabile dichiarata alla riga 7 del codice 2.71 non è un puntatore; tuttavia, come tutte le variabili, il suo contenuto è memorizzato in una locazione specifica della memoria del computer. Al contrario, la variabile dichiarata alla riga 10 è un puntatore progettato per contenere l'indirizzo di memoria di una variabile che assume un valore in virgola mobile a doppia precisione (double). Inizialmente, questo puntatore non è inizializzato, poiché le variabili puntatore non contengono indirizzi validi finché non vengono assegnati esplicitamente. Alla riga 10, gli assegniamo l'indirizzo di memoria della variabile della riga 7 usando l'operatore di indirizzo (&). Infine, la riga 12 mostra come possiamo accedere al valore originale della variabile tramite il puntatore usando l'operatore di dereferenziazione (*).

ID: 10.1007/978-3-032-35750-2 - 002 Date: October 16, 2026 Proof number: 1

2.3.8.1.2 Ricorsione

La ricorsione è una proprietà fondamentale delle funzioni nella programmazione informatica e consiste nella capacità delle funzioni di chiamare sé stesse. È molto utile in tutti i codici che utilizzano la ricerca ricorsiva. Un esempio tipico di ricorsione consiste nell'implementazione del fattoriale, riportato nel codice 2.72:

```
// Calcolo del fattoriale
#include <iostream>
using namespace std;
long factorial (long value)
{
  if (value > 1){
   return (value * fattoriale (value-1));
  }
  else{
   return 1;
  }
}

int main ()
{
  long data = 9;
  cout << data << "! = " << factorial (data);
  return 0;
}
```

Codice 2.72 Esempio di funzione ricorsiva

2.3.8.2 Funzioni in Python

In Python, le funzioni sono definite usando la parola chiave "def" seguita dal nome della funzione, una coppia di parentesi tonde che racchiudono eventuali argomenti, e i due punti. Il corpo della funzione è indentato e contiene le istruzioni che definiscono cosa fa la funzione. L'istruzione "return" viene usata all'interno del corpo indentato per restituire un valore o terminare la funzione. Iniziamo con un semplice script Python 2.73:

```
Def printme(x):
    print("the number passed to me is ", x)
    return
#per testare lo script
printme(3.14)
```

Codice 2.73 Implementazione di una semplice funzione che stampa un numero dato in Python

Le funzioni in Python possono essere definite ovunque all'interno dello script. Tuttavia, è importante assicurarsi che la funzione sia definita prima di essere chiamata. Se si tenta di chiamare una funzione prima che sia definita, Python solleverà

ID: 10.1007/978-3-032-35750-2 – 002 Date: October 16, 2026 Proof number: 1

un NameError perché non riconoscerà la funzione. Se proviamo a violare questa raccomandazione, ad esempio inventando la chiamata alla funzione nel codice precedente 2.73 come segue 2.74:

```
#per testare lo script
printme(3.14)

Def printme(x):
    print("the number passed to me is ", x)
    return
```

Codice 2.74 Un modo errato di implementare una funzione in Python

Python non eseguirà lo script e scriverà:

```
Traceback (most recent call last):
  File "testfunc.py", line 1, in <module>
    printme(3.14)
NameError: name 'printme' is not defined
```

Come esercizio, riscriviamo la funzione sumtwonumbers implementata in C++ nelle sezioni precedenti come segue nel codice 2.75:

```
def sumtwonumbers(first, second):
    return first + second
print(" 10 + 2 è uguale a ", sumtwonumbers(10,2))
```

Codice 2.75 Esempio di funzione che somma due numeri in Python

Il valore passato alla funzione è implicito nel tipo di variabili passate. Se la variabile non è un indirizzo, il passaggio avviene *per valore*, se è un indirizzo, per riferimento. Ad esempio, il seguente tentativo di implementare una funzione di scambio fallisce; lo script 2.76 è sintatticamente corretto ma non fa ciò che desideriamo:

```
def swap(a,b):
    c=a
    a=b
    b=c
    return
x=10
y=20
print(x,"  ",y)
swap(x,y)
print(x," ",y)
```

Codice 2.76 Esempio di funzione di scambio in Python che non funziona

L'esecuzione dello script scrive sullo schermo dieci e venti nella stessa sequenza, due volte:

```
10    20
10    20
```

Cosa succede se cambiamo la variabile in una lista? Proviamo a implementarlo nel seguente codice 2.77:

```
def swap(a,b):
    c=a
    a=b
    b=c
    return
x=[]
y=[]
x.append(10)
y.append(20)
print(x,"  ",y)
swap(x,y)
print(x," ",y)
```

Codice 2.77 Funzione di scambio modificata implementata nel codice 2.76 che ancora non funziona

I risultati del codice sono:

```
[10]    [20]
[10]    [20]
```

Cosa c'è di sbagliato? Perché il codice non fa ciò che ci aspettavamo? Perché abbiamo passato due indirizzi, ma nella funzione non agiamo sul valore puntato dalle variabili indirizzo. Correggendo il codice 2.78 nel seguente modo:

```
def swap(a,b):
    c=a[0]
    a[0]=b[0]
    b[0]=c
    return
x=[]
y=[]
x.append(10)
y.append(20)
print(x," ",y)
swap(x,y)
print(x," ",y)
```

Codice 2.78 Esempio di funzione di scambio in Python che funziona correttamente

finalmente otteniamo:

```
[10]    [20]
[20]    [10]
```

2.3.8.2.1 Funzioni Built-in in Python

Python offre diverse funzioni integrate. L'elenco completo è disponibile sul sito ufficiale del linguaggio Python alla seguente pagina web (https://docs.python.org/3/library/functions.htm). Molte funzioni integrate sono già state utilizzate in questo

ID: 10.1007/978-3-032-35750-2 – 002 Date: October 16, 2026 Proof number: 1

capitolo: le funzioni type, print, input, range, len, min, max e sum. Suggeriamo di prendere visione delle funzioni messe a disposizione e di fare l'esercizio usandole nei propri programmi.

2.4 Esercizi

2.1 Scrivi un codice capace di visualizzare un messaggio sullo schermo.

2.2 Scrivi un codice in grado di chiedere un numero ad un utente e di stamparlo sullo schermo.

2.3 Scrivi un codice in grado di chiedere all'utente due numeri reali e stamparne la somma sullo schermo.

2.4 Scrivi un codice in grado di chiedere all'utente due numeri reali e quale delle 4 operazioni di base desidera eseguire, quindi stampare il risultato sullo schermo. Rendi il codice iterativo, in modo che possa ripetere le operazioni a meno che l'utente non specifichi diversamente.

2.5 Scrivi un codice in grado di chiedere un numero intero e indicare se è pari o dispari.

2.6 Chiedi all'utente di fornire 10 numeri e memorizzali in un array. Calcola la somma dei numeri forniti e stampa il risultato finale sullo schermo.

2.7 Scrivi un programma che riempia la prima colonna di una matrice con i numeri pari da 0 a 100, la seconda colonna con i numeri dispari e la terza colonna con la somma dei valori corrispondenti delle prime due colonne.

2.8 Scrivi un codice che legga il file "data.dat", stampi tutti i valori sullo schermo e calcoli la media e la deviazione standard.

2.9 Scrivi un codice che conti le righe e le colonne nel file "data.dat".

2.10 Scrivi un codice per trovare il massimo e il minimo assoluti della quinta colonna del file data.dat.

Capitolo 3
Perché la programmazione orientata agli oggetti?

3.1 Introduzione

La Programmazione Orientata agli Oggetti (OOP) è un paradigma di programmazione che utilizza il concetto di "oggetti" per progettare e strutturare il software. Alcuni degli aspetti più importanti dell'OOP sono i seguenti:

- **Classi e Oggetti**:
  - Classe: Un modello per la creazione di oggetti. Definisce un insieme di attributi e metodi che gli oggetti della classe possiederanno.
  - Oggetto: Un'istanza a una classe. Rappresenta una specifica entità con attributi e comportamenti definiti dalla sua classe.
- **Incapsulamento**, la pratica di raggruppare dati (attributi) e metodi (funzioni) che operano su tali dati in un'unica unità, ovvero la classe. Limita l'accesso diretto ad alcune componenti dell'oggetto, il che può prevenire modifiche accidentali ai dati.
- **Ereditarietà** permette a una nuova classe di ereditare attributi e metodi da una classe esistente. Questo promuove il riutilizzo del codice e stabilisce una gerarchia naturale tra le classi.
- **Polimorfismo** consente agli oggetti di classi diverse di essere trattati come oggetti di una superclasse comune. Permette a una singola interfaccia di rappresentare diverse forme sottostanti (tipi di dati).
- **Astrazione**, che consiste nel nascondere i dettagli complessi dell'implementazione di un sistema ed esporre solo le parti necessarie e rilevanti. Aiuta a ridurre la complessità e consente al programmatore di concentrarsi sulle interazioni a un livello più alto.

L'OOP è ampiamente utilizzata in molti linguaggi di programmazione, tra cui C++, Java, Python e altri.

G. Mandaglio, U. Wanderlingh, S. Vasi, *Strumenti open source per l'analisi dei dati fisici*,
https://doi.org/10.1007/978-3-032-35750-2_3

ID: 10.1007/978-3-032-35750-2 – 003 Date: October 16, 2026 Proof number: 1

3.2 Classe

In programmazione, il concetto di classe estende l'idea di struct in C e costituisce la base della programmazione orientata agli oggetti (OOP). Le classi forniscono potenti funzionalità come incapsulamento, ereditarietà e polimorfismo—ognuna delle quali è abbastanza complessa da meritare uno studio dedicato. Tuttavia, questo testo si propone di introdurre l'implementazione di base e l'uso pratico delle classi nell'analisi dei dati. Si invita il lettore a consultare la letteratura specializzata in programmazione per una comprensione più approfondita dei concetti OOP.

Una classe è una struttura dati che combina dati (attributi) e funzioni (metodi) che operano su tali dati. Il principio fondamentale nell'implementazione di una classe è progettare una struttura che affronti un determinato problema nel modo più generale e flessibile possibile, fornendo gli strumenti necessari per gestire i dati e le relative operazioni.

Un'analogia utile, anche se semplificata, è pensare a una classe come a una cellula biologica: proprio come una cellula assorbe sostanze, le elabora e produce risultati, una classe riceve informazioni, le elabora tramite i suoi metodi e restituisce risultati. La classe funge da modello concettuale per risolvere o gestire un problema, mentre l'oggetto, un'istanza della classe, è ciò che materialmente esegue le operazioni. Le funzioni definite all'interno di una classe sono chiamate metodi. In C++, una classe viene dichiarata utilizzando la parola chiave class, seguita dal nome della classe. Il suo contenuto è racchiuso tra parentesi graffe. Per impostazione predefinita, tutti i membri (dati e metodi) sono privati, il che significa che sono accessibili solo dall'interno della classe. Per renderli accessibili dall'esterno, è necessario dichiararli esplicitamente come pubblici utilizzando la parola chiave *public:*. È possibile modificare il livello di accesso dei membri della classe in qualsiasi punto della definizione della classe utilizzando i qualificatori private, public o protected.

Di seguito è riportato un esempio di una semplice classe che esegue operazioni matematiche di base su due numeri reali, come mostrato nel codice 3.1.

```
#include <iostream>
using namespace std;

class operation{
    // privato di default
    float first, second;

public: // le istruzioni successive sono pubbliche
    operation(){ // primo costruttore
        return;
    }

    operation(double a, double b){ // secondo costruttore
        first = a;
        second = b;
        return;
    }
```

```
    void changeFS(float a, float b){
        first  = a;
        second = b;
        return;
    }

    void changeF(float a){
        first = a;
        return;
    }

    void changeS(float a){
        second = a;
        return;
    }

    float Sum(){
        return first + second;
    }

    float FminusS(){
        return first - second;
    }

    float SminusF(){
        return second - first;
    }

    float product(){
        return first * secondo;
    }

    float FdividedbyS(){
        return first / second;
    }

    float SdividedbyF(){
        return second / first;

        ~operation(){
            cout << "hello, I'm killing your object" << endl;
            // Commento per scherzare! Normalmente niente
    commenti nel distruttore
            return;
        };
    }
}; // nota il punto e virgola alla fine dell'implementazione
```

```
int main(){
    // primo esempio di utilizzo della classe
    operation objcalc1; // objcalc1 è un oggetto della classe operation

    float numb1, numb2;
    cout << "dammi due numeri" << endl;
    cin >> numb1 >> numb2;

    objcalc1.changeFS(numb1, numb2);
    // l'operatore punto "." dà accesso ai metodi!

    cout << numb1 << " + " << numb2 << " = " << objcalc1.sum() << endl;

    // secondo esempio di utilizzo della classe
    operation objcalc2(numb1, numb2);
    // stiamo usando il secondo costruttore

    cout << numb1 << " - " << numb2 << " = "
         << objcalc2.FminusS() << endl;

    // terzo esempio di utilizzo della classe
    operation *objpointercalc = new operation(numb1, numb2);

    cout << numb1 << " / " << numb2 << " = "
         << objpointercalc->FdividedbyS() << endl;

    // nell'ultimo caso, la variabile è un puntatore a oggetto
    // accesso ai metodi tramite l'operatore freccia "->" (meno + maggiore)

    return 0;
}
```

Codice 3.1 Esempio di implementazione di una classe che gestisce le 4 operazioni matematiche fondamentali

Una volta che un oggetto di una classe è stato definito, il modo per accedere ai membri della classe è tramite l'operatore punto o l'operatore freccia (formato combinando i simboli meno e maggiore). L'operatore punto si usa quando l'oggetto è una variabile normale, mentre l'operatore freccia si usa quando l'oggetto è un puntatore.

Commentiamo il codice 3.1: la prima domanda è cosa significano private e public? Le variabili "first" e "second" della classe sono implicitamente definite come private, il che significa che l'unico modo per modificarne i valori è tramite i metodi della classe stessa. Se si prova, nel programma principale, a cambiare direttamente il valore di questa variabile, si ottiene un errore. Vedi il seguente codice come esempio 3.2:

```
// ....//

int main(){

    operation objcalc1;
    objcalc1.first = 12.34; //questo è un errore!!! la variabile
    first è privata
    objcalc1.changeF(12.34); //questo è il modo corretto per
    cambiare il valore!
  return 0;
}
```

Codice 3.2 Esempio su come cambiare il valore di una variabile privata in una classe C++

Tuttavia, se le variabili "first" e "second" fossero state dichiarate public, l'istruzione *objcalc1.first = 12.34;* sarebbe stata corretta. I dati delle classi dovrebbero essere mantenuti privati per motivi di sicurezza e stabilità del codice, specialmente in grandi progetti software. Tutte le funzioni definite all'interno di una classe sono chiamate metodi. I metodi che condividono lo stesso nome della classe sono detti costruttori. Il distruttore, un metodo speciale usato per distruggere l'oggetto e liberare la memoria allocata, è identificato dal nome della classe preceduto dal simbolo tilde ( ). I costruttori non specificano un tipo di ritorno perché, in C++, non possono restituire valori. All'interno di una classe si possono definire più costruttori, che differiscono per numero o tipo di parametri. Questo permette di selezionare il costruttore appropriato al momento della creazione di un oggetto. Ad esempio, nel codice 3.1, l'istruzione operation objcalc1; richiama il costruttore di default (vuoto). Al contrario, operation objcalc2(numb1, numb2); richiama un secondo costruttore che inizializza le variabili interne con i valori numb1 e numb2. Questo secondo costruttore funge da scorciatoia, creando contemporaneamente l'oggetto e impostando il suo stato interno. In altre parole, operation objcalc2(numb1, numb2); è equivalente a scrivere:

```
operation objcalc1;
objcalc1.changeFS(numb1, numb2);
```

L'uso della classe nel codice riportato in 3.1 ci mostra che la classe è una definizione astratta di regole utili a gestire un problema, ma operativamente, l'uso della classe passa attraverso l'oggetto, la variabile del tipo definito dalla classe.

3.2.1 Esercitarsi con le classi

La scrittura di una classe dovrebbe essere guidata dall'idea che essa debba aiutare a risolvere i problemi nel modo più generale possibile, per evitare la proliferazione di

ID: 10.1007/978-3-032-35750-2 – 003 Date: October 16, 2026 Proof number: 1

classi che svolgono funzioni simili e la ripetizione inutile di codice. Anche durante la scrittura del codice, bisognerebbe concentrarsi sull'efficienza delle risorse.

Forse non è l'esempio più immediato, ma proviamo a scrivere una classe che produca diversi output a partire da due valori di input. Nell'esempio 3.3, vogliamo definire una classe chiamata RegularPolygon, che prende come parametri di input la base e l'altezza. Su richiesta, questa classe sarà in grado di restituire il perimetro e l'area di varie figure geometriche, in particolare triangolo, quadrato, rettangolo o pentagono. Assumeremo le consuete interpretazioni geometriche: per triangolo e rettangolo, base e altezza hanno il loro significato standard; per il quadrato, la base sarà usata come lato; e per il pentagono, l'altezza rappresenterà l'apotema.

```
class RegularPolygon {
  double base;  //Privata di default
  double height;
  public:
  //Prototipazione per implementazione esterna
  void SetBaseHeight(double,double);
  double TriangleAreas ();
  //Implementazione all'interno della dichiarazione della classe
  double TrianglePerimeter(){
        return 3*base;
  }
  double RettangleAreas(){
        return base*height;
  }
  double RettanglePerimeter(){
        return 2*(base+height);
  }
  double SquareAreas ();
  double SquarePerimeter ();
  double PentagonAreas ();
  double PentagonPerimeter();
};

//Ad esempio, implementazione esterna dei metodi
//RegularPolygon
void RegularPolygon::SetBaseeheight(double a, double b){
  base=a;
  height=b;
  return;
  }
double RegularPolygon::TriangleAreas(){
        return base*height/2;
}
double RegularPolygon::SquarePerimeter(){
        return base*4;
}
```

ID: 10.1007/978-3-032-35750-2 – 003 Date: October 16, 2026 Proof number: 1


```
double RegularPolygon::SquareAreas(){
        return base*base;
}
double RegularPolygon::PentagonPerimeter(){
        return base*5;
}
double RegularPolygon::PentagonAreas(){
        return (base*height/2)*5;
}

```

Codice 3.3 Esempio di implementazione interna ed esterna dei metodi di una classe C++

Nella classe mostrata sopra nel codice 3.3, si può notare che alcuni metodi sono implementati direttamente all'interno della definizione della classe. Altri, invece, sono definiti esternamente utilizzando l'operatore di risoluzione di ambito (::) per collegare il metodo alla sua classe. Questo non vuole promuovere l'incoerenza, ma dimostrare che entrambi gli approcci sono validi in C++.

Nella pratica tipica, la dichiarazione della classe viene posta in un file header con estensione .h, mentre le implementazioni dei metodi sono scritte in un file sorgente .cpp separato.

Un altro punto critico è che le variabili base e height sono dichiarate senza modificatori di accesso, il che significa che sono private di default. Come per le parentesi quadre, è importante comprendere questo comportamento predefinito ma non farci troppo affidamento. È considerata buona pratica specificare esplicitamente il livello di accesso dei membri e dei metodi della classe.

I livelli di accesso sono definiti tramite le parole chiave public, private e protected, seguite da due punti. Questi modificatori si applicano a tutti i membri successivi fino a quando non compare un altro specificatore di accesso.

Nell'esempio seguente, le variabili A, B e D sono pubbliche, mentre la variabile C è privata:

```
class pippo{
public:
double A,B;
private:
int C;
public:
char E;
};
```

3.2.2 *Ereditarietà: un esempio*

Nel primo esempio 3.4, implementiamo una semplice classe per definire i dati di base necessari a descrivere la forma di un poligono. Creiamo poi una classe Rectangle che eredita da questa classe base, acquisendone le proprietà. Questo tipo di esempio si trova comunemente in molti tutorial C++ disponibili online.

```
#include <iostream>

using namespace std;

class shape{
protected:
double base, height;
public:
shape();
shape(double, double);  //costruttore
//~shape();   //distruttore
void SetBaseHeight(double a, double b){
  base=a;
  height=b;
  return;
}
double GetHeight(){
  return height;
}
};

//Implementazione esterna del costruttore
shape::shape(){
cout<<"Appena creato un oggetto della classe shape"<<endl;
}
shape::shape(double p, double m){
  base=p;
  height=m;
}

//implementazione del distruttore
shape::~shape(){
  cout<<"\n distrutto"<<endl;
}


//Derivate class
class rectangle:public shape{
public:
rectangle(double,double);   //Constructor
~rectangle();               //destructor
double area(){
  return base*height;
  }
};
```

```
//Constructor implementation
rectangle::rectangle(double a, double b){
  base=a;
  height=b;
};

//implementazione distruttore
rectangle::~rectangle(){
  cout<<"destroyed"<<endl;
}

int main(){
  cout<<"this program estimate the areas of a rettangle\n";
  double a, b;
  cout<<"give me base and height of rectangle: "<<endl;
  cin>>a>>b;
  shape pippo(a,b);
  cout<<"Testing the GetHeight method: "<<pippo.GetHeight()<<endl
    ;
  rectangle pina(a,b);
  cout<<"Areas is : "<<pina.area()<<endl;
  return 0;
}
```

Codice 3.4 Esempio di ereditarietà di una classe C++

3.2.3 Esempi

In questo esempio 3.5, ripeteremo l'esercizio precedente ma in un caso familiare ai problemi di fisica. Implementeremo una classe generale chiamata Vettore, che fornirà metodi per caricare le informazioni necessarie a caratterizzare un vettore nello spazio tridimensionale (le sue componenti). Successivamente, creeremo una classe derivata, OperazioniVettoriali, che eseguirà operazioni su due vettori e utilizzerà i dati e i metodi ereditati dalla classe madre per fornire informazioni sul vettore risultante dalle operazioni effettuate.

```
#include <iostream>
#include <cmath>

using namespace std;

class vector {
protected:
    double x, y, z;

public:
    vector();
```

```
vector(double a, double b, double c) {
    x = a;
    y = b;
    z = b;
}

void SetX(double pippolo) {
    x = pippolo;
}

void SetY(double paulo) {
    y = paulo;
}

void SetZ(double peulo) {
    z = peulo;
}

void SetXYZ(double a, double b, double c) {
    x = a;
    y = b;
    z = b;
}

double GetX() {
    return x;
}

double GetY() {
    return y;
}

double GetZ() {
    return z;
}

double GetTheta() {
    return atan2(sqrt(pow(x, 2) + pow(y, 2)), z) * 180 /
3.14159265;
}

double GetPhi() {
    double phi = atan2(y, x) * 180 / 3.14159265;

    if (phi < 0) {
        return phi + 360.;
    }
    else {
```

```
            return phi;
        }
    }

    ~vector();
};

// costruttore della classe vector
vector::vector() {
    cout << "Ho costruito un oggetto di tipo vector" << endl;
}

// distruttore della classe vector
vector::~vector() {
    cout << "Ciao caro!!!!" << endl;
    cout << "Ho appena distrutto un oggetto di tipo vector" <<
    endl;
    cout << "Cordiali saluti, il Distruttore" << endl;
}

class Operations : public vector {

private:
    double x1, y1, z1, x2, y2, z2;

public:

    Operations();

    Operations(double a, double b, double c, double aa, double bb
    , double cc) {
        x1 = a;
        y1 = b;
        z1 = c;
        x2 = a;
        y2 = b;
        z2 = c;
    }

    void SetVector1(double a, double b, double c) {
        x1 = a;
        y1 = b;
        z1 = c;
    }

    void SetVector2(double aa, double bb, double cc) {
        x2 = aa;
        y2 = bb;
```

```
        z2 = cc;
    }

    void SetVectors(double a, double b, double c, double aa,
    double bb, double cc) {
        x1 = a;
        y1 = b;
        z1 = c;
        x2 = a;
        y2 = b;
        z2 = c;
    }

    // somma dei due vettori (risultato salvato nel vettore
    ereditato)
    void Sum() {
        x = x1 + x2;
        y = y1 + y2;
        z = z1 + z2;
    }
};

// costruttore della classe Operations
Operations::Operations() {
    cout << "Ciao" << endl;
}

int main() {

    double n, m, s;

    cin >> n >> m >> s;

    vector pino(n, m, s);

    cin >> n >> m >> s;

    vector pina(n, m, s);

    Operations test(n, m, n, m, n, s);
    test.Sum();

    cout << test.GetTheta() << endl;

    n = 10;

    return 0;
}
```

Codice 3.5 Implementazione di una classe C++ che gestisce il problema di un vettore 3D

Il seguente esempio 3.6 è un codice implementato in grado di calcolare un istogramma.

```
#include <iostream>
#include <cstdlib>
#include <fstream>
#include <cmath>

using namespace std;

class data {
private:
    int index;
    double *vector;
    int *histogram;
    double max, min;
    double mean, stddev, meanDev;
    string filename;

public:
    data(string);                    // Prototipo del costruttore (carica i dati da un file esterno)
    data(double*, int);              // Prototipo del costruttore (carica i dati da un array interno)

    int loadFromFile(string name) // Metodo per caricare i dati da un file
    {
        index = 0;
        double temp;
        ifstream readFile(name.c_str());

        if (!readFile.good()) {
            cout << "Errore! File non trovato." << endl;
        }

        while(!readFile.eof()) {
            readFile >> temp;
            if(!readFile.eof()) {
                index++;
            }
        }

        vector = (double *)malloc(index * sizeof(double));

        readFile.close();
        readFile.open(name.c_str());

        for(int i = 0; i < index; i++) {
```

ID: 10.1007/978-3-032-35750-2 – 003 Date: October 16, 2026 Proof number: 1


```cpp
            readFile >> *(vector + i);
        }

        readFile.close();
    }

    double show(int element)      // Metodo per visualizzare un elemento alla posizione n-esima nell'array
    {
        element--;                      // Poiché il primo indice dell'array è 0, l'indice dell'elemento richiesto è pari alla posizione meno uno

        if (element < index) {
            return *(vector + element);
        } else {
            cout << "Errore! L'indice scelto supera l'indice massimo." << endl;
            cout << "\n\nErrore critico #";  // Solo per effetto scenico e poiché il metodo deve restituire qualcosa, diamo un senso a quel valore
            return 0;
        }
    }

    double getMax()                   // Metodo per trovare il valore massimo
    {
        max = *vector;

        for (int i = 0; i < index; i++) {
            if (*(vector + i) >= max) {
                max = *(vector + i);
            }
        }

        return max;
    }
};

double getMin()                   // Metodo per trovare il valore minimo
{
    min = *vector;

    for (int i = 0; i < index; i++) {
        if (*(vector + i) <= min) {
            min = *(vector + i);
```

ID: 10.1007/978-3-032-35750-2 – 003 Date: October 16, 2026 Proof number: 1


```
        }
    }

    return min;
}

double getMean()                    // Metodo per calcolare il valore medio
{
    mean = 0;

    for (int i = 0; i < index; i++) {
        mean += *(vector + i);
    }

    mean /= index;
    return mean;
}

double getStdDev()                  // Metodo per calcolare la deviazione standard
{
    double sumSqDiff = 0;

    getMean();                      // Calcola il valore medio

    for (int i = 0; i < index; i++) {
        sumSqDiff += pow(*(vector + i) - mean, 2);
    }

    stddev = sqrt(sumSqDiff) / sqrt((double)index);
    return stddev;
}

double getMeanDev()                 // Metodo per calcolare l'errore standard della media
{
    getStdDev();
    meanDev = stddev / sqrt(index);
    return meanDev;
}

int getSize()                       // Metodo per restituire il numero di dati nel file
{
    return index;
}
```

ID: 10.1007/978-3-032-35750-2 – 003 Date: October 16, 2026 Proof number: 1


```
void createHistogram(int subint)  // Metodo per creare un istogramma con 'subint' intervalli
{
    histogram = new int[subint];

    double range = (max - min) / subint;

    getMin();                     // Calcola il valore minimo
    getMax();                     // Calcola il valore massimo

    for (int i = 0; i < subint; i++) {  // Azzera i contenitori
        *(histogram + i) = 0;
    }

    for (int i = 0; i < subint; i++) {
        for (int j = 0; j < index; j++) {
            if ((*(vector + j) >= min + i * range) && (*(vector + j) < min + (i + 1) * range)) {
                *(histogram + i) = *(histogram + i) + 1;  // Incrementa il contenitore i+1 di uno
            }
        }
    }

    *(histogram + subint - 1) += 1;  // Incrementa l'ultimo contenitore di uno poiché il massimo era escluso
}

double showHistogram(int position)  // Metodo per visualizzare un contenitore
{
    return *(histogram + position - 1);
}
};

data::data(double *array, int index)  // Costruttore con input di un array e la sua dimensione
{
    this->index = index;
    vector = new double[index];

    for (int i = 0; i < index; i++) {  // Carica l'array nella classe
        *(vector + i) = array[i];
    }
}

data::data(string name)
```

ID: 10.1007/978-3-032-35750-2 – 003 Date: October 16, 2026 Proof number: 1


```
{
    index = 0;
    double temp;

    ifstream readFile(name.c_str());

    if (!readFile.good()) {
        cout << "Errore! File non trovato." << endl;
    }

    while(!readFile.eof()) {
        readFile >> temp;
        if(!readFile.eof()) {
            index++;
        }
    }

    vector = (double *)malloc(index * sizeof(double));

    readFile.close();
    readFile.open(name.c_str());

    for (int i = 0; i < index; i++) {
        readFile >> *(vector + i);
    }

    readFile.close();
}

int main()
{
    int intervals;
    char response;
    string filename;

    cout << "Da quale file vuoi caricare i dati? Inserisci il
    nome con estensione (es. data.dat): ";
    cin >> filename;

    data histogram(filename);

    cout << "Il valore massimo è: " << histogram.getMax() << endl
    ;
    cout << "Il valore minimo è: " << histogram.getMin() << endl;
    cout << "Il valore medio è: " << histogram.getMean() << endl;
    cout << "La deviazione standard è: " << histogram.getStdDev()
     << endl;
```

ID: 10.1007/978-3-032-35750-2 – 003 Date: October 16, 2026 Proof number: 1


```
    cout << "L'errore standard della media è: " << histogram.getMeanDev() << endl;

    cout << "Vuoi creare un istogramma? (Sì=Y, No=N)" << endl;
    cin >> response;

    if(response == 'Y' || response == 'y') {
        cout << "In quanti intervalli vuoi suddividere i dati?" << endl;
        cin >> intervals;

        histogram.createHistogram(intervals);

        for (int i = 1; i <= intervals; i++) {
            cout << "Il contenitore numero " << i << " contiene "
                 << histogram.showHistogram(i) << " elementi." << endl;
        }
    }

    system("PAUSA");  // Comando per la console cmd.exe di Windows

    return 0;
}
}
```

Codice 3.6 Implementazione di una classe C++ per la gestione del calcolo di un istogramma

3.3 Classe Python

In Python, tutto è un'istanza di una classe. Si utilizza la parola chiave class per creare una nuova classe, seguita dal nome della classe e dai due punti (:). Il corpo della classe definisce poi le sue variabili, il costruttore e i metodi. Questi metodi sono simili a quelli in C++, dove vengono implementati come funzioni.

Come per le funzioni, una classe deve essere definita prima di poter essere utilizzata nel codice.

Per fare un parallelo con la classe C++, proveremo a implementare in Python il codice C++ 3.1:

```
class operation:
    first =1
    second = 1
    def __init__(self,a,b):
        self.first= a
        self.second= b
    def changeFS(self,a,b):
```

```
8          self.first= a
9          self.second= b
10     def changeF(self,a):
11         self.first= a
12     def changeS(self,a):
13         self.second= a
14     def GetF(self):
15         return self.first
16     def GetS(self):
17         return self.second
18     def Sum(self):
19         return self.first +self.second
20     def FminusS(self):
21         return self.first -self.second
22     def SminusF(self):
23         return self.second -self.first
24     def Product(self):
25         return self.first *self.second
26     def SdividebyF(self):
27         return self.second /self.first
28 objvar = operation(2,3)
29 print(objvar.Sum())
30 print(objvar.SdividebyF())
31 objvar.first =20
32 print(objvar.GetF())
```

Codice 3.7 Esempio di implementazione di una classe per la risoluzione delle principali operazioni matematiche

Procediamo commentando il codice per evidenziare somiglianze e differenze.

La classe è implementata dalle righe 1 a 23 del codice 3.7. Alle righe 2 e 3 vengono definite le variabili interne della classe, seguite dall'implementazione di tutti i metodi, strutturati in modo simile a come abbiamo imparato a definire le funzioni.

Il costruttore, che deve essere chiamato __init__, è implementato alle righe 4–6. In questo caso, viene anche utilizzato per ricevere i valori che l'utente vuole passare quando crea un'istanza della classe.

Un altro aspetto essenziale da sottolineare è l'uso della variabile self nell'implementazione dei metodi. Essa si riferisce all'istanza stessa, permettendo l'accesso agli attributi della classe. Sebbene "self" sia il nome convenzionale per leggibilità, non è un requisito stringente; si potrebbe usare anche un altro nome. Tuttavia, è fortemente consigliato attenersi a questa convenzione per chiarezza e coerenza. Le righe 31 e 32 del codice 3.7 illustrano che, in Python, tutte le variabili e i metodi sono sempre pubblici. Questo è evidente dal modo in cui modifichiamo la variabile tramite un'istanza, come dimostrato quando stampiamo i suoi valori alla riga 32 del codice.

ID: 10.1007/978-3-032-35750-2 – 003 Date: October 16, 2026 Proof number: 1

3.3.1 Ereditarietà nelle classi Python

Nell'esempio mostrato nel codice 3.8, presentiamo un adattamento in Python, con alcune modifiche, del codice C++ 3.4. Le classi figlie Rectangle e Triangle sono definite utilizzando la parola chiave class, seguita dai rispettivi nomi e, tra parentesi, dal nome della classe madre Shape. Rectangle e Triangle ereditano il costruttore e i metodi della classe Shape, mentre definiscono il loro metodo locale area. Sebbene questo metodo abbia lo stesso nome in entrambe le classi, poiché logicamente svolge la stessa operazione, viene implementato utilizzando equazioni diverse specifiche per ciascuna figura geometrica.

```
class shape:
    base =1
    height = 1
    def __init__(self,a,b):
        self.base= a
        self.height= b
    def changeBH(self,a,b):
        self.base= a
        self.height= b
    def changeB(self,a):
        self.base= a
    def changeH(self,a):
        self.height= a
    def GetB(self):
        return self.base
    def GetH(self):
        return self.height
class rectangle(shape):
    def area(self):
        return self.base *self.height
class triange(shape):
    def area(self):
        return self.base *self.height/2

objvar = rectangle(2,3)
print("showing the use of the mather class GetB", objvar.GetB())
print(objvar.area())
objvar = triange(2,3)
print("showing the use of the mather class GetH", objvar.GetH())
print(objvar.area())
```

Codice 3.8 Esempio di ereditarietà in una classe Python

ID: 10.1007/978-3-032-35750-2 – 003 Date: October 16, 2026 Proof number: 1

3.3.2 *Esempi*

Di seguito, presentiamo l'implementazione in Python di una classe progettata per risolvere il problema fisico del moto circolare uniforme. L'obiettivo dell'esercizio è sviluppare una soluzione che, dati il raggio e la velocità angolare – entrambi forniti dall'utente – consenta il calcolo delle principali grandezze fisiche del moto. La classe include metodi per calcolare il periodo, la velocità tangenziale e l'accelerazione centripeta, offrendo un approccio strutturato all'analisi del moto circolare uniforme.

Nel codice 3.9, il pacchetto math di Python consente di accedere alle operazioni matematiche necessarie per i calcoli richiesti dal problema.

```python
# -*- coding: utf-8 -*-
import math

class UniformCircularMotion:
    def __init__(self, radius, angular_velocity):
        self.set_radius(radius)
        self.set_angular_velocity(angular_velocity)

    # Input methods with validation
    def set_radius(self, radius):
        if not isinstance(radius, (int, float)):
            raise TypeError("The radius must be a number.")
        if radius < 0:
            raise ValueError("The radius cannot be negative.")
        self.__radius = float(radius)

    def set_angular_velocity(self, angular_velocity):
        if not isinstance(angular_velocity, (int, float)):
            raise TypeError("The angular velocity must be a number.")
        if angular_velocity < 0:
            raise ValueError("The angular velocity cannot be negative.")
        self.__angular_velocity = float(angular_velocity)

    # Calculation methods
    def calculate_tangential_velocity(self):
        return self.__angular_velocity * self.__radius

    def calculate_centripetal_acceleration(self):
        return self.__radius * (self.__angular_velocity ** 2)

    def calculate_period(self):
        if self.__angular_velocity == 0:
            raise ValueError("The angular velocity must be nonzero to calculate the period.")
        return 2 * math.pi / self.__angular_velocity
```

```
    # Getter methods for private variables
    def get_radius(self):
        return self.__radius

    def get_angular_velocity(self):
        return self.__angular_velocity

    def __str__(self):

        Textual representation of the UniformCircularMotion
    object.

        return f"UniformCircularMotion(radius={self.__radius},
    angular_velocity={self.__angular_velocity})"

# Example usage of the class
if __name__ == "__main__":
    try:
        # User input
        radius = float(input("Enter the radius (in meters): "))
        angular_velocity = float(input("Enter the angular
    velocity (in radians per second): "))

        # Creating an object of the class
        motion = UniformCircularMotion(radius, angular_velocity)

        # Calculations
        print(f"Motion object: {motion}")
        print("Tangential velocity:", motion.
    calculate_tangential_velocity(), "m/s")
        print("Centripetal acceleration:", motion.
    calculate_centripetal_acceleration(), "m/s^2")
        print("Period:", motion.calculate_period(), "s")

        # Example using setters
        motion.set_radius(10)
        motion.set_angular_velocity(3)
        print(f"Motion object after setters (after modification):
     {motion}")
        print("Tangential velocity (after modification):", motion
    .calculate_tangential_velocity(), "m/s")
        print("Centripetal acceleration (after modification):",
    motion.calculate_centripetal_acceleration(), "m/s^2")
        print("Period (after modification):", motion.
    calculate_period(), "s")
    except ValueError as ve:
        print(f"Value error: {ve}")
    except TypeError as te:
```

ID: 10.1007/978-3-032-35750-2 – 003 Date: October 16, 2026 Proof number: 1


```
        print(f"Type error: {te}")
    except Exception as e:
        print(f"An error occurred: {e}")
```

Codice 3.9 Esercizio senza l'uso della libreria numpy

3.4 OOP nell'analisi dei dati

Quando si lavora su un progetto software di larga scala, come lo sviluppo di interfacce per l'acquisizione dati, la creazione di programmi per il monitoraggio e l'analisi dei dati, l'esecuzione di simulazioni e il confronto dei risultati, la Programmazione Orientata agli Oggetti (OOP) è estremamente preziosa. Suddividendo i compiti in componenti più piccoli e gestibili, le diverse parti del progetto possono essere distribuite tra i collaboratori. Questo approccio modulare semplifica anche la manutenzione, poiché la correzione di problemi in una specifica classe non influisce sulla funzionalità complessiva del progetto.

Nella maggior parte dei casi, non è necessario costruire un progetto da zero. Ampie librerie, come quelle scritte in C++ per i framework di analisi dati o i pacchetti Python, forniscono soluzioni preesistenti che possono essere facilmente assemblate, come mattoncini LEGO, per costruire la funzionalità desiderata.

Una buona pratica fondamentale nello sviluppo software è evitare di reinventare la ruota. Prima di scrivere una nuova classe, è essenziale verificare se ne esista già una che risolva il problema. Se è disponibile un'implementazione adatta, questa dovrebbe essere utilizzata invece di sviluppare codice ridondante.

Nell'analisi dei dati, i compiti tipici includono la lettura di dati memorizzati in vari formati (ASCII, binario, ecc.), l'esecuzione di calcoli matematici e la presentazione dei risultati tramite grafici, tabelle e report. Spesso, invece di sviluppare un programma complesso, è sufficiente un breve script per svolgere in modo efficiente un compito specifico—sia come codice usa e getta, sia come componente parzialmente riutilizzabile per applicazioni future.

Consideriamo un esempio pratico: una stazione di monitoraggio meteorologico dotata di sensori per temperatura, pressione, umidità, velocità del vento e intensità luminosa. Il sistema registra le misurazioni ogni dieci secondi per un'intera settimana, memorizzando i dati in un file ASCII in cui ogni riga corrisponde a una singola misurazione e i valori all'interno di una riga sono separati da tabulazioni. Supponiamo di voler effettuare un'analisi statistica delle misure di pressione memorizzate nella seconda colonna della matrice di dati. In particolare, dobbiamo estrarre i valori di pressione, calcolare un istogramma e visualizzare i risultati in un grafico.

Per ottenere questo risultato, dobbiamo essere in grado di leggere solo i dati della seconda colonna, elaborarli per generare l'istogramma e poi creare una rappresentazione grafica. Nel prossimo capitolo vedremo come sfruttare in modo efficiente le classi preesistenti. Queste classi ci permetteranno, con un solo comando, di caricare l'intero dataset in un array 2D; altri metodi ci consentiranno di selezionare i dati desiderati, di iterare su di essi, di calcolare l'istogramma e infine di generare un grafico che potrà essere salvato in qualsiasi formato grafico disponibile.

3.5 Esercizi

3.1 Scrivi una classe per gestire la conversione di valuta tra euro, dollari e franco svizzero. La classe deve contenere metodi per caricare dati in qualsiasi valuta, restituire dati in qualsiasi valuta e memorizzare i tassi di cambio correnti per le conversioni. La classe deve essere testata in un programma funzionante con un esempio che ne dimostri la funzionalità.

3.2 Scrivi una classe che richieda in input due numeri reali e abbia implementato metodi per acquisire i numeri e per fornire la somma, la sottrazione, il prodotto e il logaritmo del primo numero moltiplicato per il secondo numero.

3.3 Scrivi una classe che risolva completamente il problema del pendolo semplice, con una variabile privata per la lunghezza del pendolo e metodi che restituiscano la frequenza e il periodo del pendolo. Implementa almeno due costruttori. Verifica la funzionalità della classe nel programma principale.

3.4 Implementa una classe che risolva completamente il problema dei triangoli e sia in grado di fornire l'area e il perimetro di un qualsiasi triangolo. Implementa almeno due costruttori. Verifica la funzionalità della classe nel programma principale.

3.5 Implementa una classe che risolva completamente il problema del moto parabolico, accettando in input la velocità iniziale e l'angolo di lancio, e che possa restituire la gittata, l'altezza massima e la distanza alla quale si raggiunge l'altezza massima. Implementa almeno due costruttori. Verifica la funzionalità della classe nel programma principale.

3.6 Scrivi una classe con un vettore come variabile privata e fornisci metodi pubblici in grado di caricare i dati, restituire il numero di dati caricati e determinare i valori massimo e minimo caricati. Ordina il vettore e stampalo ordinato.

3.7 Scrivi una classe in grado di risolvere completamente il problema del moto rettilineo. Deve prendere come variabili private la posizione iniziale, la velocità e l'accelerazione, e fornire metodi che restituiscano la posizione e la velocità a un certo istante t maggiore di zero. Implementa almeno due costruttori. Verifica la funzionalità della classe nel programma principale.

3.8 Scrivi una classe in grado di risolvere completamente il problema della caduta libera senza attrito. Deve prendere come variabile privata l'altezza iniziale e fornire metodi che restituiscano l'energia potenziale e cinetica a un certo istante $t > 0$ o a una certa distanza percorsa. Implementa almeno due costruttori. Verifica la funzionalità della classe nel programma principale.

II
Approfondimenti e applicazioni

In questa seconda parte del libro verranno presentati approfondimenti e applicazioni pratiche dei concetti introdotti nella prima parte, dedicata alle conoscenze di base.

Per quanto riguarda i framework e le distribuzioni in Python, verranno illustrate alcune delle librerie più utilizzate per l'elaborazione e l'analisi dei dati. In particolare, NumPy e pandas saranno impiegate per la manipolazione efficiente dei dati, mentre Matplotlib, una delle librerie più diffuse, sarà utilizzata per la loro visualizzazione grafica.

Accanto all'ecosistema Python, verrà inoltre presentata ROOT, una potente libreria scritta in C++, sviluppata dal CERN. Sebbene ROOT sia nata per l'analisi dei dati in fisica delle particelle e delle alte energie, rappresenta oggi un'eccellente alternativa per l'analisi statistica e la visualizzazione dei dati, anche nel caso di campioni di grandi dimensioni. ROOT può essere utilizzata non solo in C++, ma anche attraverso interfacce Python (PyROOT), rendendola uno strumento flessibile e integrabile in diversi flussi di lavoro.

Le tecniche di elaborazione e visualizzazione dei dati rivestono un ruolo fondamentale nella fisica. In Python, i dati vengono tipicamente gestiti mediante pandas per le strutture di tipo data frame, NumPy per le operazioni numeriche e SciPy per il calcolo scientifico, mentre la rappresentazione grafica avviene tramite Matplotlib. In ambito C++, invece, l'elaborazione dei dati sfrutta algoritmi e strutture dati efficienti, e la visualizzazione può essere realizzata con librerie come quelle messe a disposizione da ROOT.

Infine, verranno proposti diversi esempi di misure di grandezze fisiche effettuate tramite microcontrollori o microprocessori e sensori. I dati raccolti in questi esperimenti saranno analizzati utilizzando in modo sistematico tutti gli strumenti e le metodologie presentati nel libro.

Capitolo 4
Framework di analisi dati e distribuzioni software

4.1 Il framework di analisi ROOT

ROOT è un framework di analisi dati concepito, sviluppato e distribuito dal CERN. Offre una vasta collezione di librerie open-source in C++ progettate per l'analisi dei dati, la simulazione, la generazione di dati, l'archiviazione e la gestione di grandi dataset, il supporto per sistemi di acquisizione dati online e molto altro.

Dopo aver elencato tutte queste capacità, vale la pena sottolineare un altro punto di forza fondamentale di ROOT: è costruito su C++, un linguaggio ampiamente insegnato nelle facoltà scientifiche e tecniche di tutto il mondo. Il C++ è un linguaggio di programmazione potente e versatile, comunemente utilizzato non solo per la programmazione a basso livello—come i sistemi operativi—ma anche come base per linguaggi di alto livello come Python. E sì, stiamo parlando del C++ standard—nessuna variante, nessun dialetto, nessuna adattazione speciale.

Sebbene esistano altri ottimi strumenti open-source per l'analisi dei dati, come Scilab, Octave e altri, che vi invitiamo caldamente a provare, questi spesso usano linguaggi di scripting propri, che richiedono un ulteriore apprendimento. È importante ricordare che saper programmare non significa conoscere un solo linguaggio: una volta acquisite solide competenze, impararne di nuovi è relativamente semplice, anche se l'apprendimento di una nuova sintassi richiede comunque tempo. In questo senso, il C++, già studiato in ambito universitario, rappresenta un chiaro vantaggio: permette di sfruttare strumenti liberi e consolidati come ROOT senza affrontare inutili costi di apprendimento, concentrandosi direttamente sull'analisi dei dati.

Comprendere il C++ permette di sfruttare appieno il potenziale di ROOT. ROOT non è un'interfaccia user-friendly con pulsanti colorati che eseguono comandi in background. Al contrario, offre un insieme completo di strumenti e sta a voi utilizzarli in modo efficace. Questo significa scrivere codice, partendo da semplici script ed evolvendo verso soluzioni più complesse man mano che crescono le vostre esigenze.

ROOT supporta diversi modi di utilizzo: un prompt dei comandi interattivo (simile a Perl, Python o Gnuplot), interpretazione di script ed esecuzione di funzioni

G. Mandaglio, U. Wanderlingh, S. Vasi, *Strumenti open source per l'analisi dei dati fisici*,
https://doi.org/10.1007/978-3-032-35750-2_4

ID: 10.1007/978-3-032-35750-2 – 004 Date: October 16, 2026 Proof number: 1

tramite file con estensione .C, integrazione di librerie all'interno di programmi C++ compilati, e la possibilità di compilare macro prima dell'esecuzione per aumentare le prestazioni nell'uso interattivo. Tutto ciò è reso possibile da Cling, l'interprete C++ di ROOT. Ovviamente, le librerie di ROOT possono essere integrate in qualunque progetto software costruito con C++.

Nelle sezioni seguenti, forniremo una breve panoramica su come funziona ROOT. Queste note si basano principalmente sull'esperienza pratica. Evitano volutamente tecnicismi, poiché il sito ufficiale di ROOT offre una documentazione ampia e dettagliata, che include referenze delle classi, guide per l'utente e tutorial per principianti.

4.1.1 Come installare ROOT

ROOT può essere installato su diversi sistemi operativi: Linux, Windows e macOS. Si consiglia di lavorare su un sistema operativo basato di tipo Unix, come Linux e macOS, e di installare ROOT scaricando e compilando il codice sorgente. Questa procedura è meno user-friendly ma garantisce le migliori prestazioni e stabilità di ROOT. Installare ROOT su Linux è molto semplice. Prima di tutto, è necessario installare le dipendenze, ovvero librerie aggiuntive, compilatori e strumenti di compilazione necessari per il corretto funzionamento di ROOT. Per farlo, basta cercare "CERN root dependencies" su un motore di ricerca per trovare il seguente indirizzo: https://root.cern/install/dependencies/. Successivamente, bisogna cercare la propria distribuzione Linux o la versione di macOS e seguire le istruzioni.

Dopo aver installato con successo tutte le librerie, si può procedere con l'installazione di ROOT. La versione binaria precompilata di ROOT è disponibile per diversi sistemi operativi Linux, Mac OS e Windows, ma si consiglia di scaricare il codice sorgente dell'ultima versione stabile, decomprimere il file e poi compilarlo seguendo le istruzioni del file README presente nell'archivio. Se la procedura di compilazione termina con successo, si ha la certezza che tutte le funzionalità di ROOT funzionano correttamente e che in fase di utilizzo non sorgeranno problemi di compatibilità con le librerie.

4.1.2 Macro ROOT

Dopo l'installazione di ROOT e la configurazione di tutte le variabili d'ambiente tramite lo script thisroot.sh, che si trova dentro la cartella *bin*, è possibile iniziare a utilizzarlo da terminale. In qualsiasi cartella nella quale ci si trova sul terminale, eseguendo il comando root, si avvia una sessione ROOT con un ambiente in cui tutte le librerie C++ e ROOT sono incluse e un interprete C++ è disponibile (vedi Fig. 4.1). È possibile utilizzare una sessione di ROOT da terminale scrivendo una stringa C++ composta da una o più istruzioni e, se corrette, l'interprete le esegui-

ID: 10.1007/978-3-032-35750-2 – 004 Date: October 16, 2026 Proof number: 1

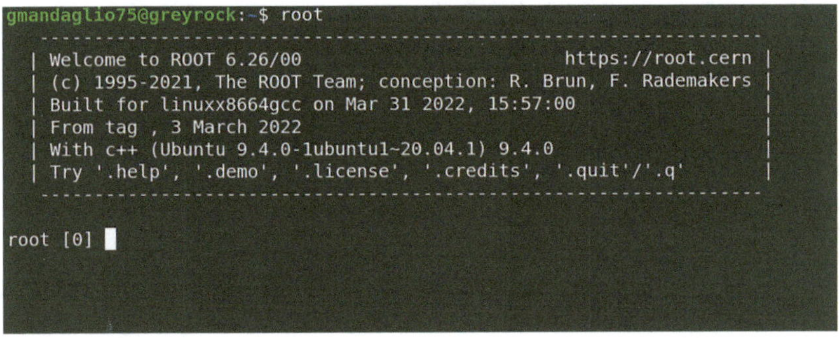

Figura 4.1 Sessione ROOT sul terminale Linux

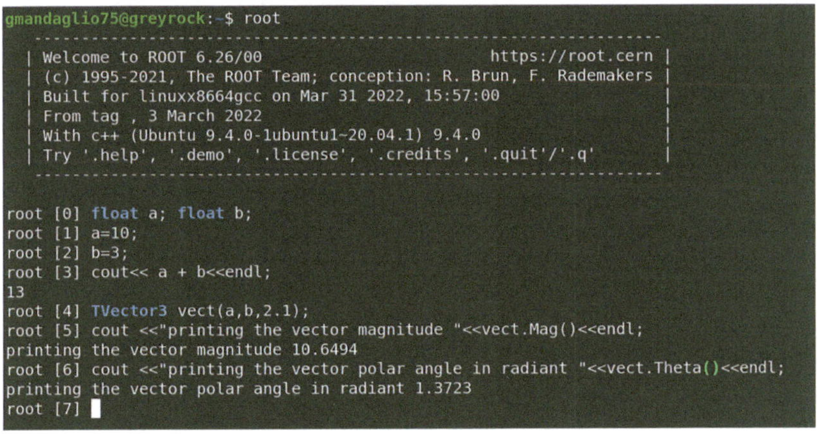

Figura 4.2 Istruzioni eseguite in una sessione ROOT

rà come in figura 4.2: 4.1. Nell'esempio riportato in figura 4.2, vengono dichiarate due variabili float, poi vengono assegnati i valori, viene dichiarato e inizializzato un oggetto della classe TVector3 di ROOT che è poi utilizzato per ottenere il modulo e l'angolo polare in radianti del vettore attraverso gli opportuni metodi della classe. L'interprete può essere utile per testare parti di codice o studiare la funzionalità di alcune classi, ma come in Python, il modo migliore per utilizzare ROOT è scrivere un codice in uno script che chiameremo macro ed eseguirlo tramite il suo interprete. Il modo più semplice per creare una macro è scrivere tutte le istruzioni C++ racchiuse tra due semplici parentesi graffe in un file di testo con estensione .C maiuscola "nomeMacro.C". Poi, per interpretare la macro, basta scrivere nel terminale "root nomeMacro.C", ponendo attenzione a trovarsi nella cartella in cui è stata salvata la macro Ad esempio, possiamo trasportare il codice testato nell'esempio precedente in un file macro chiamato test.C nel seguente modo:

```
{ // inizio della macro root - codice C++
float a = 10, b = 3;
cout << a << "  " << b << endl;
```

```
TVector3 vect(a, b, 2.1);
cout << "stampo il modulo del vettore " << vect.Magnitude() <<
     endl;
cout << "stampo l'angolo polare del vettore in radianti "
     << vect.Theta() << endl;
} // fine della macro
```

Codice 4.1 Esempio di macro che sostituisce l'effetto dei comandi digitati sulla console dell'interprete

Un altro modo per eseguire la macro test.C è aprire una sessione Root e scrivere ".x test.C" nell'interprete root. ROOT interpreterà ed eseguirà ordinatamente tutte le istruzioni contenute nella macro.

4.1.3 Funzioni TF1, TF2, TF3

Root fornisce un modo per rappresentare funzioni matematiche tramite le classi TF1, TF2 e TF3, anche in forma parametrica, il che è utile per il fit dei dati tramite procedure di minimizzazione. Invitiamo i lettori a consultare la documentazione pubblica sul sito ROOT per i dettagli sui metodi delle classi. ROOT è un progetto in continua evoluzione, quindi possono verificarsi miglioramenti e cambiamenti.

Immaginiamo di aver studiato il fenomeno delle oscillazioni smorzate durante la lezione e di voler esercitarci con i parametri che regolano questo fenomeno. Potremmo usare TF1 nel seguente modo:

```
//Macro function.C
{
//Esempi di funzioni non parametriche
TF1 *expy = new TF1("expy","10*exp(-x/3)",0,15);
TF1 *expyneg = new TF1("expyneg","-10*exp(-x/3)",0,15);
//parametric function example
TF1 *expsin = new TF1("expsin","[0]*exp(-x/[1])*sin([2]*x)",0,15)
    ;
//metodo per modificare i parametri
expsin->SetParameters(10,3,4);
expy->SetLineColor(1);
expy->SetLineWidth(2);
expyneg->SetLineColor(1);
expyneg->SetLineWidth(2);
expsin->SetLineColor(4);

expsin->Draw();
expy->Draw("same");
expyneg->Draw("same");
}//Fine della macro
```

Codice 4.2 Macro Root che disegna le funzioni che descrivono il fenomeno delle oscillazioni smorzate

ID: 10.1007/978-3-032-35750-2 – 004 Date: October 16, 2026 Proof number: 1

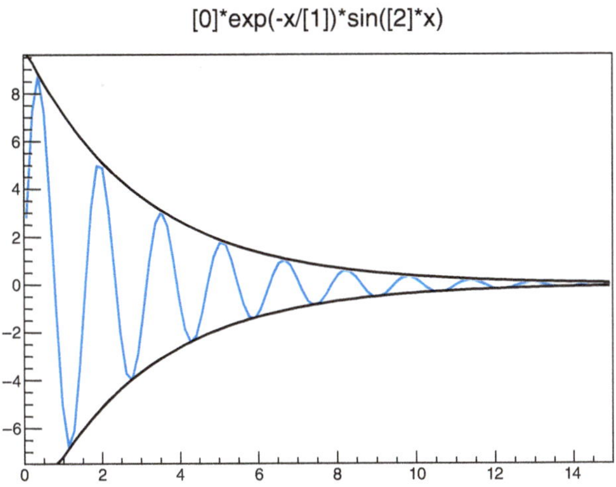

Figura 4.3 Risultato dell'esecuzione della macro *function.C*

In questo semplice script, vediamo come scrivere una funzione completa all'interno del costruttore nell'oggetto *expy* e come scriverla in funzione dei parametri ([0], [1], ecc.) e come passare i valori alla funzione *expsin* tramite il metodo *SetParameters*. L'esecuzione della macro produce la figura 4.3.

Proviamo a scrivere una funzione leggermente più complicata. Immaginiamo un fenomeno che obbedisce a una legge della forma:

$$R_p = A \cdot \frac{\sqrt{1 - (\frac{\sin(\theta)}{n_1})^2} - n_1 \cdot \cos(\theta)}{\sqrt{1 - (\frac{\sin(\theta)}{n_1})^2} + n_1 \cdot \cos(\theta)} \tag{4.1}$$

Scriviamo lo script capace di disegnare la funzione:

```
{//Macro Complicatedfunction.C
{  //script funzione_complicata.C
  TF1 *ff=new TF1("ff","[0]*pow((sqrt(1-pow(sin(x)/[1],2))
                         -[1]*cos(x))/  (sqrt(1-pow(sin(x)/[1],2))
                         +[1]*cos(x)),2)",25*3.14/180,75*3.14/180)
    ;
  ff->SetParameter(0,2320);
  ff->SetParameter(1,1.6);
  ff->Draw();
  }//Fine della macro
```

Codice 4.3 Root che definisce una funzione parametrica che descrive un fenomeno e la disegna

Il risultato dell'esecuzione della macro produce la figura 4.4.

Abbiamo descritto il secondo modello come più complesso rispetto a quello precedente a causa della funzione matematica coinvolta. Ad esempio, supponiamo di

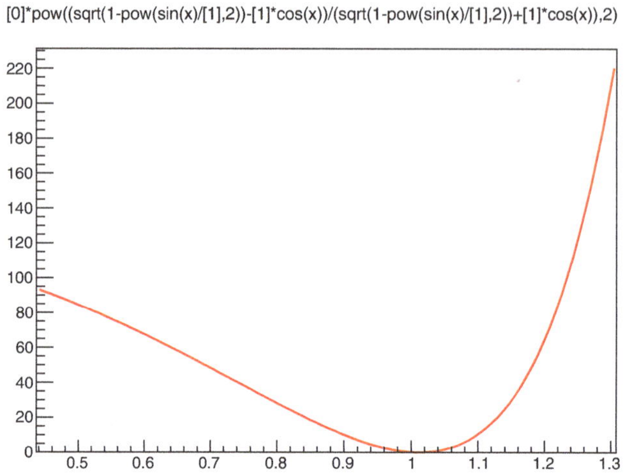

Figura 4.4 Rappresentazione grafica della macro Complicatedfunction.C

assegnare il valore $n_2 = 0.5$ nell'equazione 4.1. Cosa succederebbe? Dal punto di vista matematico, la funzione seno è limitata nell'intervallo ± 1. Pertanto, se $n_2 < 1$, possono esistere valori specifici di θ per cui la funzione non restituisce risultati reali. Per esplorare questo scenario, eseguiamo lo script assegnando il valore 0.5 al parametro tramite il comando `ff->SetParameter(1, 0.5);`. L'output risultante sarà il seguente:

```
Processing Complicatedfunction.C...
Info in <TCanvas::MakeDefCanvas>:  created default TCanvas with
   name c1
Warning in <TCanvas::ResizePad>: Inf/NaN propagated to the pad.
Check drawn objects.
Warning in <TCanvas::ResizePad>: c1 height changed from 0 to 10

root [1] Warning in <TCanvas::ResizePad>: Inf/NaN propagated to
   the pad.
Check drawn objects.
Warning in <TCanvas::ResizePad>: c1 height changed from 0 to 10

Warning in <TCanvas::ResizePad>: Inf/NaN propagated to the pad.
Check drawn objects.
Warning in <TCanvas::ResizePad>: c1 height changed from 0 to 10
```

ROOT produce messaggi di errore e li stampa a schermo, ma l'errore è stato commesso da noi. Questo non significa che ROOT non funzioni; al contrario, significa l'opposto. Questo serve a ricordare che, sebbene gli strumenti software ci aiutino a ottenere risultati, la responsabilità del risultato rimane nostra.

ID: 10.1007/978-3-032-35750-2 – 004 Date: October 16, 2026 Proof number: 1

4.1.4 Procedura di fit

Il fit è una procedura matematica e numerica utilizzata per determinare i parametri di una funzione scelta—spesso chiamata modello o legge—che meglio descrive il comportamento di un insieme di dati correlati e le incertezze associate a tali parametri. Ad esempio, se misuriamo l'allungamento di un filo metallico sottoposto a tensione crescente (prodotta dalla trazione di pesi via via più pesanti), potremmo supporre una relazione lineare tra sforzo e allungamento. Allo stesso modo, riscaldando una barra metallica, possiamo collegare l'aumento di temperatura alla dilatazione termica, oppure, nel caso di un pendolo oscillante, il moto oscillatorio può essere modellizzato tramite una funzione sinusoidale. Questi sono esempi in cui il fit viene applicato a leggi fisiche. Tuttavia, il modello sottostante non deve essere necessariamente fisico, può anche essere statistico. Ad esempio, se effettuiamo la misura delle lunghezze di una scatola di chiodi da carpenteria, nominalmente di pari lunghezza, o di palline di plastica, nominalmente di stesso diametro, noteremo che queste misure tenderanno a seguire una distribuzione gaussiana attorno a un valore medio della quantità misurata (vedi Figura 4.5). In questi casi, l'istogramma dei valori misurati può essere fittato con una funzione gaussiana. Il fit è quindi uno strumento versatile che si applica sia a fenomeni fisici che a quelli statistici.

Root fornisce una serie di funzioni predefinite ampiamente utilizzate per eseguire fit, oppure permette all'utente di scrivere la propria legge di fit utilizzando una classe di tipo **TF1** e di usarla in un calcolo completamente personalizzato.

Le funzioni predefinite in root includono la Gaussiana (parola chiave: **gaus**, gaussiana con 3 parametri: $f(x) = p0 \cdot \exp(-0.5 \cdot ((x - p1)/p2)^2)$), la Landau (**landau**, una funzione con due parametri, media e sigma), la funzione esponenziale (**expo**, funzione esponenziale con due parametri: $f(x) = \exp(p0 + p1 \cdot x)$), e i polinomi (**polN**, dove N deve essere sostituito con 0 per fittare una costante, 1 per una retta, 2 per una parabola, e così via—dove N indica l'ordine del polinomio desiderato).

Effettuando in laboratorio con un calibro ventesimale (sensibile alla ventesima parte del millimetro) la misura di chiodi nominalmente lunghi 7 cm, o palline di diametro 3.9 mm, otterremo due distribuzioni Gaussiane come riportato in Figura 4.5. Se a questi istogrammi applichiamo un fit gaussiano

```
//data è un oggetto della classe TH1F
data->Fit("gaus");
```

otterremmo il risultato mostrato nella stessa Figura 4.5. Questo è solo un esempio introduttivo per familiarizzare con questi metodi. Il metodo Fit ha molte opzioni che ti permetteranno di studiare i tuoi dati in modo molto più sofisticato (https://root.cern.ch/root/html534/guides/users-guide/FittingHistograms.html#the-fit-method).

Se il modello scelto per rappresentare i dati è particolarmente adeguato, come negli esempi appena presentati, è possibile invocare direttamente il metodo di fitting senza fornire alcun valore iniziale dei parametri e ottenere comunque un risultato che descrive bene i dati, come mostrato in Figura 4.5. In generale, tuttavia, quando si eseguono operazioni di fitting tramite calcolatore, gli algoritmi di ricerca dei

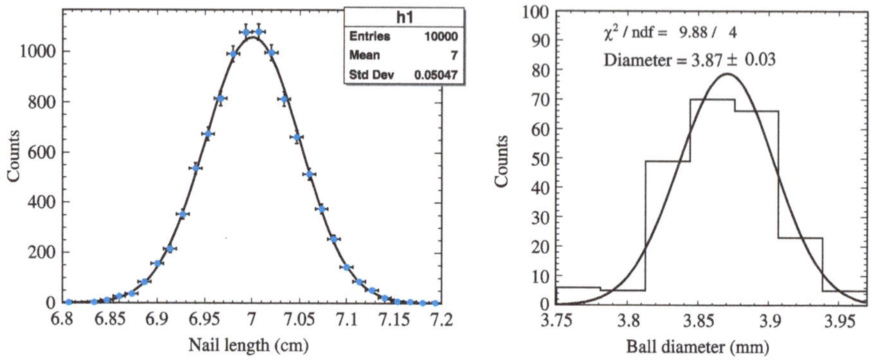

Figura 4.5 Esempi di analisi dati, misure di lunghezza e diametro di chiodi (pannello superiore) e palline (pannello inferiore)

parametri necessitano di una stima iniziale: è cioè necessario fornire valori ragionevolmente vicini a quelli attesi affinché la procedura converga verso una soluzione effettivamente in grado di descrivere i dati sperimentali. Una volta forniti questi valori iniziali, si delega all'algoritmo di minimizzazione il compito di determinare i parametri ottimali, ossia quelli che producono la curva che meglio si adatta ai dati. I valori forniti come punto di partenza della procedura sono detti parametri di inizializzazione del fit. Un metodo ampiamente utilizzato per valutare la qualità di un fit è il criterio del χ^2. La variabile χ^2 è definita come la somma degli scarti quadratici tra i valori sperimentali e quelli previsti dal modello, opportunamente normalizzati rispetto al quadrato delle incertezze associate (errore sperimentale e incertezza della funzione di fitting). La determinazione dei valori dei parametri che minimizzano questa quantità costituisce un criterio per individuare il miglior fit.

4.1.5 Classi TRandom e toy MonteCarlo

Generare dati sintetici che seguano una specifica distribuzione di probabilità è spesso essenziale nell'analisi dei dati. Questo è importante per testare algoritmi, valutare la fattibilità di esperimenti, aiutare l'interpretazione dei dati o validare modelli statistici. Le catene di codici di simulazione complessi tipicamente iniziano con uno deputato generazione di eventi, e ogni generatore di eventi dipende da un generatore di numeri pseudo-casuali.

ROOT fornisce classi dedicate, come TRandom*, progettate per generare numeri pseudo-casuali con diverse proprietà di qualità-velocità. Queste includono TRandom (deprecata), TRandom1 basata sull'algoritmo RANLUX, TRandom2 che utilizza il generatore Tausworthe di L'Ecuyer, e TRandom3, che implementa il generatore Mersenne Twister—noto per la sua velocità e il periodo molto lungo—tra le altre.

L'uso di questi strumenti sarà esplorato in maggior dettaglio nel Capitolo 5.

ID: 10.1007/978-3-032-35750-2 – 004 Date: October 16, 2026 Proof number: 1

4.2 Distribuzioni in Python

Le distribuzioni in Python sono parti integranti dell'ecosistema Python. Permettono di lavorare rapidamente ed efficacemente in data science poiché contengono tutto il necessario per iniziare a scrivere codice.

Una distribuzione Python è un archivio compresso e versionato che contiene librerie Python (cioè pacchetti applicativi) che scarichi usando un gestore di pacchetti come `pip`. Alcune distribuzioni Python popolari includono:

- *Anaconda*, una distribuzione gratuita e open-source di Python e R per il calcolo scientifico.
- *ActivePython*, una distribuzione commerciale e precompilata di Python.
- *Python (x,y)*, una distribuzione Python orientata alla scienza basata su Qt, Eclipse e Spyder.

Di solito, le distribuzioni Python sono anche piattaforme che forniscono un "ambiente" per gli sviluppatori per scrivere, testare e distribuire le loro applicazioni Python, includendo spesso strumenti per la gestione dei pacchetti, la gestione degli ambienti e altro ancora. Esempi di piattaforme sono ancora Anaconda e *Jupyter Notebook*.

A seconda delle proprie esigenze, gli utenti possono scegliere diverse distribuzioni e piattaforme per costruire un progetto Python. Ad esempio, se sei nuovo in Python, potresti iniziare con una versione precompilata come Anaconda, invece, se sei un "Pythonista" esperto, potresti preferire installare manualmente tutti i pacchetti necessari usando pip.

In questa sezione introdurremo Jupyter Notebook e JupyterLab, Anaconda, e mostreremo la loro utilità nei processi di scrittura e di test del codice nell'analisi dei dati e nel calcolo scientifico. Di seguito, è possibile trovare ulteriori informazioni su:

- Anaconda (https://www.anaconda.com/).
- Jupyter Notebook (https://jupyter.org/).

4.2.1 Jupyter

Jupyter è un progetto che supporta oltre 40 linguaggi di programmazione, incluso Python, e fornisce software libero, standard aperti e servizi web per il calcolo interattivo e la data science. In particolare, JupyterLab e Jupyter Notebook sono ambienti di sviluppo interattivi basati sul web che rappresentano la massima espressione delle idee di questo progetto.

ID: 10.1007/978-3-032-35750-2 – 004 Date: October 16, 2026 Proof number: 1

4.2.1.1 Jupyter Notebook

Jupyter Notebook è una piattaforma di calcolo interattivo basata sul web che permette di creare e condividere documenti che contengono codice eseguibile, equazioni, visualizzazioni e testo narrativo. Infatti, uno dei maggiori vantaggi dell'uso dei notebook è che permettono di combinare documentazione, codice e risultati in un unico ambiente interattivo. Questo lo rende ideale per l'esplorazione dei dati e la presentazione dei risultati scientifici, generando un output che può essere composto da elementi come HTML, immagini, video, LaTeX, e così via. Inoltre, i notebook possono essere condivisi con altri tramite email, Dropbox, GitHub, ecc.

4.2.1.1.1 Installazione e primo avvio

L'installazione di Jupyter Notebook può essere facilmente gestita tramite pip – usando il comando `pip install notebook` – su qualsiasi sistema operativo. Dopo che il processo è terminato, è possibile avviare il notebook digitando nella linea di comando la stringa `jupyter-notebook`.[1]

4.2.1.1.2 Primo utilizzo

Se avvii Jupyter Notebook, si apre automaticamente una pagina web nel browser (http://localhost:8888/). Come mostrato in figura 4.6, è possibile creare un nuovo Notebook cliccando sul pulsante "New" e poi su "Python 3" (se hai installato questa versione) oppure File → New → Notebook. Nella nuova finestra troveremo finalmente l'interfaccia di un notebook Jupyter. Essa consiste in una barra dei menu e una barra degli strumenti. Il codice può essere organizzato in "celle" numerate che possono essere eseguite indipendentemente premendo "Shift+Enter" sulla tastiera o cliccando il pulsante ▷ "run" nella barra in alto del notebook. Se vuoi eseguire automaticamente tutte le celle di un notebook, vai alla scheda "Run" nella barra dei menu e seleziona "Run All Cells" (o l'opzione corrispondente) oppure clicca il pulsante ▷▷ "Restart the kernel and run all cells" nella barra degli strumenti del notebook. Quando esegui una cella, il suo contenuto viene eseguito e ogni output appare sotto di essa. Le celle sono identificate come (i) Markdown, utilizzate per scrivere testo e/o comporre equazioni matematiche, (ii) Code, usate per modificare e scrivere nuovo codice, e svolgere compiti come caricare dati, visualizzare dati ed eseguire analisi, oppure (iii) Raw, impiegate per rendere diversi formati di codice in HTML o LaTeX. Qui ci concentreremo sulle celle Code e Markdown.

[1] Si noti che è possibile che il notebook non si avvii, indicando "command not found". In tal caso, è necessario aggiungere la directory di Jupyter notebook ai PATH consentiti dal sistema operativo. Questa procedura esula dallo scopo di questo libro e si consiglia di approfondire l'argomento sul Web o, ad esempio, tramite il seguente URL: https://python.land/data-science/jupyter-notebook.

ID: 10.1007/978-3-032-35750-2 – 004 Date: October 16, 2026 Proof number: 1

Figura 4.6 Prima interfaccia di Jupyter Notebook

4.2.1.1.3 Celle Markdown

La procedura per configurare una cella come markdown è:

- Inserire una nuova cella e selezionarla oppure una nuova;
- Usa il menù a tendina sulla barra degli strumenti, selezionando "Markdown" oppure premi 'm' sulla tastiera.

Per modificare la cella, fai doppio clic al suo interno: in questo modo, la visualizzazione della cella cambia e si può procedere con la modifica del contenuto della stessa. Di seguito sono riportati strumenti utili per la formattazione delle celle markdown.

1. Titolo/Intestazioni
   Per creare titoli del notebook e intestazioni di sezione, utilizza il simbolo # seguito da uno spazio:
   - # per i titoli;
   - ## per le intestazioni principali;
   - ### e #### per le sotto-intestazioni.
2. Enfasi
   Per applicare enfasi al testo:
   - Testo in grassetto: `__string__` oppure `**string**`;
   - Testo in corsivo: `_string_` oppure `*string*`.
3. Simboli matematici
   Racchiudi i simboli matematici utilizzando il simbolo $, ad esempio: `$ mathematical symbols $`.
4. Carattere monospaziato
   Racchiudi il testo utilizzando l'accento grave ` (un apostrofo inverso). Nota che il carattere monospaziato è adatto per visualizzare percorsi di file, nomi di file, messaggi visibili agli utenti o testo inserito dagli utenti.
5. Interruzioni di riga
   Forza un'interruzione di riga utilizzando `<br>`.

ID: 10.1007/978-3-032-35750-2 – 004 Date: October 16, 2026 Proof number: 1

6. Elenchi puntati
   Utilizza i seguenti metodi per creare un elenco puntato circolare.
   - Un trattino (-) seguito da uno o due spazi, ad esempio: - Elemento puntato
   - Uno spazio, un trattino (-) e uno spazio, ad esempio: - Elemento puntato
   - Un asterisco * seguito da uno o due spazi, ad esempio: * Elemento puntato

   Per creare un sotto-punto, premi `Tab` prima di inserire il punto elenco utilizzando uno dei metodi sopra descritti.

> **Importante:**
> Assicurati che ogni punto elenco appaia su una riga separata.

7. Elenchi numerati
   Inserisci `1.` seguito da uno spazio per creare un elenco numerato, ad esempio:
   - `1.` Elemento numerato -> 1. Elemento numerato
   - `1.` Elemento numerato -> 2. Elemento numerato

   Nota che l'uso del secondo `1.` prima del testo è fatto solo per semplicità. Infatti, l'elenco verrà numerato correttamente quando esegui la cella. Per creare un sotto-passo, premi `Tab` prima di inserire l'elemento numerato.
8. Linee orizzontali
   Una linea orizzontale verrà generata se tre asterischi `***` sono inseriti su una nuova riga.
9. Grafica
   Nelle celle Markdown, puoi allegare file immagine (ad esempio, grafici, ecc.) trascinandoli e rilasciandoli nella cella.
10. Link esterni
   Racchiudi un URL tra due underscore _ su ciascun lato per collegarti a un sito esterno: __`[link text](http://url)`__ **link text**

Per vedere la versione formattata, esegui questa cella. Le celle Markdown sono utilizzate per il testo e aiutano a descrivere le operazioni del codice nelle celle successive. Per un elenco completo delle opzioni di formattazione del testo in Markdown, vai alla scheda "Help" nella barra dei menu di JupyterLab e seleziona "Markdown Reference".

Riferimenti:

- Markdown Cells – Jupyter Notebook 7.2.1 documentation – Read the Docs (https://jupyter-notebook.readthedocs.io/en/stable/examples/Notebook/Working%20With%20Markdown%20Cells.html)
- The Complete Guide to Markdown Tables for Organized Data – https://thelinuxcode.com/markdown-table/
- Master Markdown Tables: A Complete Guide & Tips – https://blog.markdowntools.com/posts/markdown-table-ultimate-guide
- Format Text In Jupyter Notebook With Markdown –

ID: 10.1007/978-3-032-35750-2 – 004 Date: October 16, 2026 Proof number: 1

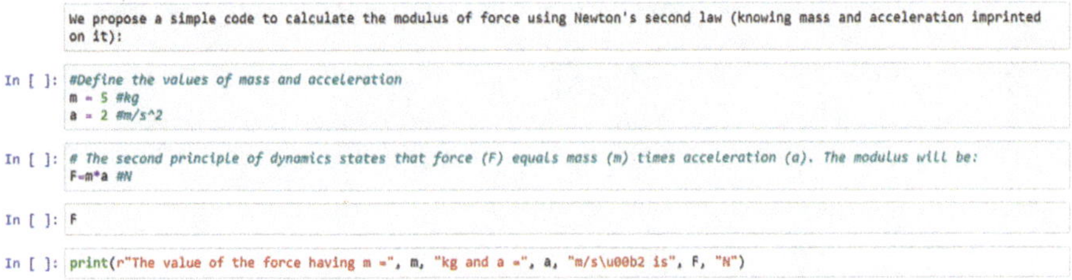

Figura 4.7 Celle di codice in Jupyter Notebook. Questo semplice esempio mostra il codice utilizzato per calcolare il Secondo Principio della Dinamica di Newton

https://www.earthdatascience.org/courses/intro-to-earth-data-science/file-formats/use-text-files/format-text-with-markdown-jupyter-notebook/

- IBM markdown jupyter cheatsheet – https://www.ibm.com/docs/en/db2-event-store/2.0.0?topic=notebooks-markdown-jupyter-cheatsheet

4.2.1.1.4 Celle di codice

Le celle di codice sono identificate da un `In [ ]` situato a sinistra di ogni cella. Una volta creata una nuova riga nel notebook, questa viene automaticamente creata come cella di codice. C'è sempre la possibilità di cambiare il tipo di cella selezionando una cella esistente e poi "Code" dal menu a tendina nella barra degli strumenti. Nelle figure seguenti, produciamo un esempio di confronto di un notebook prima e dopo la sua compilazione/esecuzione. La figura 4.7 mostra un semplice esempio di calcolo del Secondo Principio della Dinamica di Newton[2] scritto in Python. Nota che il simbolo [ ] a sinistra di ogni cella di codice descrive lo stato della cella: nel caso di quanto riportato in figura, la cella non è stata ancora eseguita. Inoltre, si noti che la prima riga del codice riportato in figura 4.7 è configurata come una cella "Markdown" (vedi paragrafo 4.2.1.1.3). Selezionando "Run All Cells", il codice sorgente viene compilato e il risultato di questo processo è illustrato in Figura 4.8. Si evidenzia che è avvenuto anche un cambiamento nel testo `In [ ]`. Infatti, durante o dopo l'inizio della compilazione del codice, all'interno delle parentesi quadre possono apparire le seguenti indicazioni:

*: significa che la cella è attualmente in esecuzione;

1: significa che la cella ha terminato l'esecuzione ed è stata la prima cella eseguita (il numero indica l'ordine in cui le celle sono state eseguite).

[2] Il secondo principio della dinamica di Newton può essere formalmente enunciato come segue: L'accelerazione di un oggetto, prodotta da una forza netta, è direttamente proporzionale all'intensità della forza netta, nella stessa direzione della forza netta, e inversamente proporzionale alla massa dell'oggetto.

ID: 10.1007/978-3-032-35750-2 – 004 Date: October 16, 2026 Proof number: 1

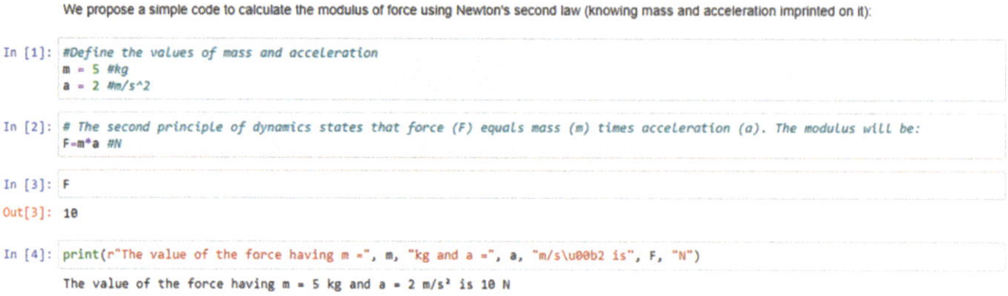

Figura 4.8 Output dell'esempio di celle di codice riportato in Fig 4.7

Questo esempio ci permette anche di introdurre diversi modi di visualizzare gli output in Jupyter Notebook. Come mostrato in figura 4.8, le linee di codice `In [3]` e `In [4]` producono due tipi diversi di output. La prima, ottenibile semplicemente scrivendo il nome della variabile, fornisce una riga di output identificata da `Out[3]` con il valore della variabile (nel nostro esempio, il valore numerico pari a 10). `In [4]`, invece, contiene la funzione standard di Python `Iprint()`, ma questo codice non inserisce nulla nella lista `Out[ ]` in Jupyter Notebook.

Un'altra caratteristica essenziale è la possibilità di accedere alle celle precedenti utilizzando gli array In e Out. Nell'esempio sopra, `Out[3]` ci restituisce l'output dell'espressione nella cella `In [3]`. Possiamo facilmente richiamare questo output nel nostro Jupyter Notebook scrivendo `Out[3]` in un'altra cella di codice. Ad esempio, supponiamo di voler utilizzare una massa che non sia più di 5 kg, ma quattro volte più grande (cioè 20 kg). Invece di cambiare il valore della variabile "m", basta moltiplicare l'output 3 per 4 scrivendo il testo `Out[3]*4` nella nuova riga di codice.

4.2.1.2 JupyterLab

JupyterLab è un'interfaccia utente web di nuova generazione per il Progetto Jupyter, costituita da un ambiente di sviluppo interattivo per notebook, codice e dati.

Permette di lavorare con documenti e attività come notebook Jupyter, editor di testo, terminali e componenti personalizzati in un'interfaccia flessibile, integrata ed estensibile/personalizzabile. Includendo anche Jupyter Notebook, il codice può produrre output ricchi e interattivi, come HTML, immagini, video, LaTeX e tipi MIME personalizzati, supportando oltre 40 linguaggi di programmazione e comprendendo molti formati di file (immagini, CSV, JSON, Markdown, PDF, Vega, Vega-Lite, ecc.). Inoltre, è possibile sfruttare strumenti per il big data come Apache Spark da Python, R, ecc.

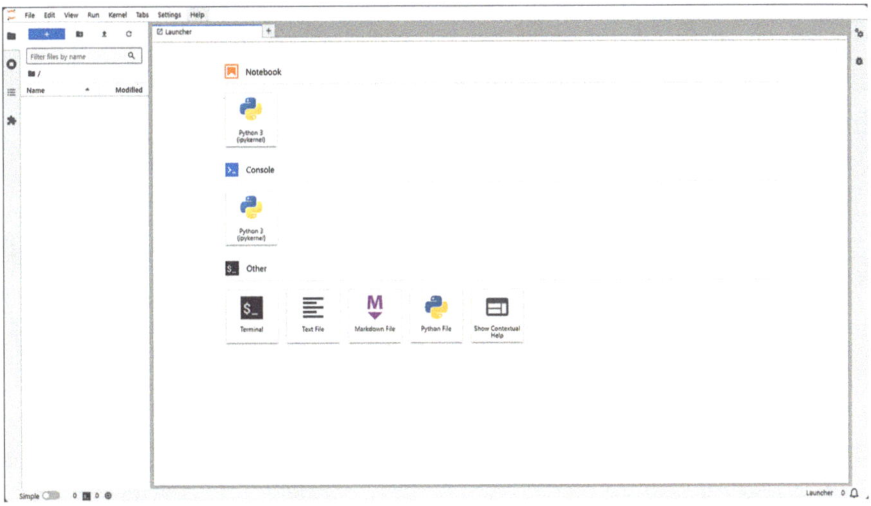

Figura 4.9 L'interfaccia di JupyterLab

4.2.1.2.1 Installazione e primo avvio

JupyterLab può essere installato sul proprio computer personale utilizzando il comando `pip install jupyterlab`. Dopo l'installazione, possiamo avviare l'ambiente inserendo nella linea di comando la stringa `jupyter lab`.

La figura 4.9 mostra l'interfaccia di JupyterLab. Essa comprende i seguenti elementi principali:

- Area di lavoro.
  L'area di lavoro principale presenta un nuovo layout a schede che permette di combinare diversi documenti (notebook, file di dati, HTML, PDF, immagini, ecc.) e strumenti di programmazione (terminale, console di codice, editor di testo, ecc.) in pannelli di schede che possono essere ridimensionati o suddivisi tramite drag and drop. Questo sistema a schede, assente in Jupyter Notebook, consente una programmazione più integrata ed efficiente, permettendo agli sviluppatori di svolgere la maggior parte delle attività senza uscire da JupyterLab.
- Barra laterale sinistra.
  La barra laterale a scomparsa contiene varie schede di uso comune, tra cui:
  - *File Browser*, che gestisce file e cartelle sul computer.
  - *Tab and Kernel Manager*, che fornisce un elenco delle schede nell'area di lavoro principale e dei kernel e terminali in esecuzione.
  - *Table of Contents*, un indice interattivo basato sulle intestazioni incluse nelle celle markdown.
  - *Extension Manager*, che permette di installare nuove applicazioni e plugin per migliorare l'esperienza d'uso di JupyterLab.

ID: 10.1007/978-3-032-35750-2 – 004 Date: October 16, 2026 Proof number: 1

- Barra laterale destra.
  Una seconda barra laterale a scomparsa che contiene:
  - *Property Inspector* che consente di ispezionare da vicino le informazioni e le proprietà delle celle.
  - *Debugger* che permette di effettuare il debug di notebook, console di codice e file direttamente all'interno di JupyterLab.
- Barra dei menu.
  La barra dei menu in alto in JupyterLab include menu di livello superiore con le azioni disponibili in JupyterLab. I diversi menu sono:
  - File: Azioni relative a file e cartelle.
  - Edit: Azioni relative alla modifica di documenti e altre attività.
  - View: Azioni che modificano l'aspetto di JupyterLab.
  - Run: Azioni per l'esecuzione del codice nelle diverse attività.
  - Kernel: Azioni per la gestione dei kernel.
  - Tabs: Un elenco dei documenti e delle attività aperte nell'area di lavoro.
  - Settings: Impostazioni comuni e un editor avanzato delle impostazioni. Un esempio è la possibilità di scegliere diversi temi per l'interfaccia, incluso il Dark Mode.
  - Help: Un elenco di link di aiuto per JupyterLab e i kernel.

4.2.1.2.2 Primo utilizzo

All'interno della scheda "Launcher" (vedi figura 4.9), possiamo selezionare – e, di conseguenza, avviare – il progetto che preferiamo, come ad esempio un notebook Jupyter. Naturalmente, abbiamo anche la possibilità di aprire un notebook esistente e, così facendo, aprire una nuova scheda nell'Area di lavoro. Considerando la console Python 3 o il Notebook come possibili scelte, possiamo seguire tutte le indicazioni e le guide fornite precedentemente nel libro per scrivere e compilare il codice anche all'interno di JupyterLab.

4.2.2 Anaconda

Anaconda è una distribuzione gratuita, multipiattaforma e open-source dei linguaggi di programmazione Python e R che mira a fornire tutto il necessario per iniziare a lavorare con Python (o R) in un unico pacchetto, e a semplificare la gestione e la distribuzione dei pacchetti. Infatti, Anaconda include "Anaconda Navigator", un'applicazione desktop inclusa nella distribuzione che permette di gestire applicazioni, pacchetti e ambienti senza utilizzare la linea di comando, e un gestore di pacchetti chiamato "conda" che consente di installare versioni specifiche di Python e R, oltre ad altri pacchetti tramite la linea di comando. Inoltre, Anaconda offre un modo semplice per creare e gestire *ambienti* separati, spazi auto-contenuti e isolati[3] in cui è possibile contenere file e installare versioni specifiche di pacchetti software, incluse dipendenze, librerie e versioni di Python.

4.2.2.1 Installazione di Anaconda

I passaggi da seguire per installare Anaconda sono:

1. Scaricare l'installer.
   Recandosi alla pagina di distribuzione di Anaconda (https://www.anaconda.com/products/distribution) è possibile scaricare l'installer per il proprio sistema operativo (Windows, macOS o Linux).
2. Eseguire l'installer:
   - Windows: Fare doppio clic sul file ".exe" scaricato e seguire le istruzioni a schermo.
   - macOS: Aprire il file ".pkg" scaricato e seguire le istruzioni a schermo.
   - Linux: Aprire un terminale ed eseguire il seguente comando per installare Anaconda:

   ```
   bash ~/Downloads/Anaconda3-<INSTALLER_VERSION>-Linux-x86_64.
       sh
   ```

   Codice 4.4 Installazione di Anaconda su un sistema operativo Linux

   Nota che bisogna sostituire <INSTALLER_VERSION> con il nome del file che è stato scaricato.
3. Seguire le istruzioni di installazione.
   Durante l'installazione, è possibile scegliere se aggiungere Anaconda alla variabile d'ambiente PATH. In generale, è consigliato farlo.
4. Verificare l'installazione:
   Aprire un terminale o Anaconda Prompt e digitare:

   ```
   conda --version
   ```

   Codice 4.5 Verifica dell'installazione di Anaconda

   Questo dovrebbe mostrare la versione di Conda installata, confermando che Anaconda è stato installata correttamente.
5. Avviare Anaconda Navigator:
   Ora Anaconda Navigator sarà disponibile nel menu Start (Windows) o nella cartella Applicazioni (macOS). Su Linux, è possibile avviare il Navigator di Anaconda digitando "anaconda-navigator" nel terminale.

---

[3] L'isolamento aiuta a evitare conflitti tra versioni di pacchetti e garantisce che i tuoi progetti abbiano esattamente le librerie e gli strumenti di cui hanno bisogno. Questo può essere molto utile quando si lavora su progetti con requisiti diversi.

ID: 10.1007/978-3-032-35750-2 – 004 Date: October 16, 2026 Proof number: 1

4.2.2.2 Primo utilizzo di Anaconda

Dopo l'installazione, si può quindi avviare "Anaconda Navigator" e creare un nuovo ambiente, recandosi nella scheda "Environments". Questa procedura facilita la gestione delle dipendenze per diversi progetti e ti permette di scegliere la versione di Python e i pacchetti di cui hai bisogno.

Possiamo utilizzare la scheda "Environments" per cercare e installare pacchetti in questo contesto. Nota che è possibile installare un pacchetto anche tramite linea di comando con `conda install package-name`.

Dalla scheda "Home" di Anaconda Navigator, è possibile avviare applicazioni come Jupyter Notebook.

Quindi, seguendo le informazioni e l'esempio riportati nella sezione 4.2.1.1, possiamo scrivere un semplice programma Python in Jupyter Notebook tramite Anaconda:

```
print("Hello, Anaconda!")
```

Codice 4.6 Un semplice esempio di scrittura di un codice Python in Anaconda

4.3 PyRoot

Secondo la descrizione presente sul sito del manuale di ROOT (https://root.cern/manual/python/), PyRoot permette la creazione di binding tra Python e C++ in modo dinamico e automatico. Consente di utilizzare le potenti librerie di ROOT in combinazione con le librerie di data-science di Python come numpy, pandas e numba.

L'installazione di PyRoot è piuttosto semplice. Se lo installi compilando il codice sorgente, una volta soddisfatti i prerequisiti, puoi utilizzare ROOT direttamente all'interno di una sessione Python. Poiché Python è uno dei prerequisiti di ROOT, una build completa collegherà automaticamente ROOT con la versione di Python installata sul tuo sistema.

Dopo aver eseguito lo script thisroot.sh (o thisroot.fish,csh per altre shell) su un sistema operativo di tipo Unix—come una distribuzione Linux o macOS di Apple—oppure il file batch thisroot.bat su Windows, ROOT sarà correttamente configurato nel tuo ambiente.

Si consiglia di installare tutte le dipendenze necessarie e poi compilare ROOT dal sorgente. Tuttavia, è anche possibile installare ROOT utilizzando un package manager. Su Linux, ad esempio, puoi usare Snap (sudo snap install root-framework), mentre su macOS puoi usare Homebrew (brew install root) o MacPorts (sudo port install root6).

Nota, però, che con le installazioni tramite package manager, di solito non sarà possibile caricare ROOT in una normale sessione Python 3 con un semplice import ROOT. Invece, dovrai avviare l'ambiente Python di ROOT utilizzando il comando PyRoot dal terminale, che avvia un interprete Python fornito con ROOT.

ID: 10.1007/978-3-032-35750-2 – 004 Date: October 16, 2026 Proof number: 1

Raccomandiamo vivamente di compilare ROOT dal sorgente per garantire piena funzionalità e compatibilità. Questo assicura che, se la compilazione andrà a buon fine, tutte le funzionalità della libreria funzioneranno correttamente.

In primo luogo, root è importabile direttamente da Python; nel secondo caso, è necessario utilizzare l'interfaccia PyRoot.

4.4 Esercizi

4.1 Installa ciascun framework di analisi dati descritto nel capitolo e testa le sue funzionalità.

Capitolo 5
Elaborazione e visualizzazione dei dati

5.1 Introduzione

Come già affermato, manipolare e visualizzare efficacemente i dati è essenziale nell'era moderna della ricerca scientifica e delle decisioni guidate dai dati. La manipolazione dei dati permette a ricercatori e analisti di pulire, trasformare e preparare i dati grezzi per l'analisi, garantendo accuratezza e significatività. Successivamente, la visualizzazione svolge un ruolo cruciale nell'interpretazione di dataset complessi, rivelando schemi, tendenze e informazioni che altrimenti rimarrebbero nascoste.

Questo capitolo introduce alcuni strumenti open-source utilizzati per questi scopi: ROOT, un robusto framework sviluppato al CERN; Gnuplot, un'utility di plotting leggero e flessibile; e librerie Python come Matplotlib e Pandas, che offrono soluzioni versatili per la gestione e la visualizzazione dei dati.

5.2 Elaborazione e visualizzazione dei dati con Root

5.2.1 Dove vivono le figure: TCanvas

La classe di riferimento che deve essere utilizzata per gestire una rappresentazione grafica dei dati analizzati nel framework ROOT è **TCanvas**. Questa classe fornisce molte funzionalità per controllare la qualità della figura. Nell'esempio riportato in figura 5.1 abbiamo rappresentato con frecce ed etichette come sia possibile controllare l'altezza (W_H) e la larghezza (W_H) della canvas (la "tela" che ospita la figura); le distanze tra gli assi della figura e i bordi della canvas, quella a sinistra (W_L), a destra (W_R), in basso (W_B) e in alto (W_T). L'altezza e la larghezza della canvas possono essere definite direttamente utilizzando il costruttore della classe, e le unità grafiche sono i punti *pt*, mentre per le altre distanze devono essere utilizzati metodi dedicati della classe, come riportato nel seguente codice 5.1:

G. Mandaglio, U. Wanderlingh, S. Vasi, *Strumenti open source per l'analisi dei dati fisici*,
https://doi.org/10.1007/978-3-032-35750-2_5

ID: 10.1007/978-3-032-35750-2 – 005 Date: October 16, 2026 Proof number: 1

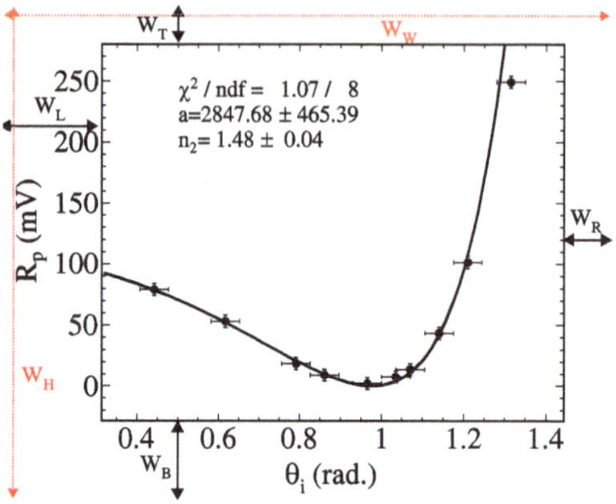

Figura 5.1 Esempio di rappresentazione grafica di dati, utilizzato per mostrare come controllare le proprietà della canvas. La figura è realizzata con una macro che utilizza ROOT

```
{//inizio della macro root - codice c++
TCanvas *Box = new TCanvas("Box", "Box",600,500);
//la larghezza è 600 pt mentre l'altezza è 500
Box->textgreaterSetFillColor(0); //0 significa che lo sfondo è
    bianco
Box->textgreaterSetBorderMode(0);
Box->textgreaterSetBorderSize(2);
Box->textgreaterSetLeftMargin(0.16);//il margine sinistro è il
    16% della larghezza della figura
Box->textgreaterSetRightMargin(0.08);//il margine destro è l'8%
    della figura
Box->textgreaterSetTopMargin(0.08);//il margine superiore è l'8%
    dell'altezza
Box->textgreaterSetBottomMargin(0.16);//il margine inferiore è il
     16%
}//fine della macro
```

Codice 5.1 L'uso della classe TCanvas

La guida utente di ROOT spiega in modo esaustivo le funzionalità con comode interfacce grafiche, ma l'obiettivo qui è solo introdurre il lettore alle enormi possibilità offerte dal framework di analisi.

5.2.2 *Un modo semplice per rappresentare i dati: TGraph e classi derivate*

Visualizzare i dati tramite grafici è uno dei compiti più comuni nell'analisi dei dati. Spesso, questo viene fatto utilizzando software commerciali proprietari con interfacce grafiche user-friendly, poiché viene percepito come l'approccio più immediato. Sebbene questa semplicità sia innegabile, comporta costi economici e limitazioni intrinseche. Il framework di analisi dati ROOT offre la classe TGraph,

Tabella 5.1 Coppie di punti dati x,y salvati in un file di testo dataxy.txt

0	0
1	9
2	16
3	21
4	24
5	25
6	24
7	21
8	16
9	9
10	0

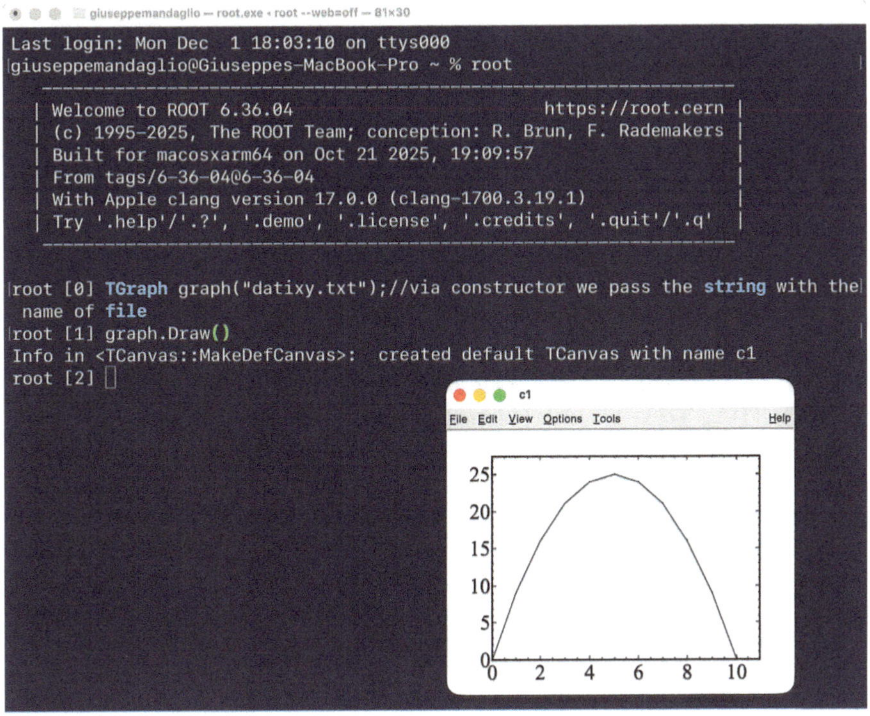

Figura 5.2 Rappresentazione dei dati con la classe TGraph utilizzando l'interprete Root

insieme alle sue estensioni TGraphErrors e TGraphAsymErrors, che permettono una rappresentazione grafica dei dati semplice—purché si abbia una conoscenza di base di C++.

Come primo esempio, proviamo a rappresentare in un grafico le coppie di punti dati x,y, memorizzate in un file "datixy.txt" (Tabella 5.1). Possiamo usare l'interprete direttamente come mostrato in figura 5.2. Oppure possiamo scrivere il codice in una macro come segue nel codice 5.2:

ID: 10.1007/978-3-032-35750-2 – 005 Date: October 16, 2026 Proof number: 1


```
{//Inizio macro root - codice in c++
TGraph graph("dataxy.txt");
graph.Draw();
}//fine della macro
//Per girare il codice basta scrivere sul terminale root
    namemacro.C
```

Codice 5.2 Macro Root per graficare una tabella di dati x,y

5.3 Una rappresentazione statistica conveniente di misure ripetute: classi TH1

Un istogramma è una rappresentazione dei dati che consiste nel contare la frequenza con cui i valori numerici di un campione ricadono in sottointervalli di un determinato intervallo di variabilità. In pratica, si sceglie un intervallo — che può coincidere con l'estensione dei dati oppure essere più ampio o più ristretto — e lo si suddivide in sottointervalli contigui, detti bin. Si conta quindi il numero di osservazioni che ricadono in ciascun bin.

L'istogramma è generalmente rappresentato graficamente: nel caso di un istogramma monodimensionale, l'asse orizzontale (asse x) riporta i valori della variabile, mentre l'asse verticale (asse y) rappresenta la frequenza — assoluta, relativa o normalizzata — con cui i dati ricadono nei rispettivi intervalli.

ROOT fornisce una famiglia di classi, le TH1 per gli istogrammi monodimensionali, le TH2 e TH3 per quelli bidimensionali e tridimensionali, rispettivamente.

Non si deve confondere la dimensionalità di un istogramma con quella della sua rappresentazione grafica. Un istogramma monodimensionale può essere rappresentato in due dimensioni; tuttavia, l'asse delle ordinate (y) riporta le frequenze, che sono grandezze adimensionali. L'unica dimensione fisica è quindi quella associata alla variabile misurata, riportata sull'asse delle ascisse (x). Per questo motivo l'istogramma è definito monodimensionale. Dal punto di vista statistico, la dimensionalità di un istogramma è determinata dal numero di variabili aleatorie descritte.

5.3.1 Il mio primo istogramma con Root

Il primo ingrediente di cui abbiamo bisogno per costruire un istogramma sono i dati. Supponiamo che questi siano stati copiati in un file chiamato dati1x.dat e scritti in una singola colonna, o in una singola riga, o in modo disordinato; nel nostro caso, non importa.

Il modo più semplice per calcolare un istogramma con ROOT è scrivere una macro capace di leggere i dati, fornirli a un oggetto della classe TH1D, e poi utiliz-

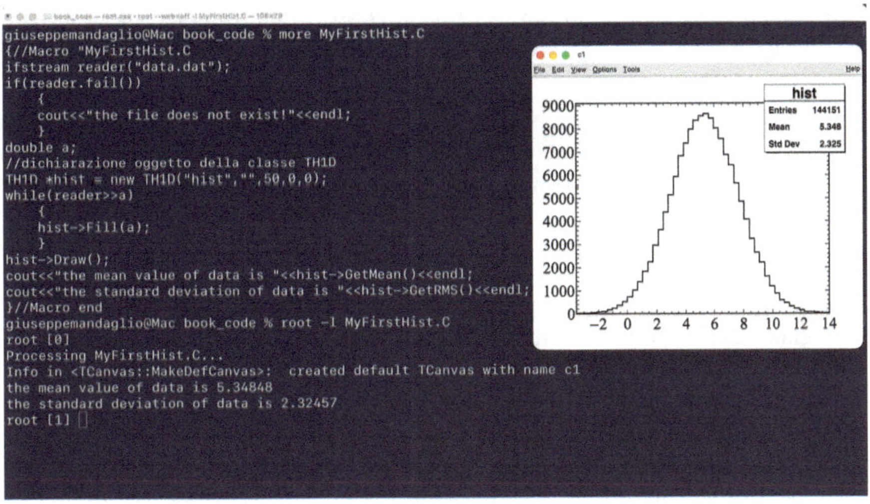

Figura 5.3 Esecuzione della macro "MyFirstHist.C" con Root

zare il metodo Draw per visualizzare il risultato. Il codice 5.3 che realizza questo è mostrato di seguito:

```
{//Macro "MyFirstHist.C"
ifstream reader("data.dat");
if(reader.fail())
    {
    cout<<"the file does not exist!"<<endl;
    }
double a;
//TH1D object declaration
TH1D *hist = new TH1D("hist","",50,0,0);
while(reader>>a)
    {
    hist->Fill(a);
    }
hist->Draw();
cout<<"the mean value of data is "<<hist->GetMean()<<endl;
cout<<"the standard deviation of data is"<<hist->GetRMS()<<endl;
}//fine della macro
```

Codice 5.3 Macro Root che calcola un istogramma

Il funzionamento della macro è mostrato in Figura 5.3.

Come illustrato in Figura 5.3, ROOT ha aperto un'interfaccia grafica che mostra l'immagine dell'istogramma. Per impostazione predefinita, la prima canvas creata automaticamente da ROOT si chiama *c1*. Più avanti, vedremo come gestire le canvas interamente utilizzando la classe TCanvas. Supponiamo di voler salvare la figura generata per utilizzarla in un articolo, una relazione o una presentazione. In tal

ID: 10.1007/978-3-032-35750-2 – 005 Date: October 16, 2026 Proof number: 1

caso, si può usare il metodo SaveAs() della classe TCanvas, come mostrato nel frammento di codice 5.4.

```
// Frammento di codice da aggiungere alla macro "MyFirstHist.C"
hist->Draw();
c1->SaveAs("Myhist.pdf"); // 'lestensione del nome del file
    indica 'alloggetto TCanvas come salvare il file
}// fine della macro
```

Codice 5.4 Frammento di codice che mostra come ROOT salva una figura in formato PDF

Questo rappresenta una chiara dimostrazione della potenza della programmazione orientata agli oggetti. Abbiamo affrontato lo stesso problema nella sottosezione 2.3.6.7, ma il codice era significativamente più complesso. In questo caso, la principale difficoltà risiedeva nella lettura e nel passaggio dei dati all'oggetto della classe. L'oggetto hist nell'esempio di macro genera una rappresentazione grafica dei dati come istogrammi a barre, ma offre anche una vasta gamma di funzionalità attraverso i suoi numerosi metodi. Ad esempio, il metodo *GetMean()* restituisce il valore medio, mentre *GetRMS()* (Root Mean Square) fornisce la deviazione standard del campione di dati. Si invita il lettore a implementare un codice procedurale in C++ per calcolare media e deviazione standard, così da apprezzare i vantaggi di questo paradigma di programmazione.

5.3.1.1 I miei primi dieci istogrammi con Root

Come esercizio, mostriamo come ripetere l'operazione della sezione 5.3.1, calcolando 10 istogrammi utilizzando i dati di un file ordinato in 10 colonne. Per risolvere il problema, modifichiamo il codice 5.5, ricordando che ci sono azioni ripetitive, quindi dobbiamo usare una struttura di ciclo.

```
{// Macro "MyFirstHist10.C"
// Si noti che il codice presente funziona solo se il file è
    organizzato in 10 colonne di numeri reali!!!
TH1D *hist[10]; // array di 10 puntatori a TH1D
for(int i=0; i<10; i++){
    hist[i] = new TH1D(Form("hist%d",i),"",100,0,0);
    }
ifstream reader("data10.dat");
if(reader.fail())
    {
    cout<<"il file non esiste!"<<endl;
    }
double a;
// dichiarazione dell'array di oggetti TH1D
int counter =0;
while(reader>>a)
    {
        hist[counter]->Fill(a);
```

```
        counter++;
        if(counter==10) counter = 0;
    }
for(int i=0; i<10; i++){
    cout<<"il valore medio dell'istogramma "<<i+1<<" è "<<hist[i]->GetMean()<<endl;
  // cout<<"la deviazione standard dell'istogramma "<<i+1<<" è "<<hist[i]->GetRMS()<<endl;
    cout<<"      *****************        "<<endl;
}
}// fine della macro
```

Codice 5.5 Macro Root che calcola dieci istogrammi

Il funzionamento della macro è mostrato in Figura 5.4. Se vogliamo una rappresentazione grafica dei dati, possiamo utilizzare la classe TCanvas e il metodo "Divide" per suddividere l'area in sotto-canvas in numero sufficiente a contenere tutte

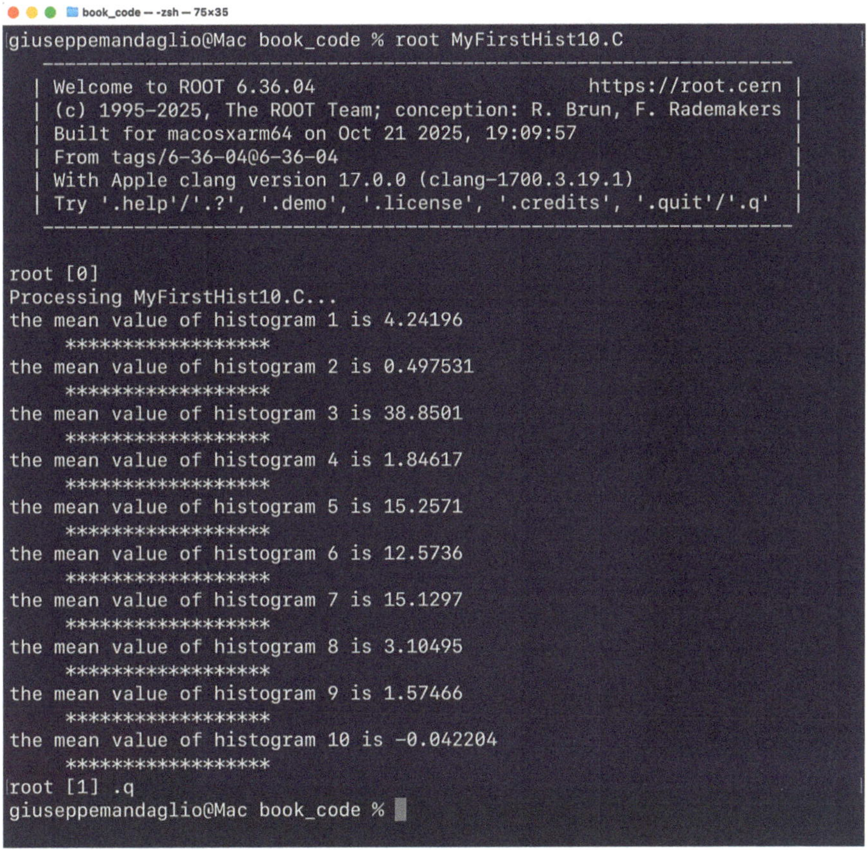

```
book_code — -zsh — 75×35
giuseppemandaglio@Mac book_code % root MyFirstHist10.C
   ------------------------------------------------------------------
  | Welcome to ROOT 6.36.04                        https://root.cern |
  | (c) 1995-2025, The ROOT Team; conception: R. Brun, F. Rademakers |
  | Built for macosxarm64 on Oct 21 2025, 19:09:57                   |
  | From tags/6-36-04@6-36-04                                        |
  | With Apple clang version 17.0.0 (clang-1700.3.19.1)              |
  | Try '.help'/'.?', '.demo', '.license', '.credits', '.quit'/'.q'  |
   ------------------------------------------------------------------

root [0]
Processing MyFirstHist10.C...
the mean value of histogram 1 is 4.24196
     *****************
the mean value of histogram 2 is 0.497531
     *****************
the mean value of histogram 3 is 38.8501
     *****************
the mean value of histogram 4 is 1.84617
     *****************
the mean value of histogram 5 is 15.2571
     *****************
the mean value of histogram 6 is 12.5736
     *****************
the mean value of histogram 7 is 15.1297
     *****************
the mean value of histogram 8 is 3.10495
     *****************
the mean value of histogram 9 is 1.57466
     *****************
the mean value of histogram 10 is -0.042204
     *****************
root [1] .q
giuseppemandaglio@Mac book_code %
```

Figura 5.4 Esecuzione della macro "MyFirstHist10.C" con Root

ID: 10.1007/978-3-032-35750-2 – 005 Date: October 16, 2026 Proof number: 1

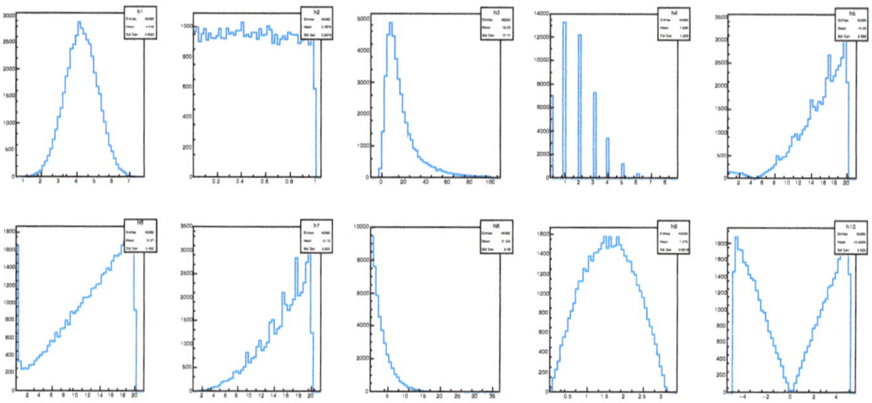

Figura 5.5 Esempio di rappresentazione grafica di dieci istogrammi

le figure. Aggiungendo al codice precedente le seguenti istruzioni riportate nel codice 5.6:

```
// Da aggiungere alla macro precedente
//.....

TCanvas *box = new TCanvas("box","",800,400);
box->Divide(5,2); // dieci sotto-canvas

for(int i=0; i<10;i++){
 box->cd(i+1); // per spostarsi nella sotto-canvas
 hist[i]->Draw();
}
// Per salvare le figure:
box->SaveAs("10histo.pdf");
}// fine della macro
```

Codice 5.6 Frammento di codice che mostra come dividere una canvas in più aree per visualizzare più figure

e il risultato è nella figura seguente: La rappresentazione dei dieci istogrammi mostrata in Figura 5.5 è di qualità relativamente modesta. Tuttavia, utilizzando i metodi offerti da ROOT per controllare ogni aspetto della rappresentazione grafica dei dati, è possibile produrre figure di altissima qualità e leggibilità.

5.3.1.2 Figure di alta qualità con Root

La qualità intesa come chiarezza e leggibilità è un aspetto importante da considerare quando si visualizzano i dati. Sebbene siano essenziali la chiarezza e l'indicazione completa di tutti gli elementi del grafico, è altrettanto importante evitare di sovraccaricare la figura con un eccesso di testo. ROOT rende semplice la creazione di figure di alta qualità, adatte a presentazioni, tesi accademiche, articoli scientifici o relazioni professionali. Nel frammento di codice mostrato in Figura 5.7, presentiamo una macro che genera una figura semplice ma curata, con particolare attenzione alle dimensioni delle etichette degli assi e dei titoli, come discusso nel paragrafo 5.2.1:

```
{
// impostazioni generali
int mymarkerstyle=20;
float mymarkersize=1.;
float mytextsize=0.065;
float mytextsize1=0.055;
int mytextfont=132; // Times New Roman...

TCanvas *Box = new TCanvas("Box","Box",600,500); // costruttore
    600pt x 550 pt
gStyle->SetOptStat(0); // nessuna informazione statistica
Box->SetFillColor(0);// colore di sfondo, 0 significa bianco
Box->SetBorderMode(0);// nessun bordo
Box->SetLeftMargin(0.13); // 13% della larghezza della figura
    come margine sinistro
Box->SetRightMargin(0.05);// 5% della larghezza della figura come
     margine destro
Box->SetTopMargin(0.07); // 7% della larghezza della figura come
    margine superiore
Box->SetBottomMargin(0.12); // 12% della larghezza della figura
    come margine inferiore

// solo per avere dei dati da rappresentare
TH1D *hist = new TH1D("hist","",100,-5,5);
auto func = new TF1("func","x*gaus(0) -x*x+[3]",-5,5);
func->SetParameters(100,0,1,1000);
hist->FillRandom("func",100000000);

 hist->GetYaxis()->SetTitleSize(mytextsize);
 hist->GetXaxis()->SetTitleSize(mytextsize);
 hist->GetXaxis()->SetLabelSize(mytextsize1);
 hist->GetYaxis()->SetLabelSize(mytextsize1);
 hist->GetXaxis()->SetTitleFont(mytextfont);
 hist->GetYaxis()->SetTitleFont(mytextfont);
 hist->GetXaxis()->SetLabelFont(mytextfont);
 hist->GetYaxis()->SetLabelFont(mytextfont);
 hist->GetXaxis()->SetNdivisions(108);
 hist->GetXaxis()->CenterTitle(1);
 hist->GetYaxis()->CenterTitle(1);
 hist->GetXaxis()->SetTitleOffset(0.95);
 hist->GetYaxis()->SetTitleOffset(0.98);
 hist->SetTitle("");
 hist->GetYaxis()->SetTitle("Conteggi");
```

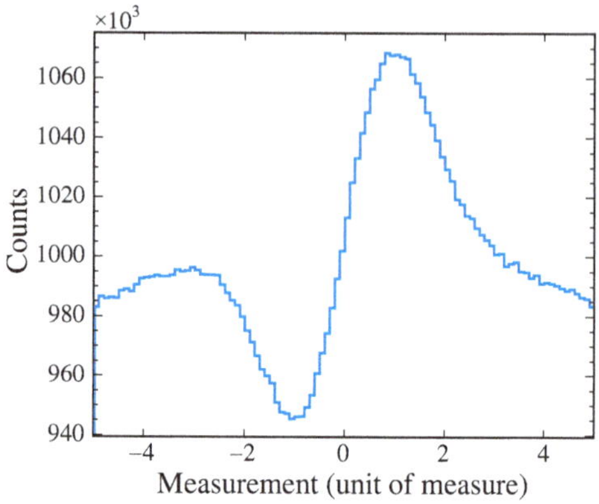

Figura 5.6 Esempio di rappresentazione di buona qualità di un istogramma

```
 hist->GetXaxis()->SetTitle("Misura (unità di misura)");
 hist->SetLineColor(4);
 hist->Draw();

 Box->SaveAs("simplefigure.pdf");
}// fine della macro
```

Codice 5.7 Macro Root che calcola un istogramma curando assi, etichette, font ecc

e il risultato prodotto dalla macro è riportato in Figura 5.6.

Quando si lavora con figure più complesse che includono più insiemi di dati, può essere utile aggiungere una legenda per chiarire la relazione tra i dati e le linee o simboli che li rappresentano. ROOT mette a disposizione la classe TLegend specificamente per questo scopo. Nell'esempio mostrato in Figura 5.8, illustriamo le principali caratteristiche di questa classe, tra cui come impostare posizione e dimensione, personalizzare il font e la dimensione del testo, e associare le voci della legenda ai dati rappresentati:

```
{
// impostazioni generali
int mymarkerstyle=20;
float mymarkersize=1.;
float mytextsize=0.065;
float mytextsize1=0.055;
int mytextfont=132; // Times New Roman...

TCanvas *Box = new TCanvas("Box","Box",600,500); // costruttore
    600pt x 550 pt
gStyle->SetOptStat(0); // nessuna informazione statistica
Box->SetFillColor(0);// colore di sfondo, 0 significa bianco
Box->SetBorderMode(0);// nessun bordo
Box->SetLeftMargin(0.17); // 17%: serve più spazio rispetto alla
    figura precedente
```

```
Box->SetRightMargin(0.05);// 5% della larghezza della figura come margine destro
Box->SetTopMargin(0.07); // 7% della larghezza della figura come margine superiore
Box->SetBottomMargin(0.12); // 12% della larghezza della figura come margine inferiore

// solo per avere dei dati da rappresentare
TH1D *hist0 = new TH1D("hist0","",50,0,10);
TH1D *hist1 = new TH1D("hist1","",50,0,10);
TH1D *hist2 = new TH1D("hist2","",50,0,10);
TH1D *hist3 = new TH1D("hist3","",50,0,10);

auto func = new TF1("func","gaus(0)",0,10);
func->SetParameters(100,1,0.5);
hist0->FillRandom("func",100000);
func->SetParameters(100,2,0.75);
hist1->FillRandom("func",100000);
func->SetParameters(100,3,1);
hist2->FillRandom("func",100000);
func->SetParameters(100,4,1.5);
hist3->FillRandom("func",100000);

 hist0->GetYaxis()->SetTitleSize(mytextsize);
 hist0->GetXaxis()->SetTitleSize(mytextsize);
 hist0->GetXaxis()->SetLabelSize(mytextsize1);
 hist0->GetYaxis()->SetLabelSize(mytextsize1);
 hist0->GetXaxis()->SetTitleFont(mytextfont);
 hist0->GetYaxis()->SetTitleFont(mytextfont);
 hist0->GetXaxis()->SetLabelFont(mytextfont);
 hist0->GetYaxis()->SetLabelFont(mytextfont);
 hist0->GetXaxis()->SetNdivisions(510);
 hist0->GetXaxis()->CenterTitle(1);
 hist0->GetYaxis()->CenterTitle(1);
 hist0->GetXaxis()->SetTitleOffset(0.95);
 hist0->GetYaxis()->SetTitleOffset(1.3);// sposta il titolo
 hist0->SetTitle("");
 hist0->GetYaxis()->SetTitle("Conteggi");
 hist0->GetXaxis()->SetTitle("Misura (unità di misura)");
 hist0->SetLineColor(4);
 hist0->Draw();

 hist1->SetLineColor(2);
 hist1->SetLineStyle(2);
 hist1->Draw("same");

 hist2->SetLineColor(4);
 hist2->SetMarkerColor(4);
```

ID: 10.1007/978-3-032-35750-2 – 005 Date: October 16, 2026 Proof number: 1


```
 hist2->SetMarkerStyle(20);
 hist2->Draw("samepe");

 hist3->SetLineColor(2);
 hist3->SetMarkerColor(2);
 hist3->SetMarkerStyle(24);
 hist3->Draw("samepe");

TLegend *leg = new TLegend(0.7,0.6,0.9,0.9,NULL,"brNDC");
//              ____________________o(0.9,0.9) in % della figura
//             |                    |
//             |                    |
//             |                    |
//             |                    |
//(0.7,0.6)o-------------------

  leg->SetBorderSize(1);
  leg->SetLineColor(1);
  leg->SetLineStyle(1);
  leg->SetLineWidth(1);
  leg->SetFillColor(0);
  leg->SetTextSize(mytextsize1);
  leg->SetTextFont(mytextfont);
  leg->SetFillStyle(1001);

  // come collegare dati e simboli
  leg->AddEntry(hist0,"Data 0","l");
  leg->AddEntry(hist1,"Data 1","l");
  leg->AddEntry(hist2,"Data 2","p");
  leg->AddEntry(hist3,"Data 3","p");

  leg->Draw();

 Box->SaveAs("lesssimplefigure.pdf");
}
```

Codice 5.8 Macro Root che calcola istogrammi e introduce una legenda nella figura

Come si vede nel codice, il costruttore della classe TLegend richiede le coordinate degli spigoli inferiore sinistro e superiore destro della legenda all'interno della figura. Tali coordinate sono espresse in un sistema di riferimento in cui l'origine coincide con lo spigolo in basso a sinistra dell'intera figura. Queste coordinate sono specificate come percentuali della larghezza e dell'altezza della canvas per gli assi x e y, rispettivamente. L'output della macro è mostrato in Figura 5.7.

Analogamente, i dati possono essere visualizzati utilizzando le classi TGraph e TF1, che condividono molti degli stessi metodi e opzioni della famiglia di classi TH1. Nel codice 5.9, mostriamo come diverse classi possano gestire vari tipi di dati utilizzando metodi coerenti per visualizzarli nella stessa figura.

ID: 10.1007/978-3-032-35750-2 – 005 Date: October 16, 2026 Proof number: 1

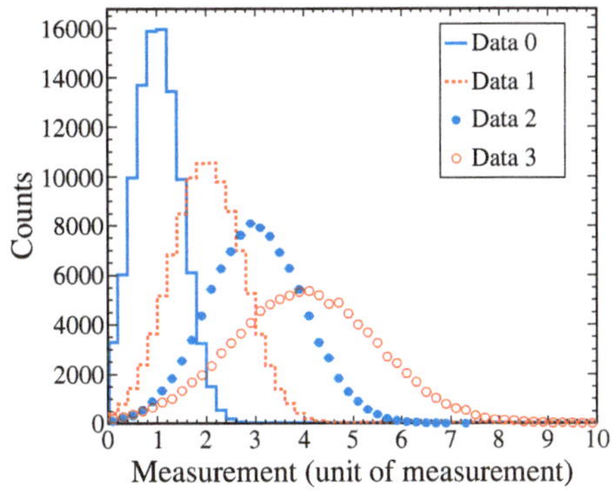

Figura 5.7 Esempio di rappresentazione di istogrammi multipli, con simboli diversi e una legenda

```
{
//impostazioni generali
int mymarkerstyle=20;
float mymarkersize=1.;
float mytextsize=0.065;
float mytextsize1=0.055;
int mytextfont=132; //times new roman...

TCanvas *Box = new TCanvas("Box","Box",600,500); //Costruttore 600pt x 550 pt
gStyle->SetOptStat(0); //nessuna informazione Stat
Box->SetFillColor(0);//Colore di sfondo, 0 significa bianco
Box->SetBorderMode(0);//Nessun bordo
Box->SetLeftMargin(0.17); //17% serve più spazio
Box->SetRightMargin(0.05);// 5% della larghezza della figura come margine destro
Box->SetTopMargin(0.07); //7% della larghezza della figura come margine superiore
Box->SetBottomMargin(0.12); //12% della larghezza della figura come margine inferiore

//Solo per avere dati da presentare
TH1D *hist0 = new TH1D("hist0","",50,0,10);


auto func = new TF1("func","gaus(0)",0,10);
func->SetParameters(100,1,0.5);
hist0->FillRandom("func",10000);

TH1D *hist1 = new TH1D("hist1","",50,0,10);
func->SetParameters(100,5,1.5);
hist1->FillRandom("func",10000);
//cambiamo i parametri per rappresentare una forma diversa
//della curva nella figura
```

```
func->SetParameters(1100,3,1);
//Usiamo l'oggetto variabile, e non il puntatore
//come esercizio con questo tipo di variabile
TGraphErrors measure("data.dat");
//operatore punto e non freccia per accedere al metodo!
measure.SetName("measure");

 hist0->GetYaxis()->SetTitleSize(mytextsize);
 hist0->GetXaxis()->SetTitleSize(mytextsize);
 hist0->GetXaxis()->SetLabelSize(mytextsize1);
 hist0->GetYaxis()->SetLabelSize(mytextsize1);
 hist0->GetXaxis()->SetTitleFont(mytextfont);
 hist0->GetYaxis()->SetTitleFont(mytextfont);
 hist0->GetXaxis()->SetLabelFont(mytextfont);
 hist0->GetYaxis()->SetLabelFont(mytextfont);
 hist0->GetXaxis()->SetNdivisions(510);
 hist0->GetXaxis()->CenterTitle(1);
 hist0->GetYaxis()->CenterTitle(1);
 hist0->GetXaxis()->SetTitleOffset(0.95);
 hist0->GetYaxis()->SetTitleOffset(1.3);//sposta il titolo
 hist0->SetTitle("");
 hist0->GetYaxis()->SetTitle("Conteggi");
 hist0->GetXaxis()->SetTitle("Misura (unità di misura)");
 hist0->SetLineColor(4);
 hist0->Draw();
 func->SetLineColor(2);
 func->SetLineStyle(2);
 func->Draw("same");
 measure.SetMarkerColor(3);
 measure.SetLineColor(3);
 measure.SetMarkerStyle(22);
 measure.Draw("samep");


TLegend *leg = new TLegend(0.6,0.7,0.9,0.9,NULL,"brNDC");
  leg->SetBorderSize(1);
  leg->SetLineColor(1);
  leg->SetLineStyle(1);
  leg->SetLineWidth(1);
  leg->SetFillColor(0);
  leg->SetTextSize(mytextsize1);
  leg->SetTextFont(mytextfont);
  leg->SetFillStyle(1001);
  leg->AddEntry(hist0,"istogramma","l");
  leg->AddEntry(func,"funzione","l");
//il metodo AddEntry richiede l'indirizzo di memoria dell'oggetto da collegare
//con il simbolo nella legenda
```

ID: 10.1007/978-3-032-35750-2 – 005 Date: October 16, 2026 Proof number: 1


```
//measure non è un puntatore, perciò usiamo l'operatore & per
    passare l'indirizzo di memoria
//al metodo
  leg->AddEntry(&measure,"misura","p");

  leg->Draw();

Box->SaveAs("mixlesssimplefigure.pdf");
}
```

Codice 5.9 Esempio di utilizzo delle classi TGraph, TF1

La ripetizione di frammenti di codice quasi identici può sembrare ridondante a prima vista, ma mette in evidenza il valore del riutilizzo del codice reso possibile dai metodi condivisi tra le diverse classi. Questo è un vantaggio significativo della programmazione orientata agli oggetti. Sebbene creare figure tramite un'interfaccia grafica sia semplice e non richieda conoscenze di programmazione, questo approccio diventa dispendioso in termini di tempo quando si affrontano analisi complesse che coinvolgono set di dati differenti. Al contrario, generare figure tramite codice richiede un investimento iniziale di tempo per la scrittura del programma. Tuttavia, una volta implementato, il codice può essere facilmente e rapidamente adattato per soddisfare le nuove esigenze di analisi dei dati. Questa flessibilità è chiaramente dimostrata negli ultimi tre esempi. Il file PDF prodotto dall'ultimo codice è presentato nella figura 5.8.

Negli esempi precedenti, ogni codice si concludeva salvando la figura prodotta in formato pdf, tutte queste sono state incluse in questo libro. Il formato PDF è ampiamente utilizzato per la sua portabilità e affidabilità, in particolare perché preserva il contenuto in una forma non modificabile. Tuttavia, se vogliamo modificare una figura, dobbiamo prima modificare e poi rieseguire il codice. Questo solleva la domanda: è possibile memorizzare una figura in un formato che eviti di rielaborare i dati (eseguire nuovamente il codice)? ROOT risponde a questa esigenza tramite la classe TFile, che consente di salvare dati e oggetti in un formato di file binario leggibile da ROOT. Questo ci permette di conservare i risultati di un'analisi e riutilizzarli successivamente senza ripetere ("girare") l'intero flusso di elaborazione dei dati.

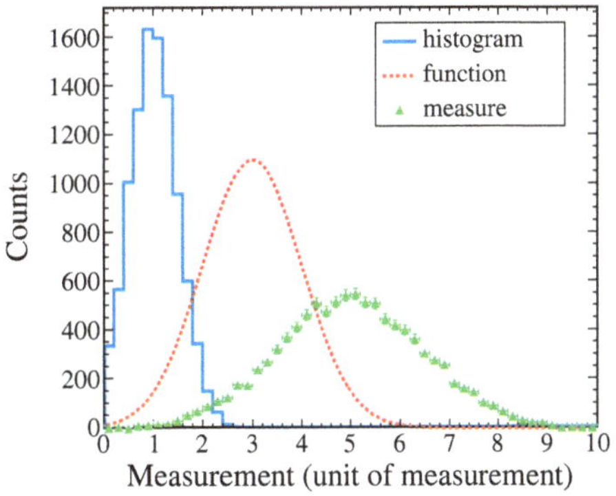

Figura 5.8 Esempio di rappresentazione di diversi tipi di dati

5.3.1.3 Salvare dati in un ROOT TFile

La sezione seguente illustra come ROOT, attraverso la classe TFile, permetta di salvare i dati elaborati in un file binario con estensione .root. Questo formato risulta compatto in termini di utilizzo della memoria ed è al tempo stesso molto efficiente in fase di lettura. ROOT consente di memorizzare direttamente oggetti di classe completi, come TH1F, preservando anche tutti i relativi metodi: un vantaggio significativo rispetto a formati di salvataggio più semplici. Il costruttore della classe TFile richiede il nome del file, comprensivo dell'estensione .root. Qualora il file esista già e si desideri sovrascriverlo, è possibile specificare l'opzione "RECREATE", che elimina il file esistente e ne crea uno nuovo con lo stesso nome. Per salvare un oggetto in un file ROOT è sufficiente invocare il metodo Write. Ad esempio, gli istogrammi generati nel codice 5.8 possono essere salvati in un file ROOT nel modo seguente:

```
{
//macro tfileme.C
//Solo per avere dati da rappresentare
TH1D *hist0 = new TH1D("hist0","",50,0,10);
TH1D *hist1 = new TH1D("hist1","",50,0,10);
TH1D *hist2 = new TH1D("hist2","",50,0,10);
TH1D *hist3 = new TH1D("hist3","",50,0,10);

auto func = new TF1("func","gaus(0)",0,10);
func->SetParameters(100,1,0.5);
hist0->FillRandom("func",100000);
func->SetParameters(100,2,0.75);
hist1->FillRandom("func",100000);
func->SetParameters(100,3,1);
hist2->FillRandom("func",100000);
func->SetParameters(100,4,1.5);
hist3->FillRandom("func",100000);
TFile *saveme = new TFile("histos.root","recreate");
hist0->Write();
hist1->Write();
hist2->Write();
hist3->Write();
saveme->Close();
}
```

Codice 5.10 Macro Root che calcola istogrammi e li salva in un file root

La macro mostrata nel codice 5.10 calcola quattro istogrammi, crea un file ROOT chiamato "histos.root" e vi memorizza tutti gli istogrammi. I file ROOT sono leggeri e possono essere facilmente letti dal framework ROOT. Possono essere aperti sia tramite una macro o da un programma compilato con le opportune librerie che dal terminale ROOT. Per aprire un file ROOT tramite terminale, è possibile eseguire il seguente comando: *root nomefile.root*. Questo avvia l'interprete ROOT e apre il

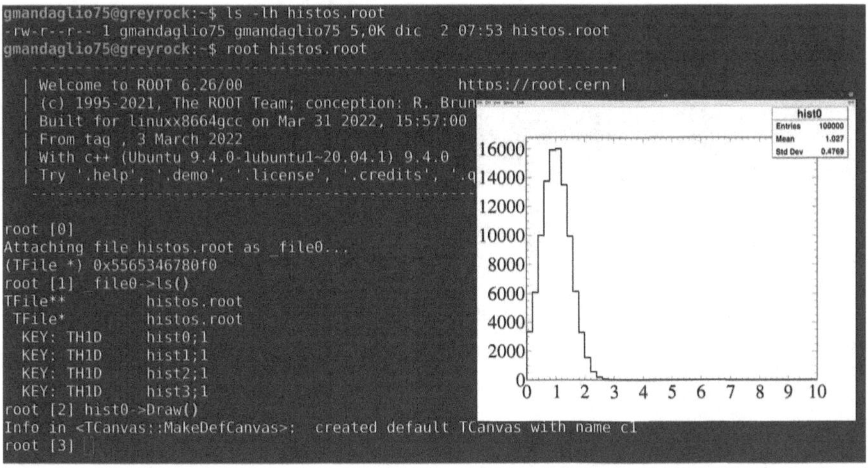

Figura 5.9 Apertura di un file root con l'interprete Root, disegno di un istogramma dell'oggetto TH1D hist1

file specificato. In alternativa, si può avviare l'interprete ROOT e poi aprire il file utilizzando un oggetto TFile *TFile *readme = new TFile("nomefile.root");* Tutti gli oggetti memorizzati nel file root sono riutilizzabili, come mostrato in figura 5.9.

Supponiamo di voler produrre una figura di alta qualità a partire da un oggetto memorizzato in un file ROOT. In tal caso, è sufficiente aprire il file ROOT all'interno di una macro, e poi possiamo personalizzare e generare la figura utilizzando la classe TCanvas e i metodi che abbiamo già imparato. In figura 5.10, abbiamo riutilizzato il codice di 5.8, rimuovendo le righe che calcolano gli istogrammi e sostituendole con un comando che apre il file ROOT. In generale, per flussi di lavoro di analisi dati complessi, è spesso più conveniente separare il codice che esegue l'elaborazione dei dati e salva i risultati da quello che produce le figure finali. Il primo tipo di codice si concentra sul calcolo e il salvataggio dei risultati, senza preoccuparsi della qualità delle figure. Successivamente, si può scrivere un codice dedicato per produrre grafici di alta qualità che presentino i risultati principali.

I file ROOT possono anche memorizzare dati derivati da misure, simulazioni o calcoli. Ad esempio, si immagini un sistema di monitoraggio che registra variabili ambientali, come temperatura, umidità, qualità dell'aria e pressione, ogni 10 secondi, oppure una simulazione che genera molte variabili diverse per evento. In questi casi, un modo semplice per memorizzare i dati è utilizzare un file ASCII, organizzando i dati in modo che ogni riga corrisponda a una misura o evento completo, e ogni colonna rappresenti una variabile specifica. Sebbene questo metodo possa essere pratico per piccoli insiemi di dati, è ancora efficiente quando si gestiscono dati su larga scala, milioni o addirittura miliardi di righe? Per rispondere a questa domanda, possiamo svolgere un semplice esercizio: scrivere un codice che simula un processo di misura ripetuto centinaia di milioni di volte. Utilizzeremo un approccio toy Monte Carlo per generare i dati, come illustrato nel seguente esempio:

ID: 10.1007/978-3-032-35750-2 – 005 Date: October 16, 2026 Proof number: 1

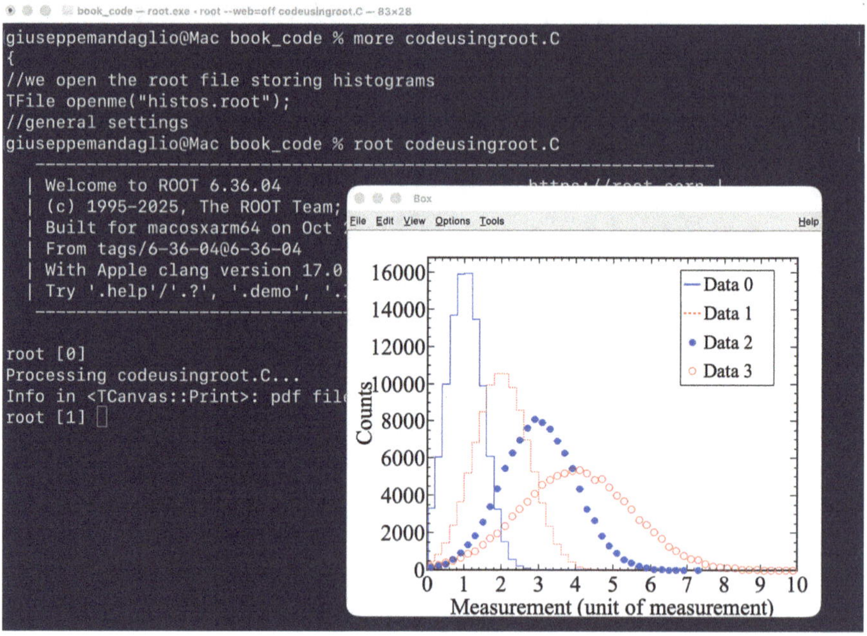

Figura 5.10 Esempio di utilizzo di un file root che memorizza istogrammi in un codice macro

```
{
//Classe per il generatore di numeri pseudo-casuali
TRandom3 genme(0);
ofstream writeme("data.dat");
for(int i=0;i<100000000;i++){
writeme<<i<<"  "<<genme.Gaus(0,0.5)<<"  "<<genme.Gaus(1,1.5)
<<"  "<<genme.Gaus(2,2.5)
<<"  "<<genme.Landau(1,1.5)<<"  "<<genme.Uniform()<<endl
}
writeme.Close();
}
```

Codice 5.11 Codice che simula misure ripetute

Il codice in 5.11 genera 100 milioni di insiemi di 5 numeri reali e li salva in un file ASCII chiamato "data.dat", che occupa circa 5,4 GB di spazio su disco. Riscrivendo il codice utilizzando la classe TFile per memorizzare i dati in un file ROOT e la classe TTree per organizzare i dati in una struttura ad albero, possiamo produrre un file binario, leggibile da ROOT, che sia significativamente più efficiente. Questo file ROOT binario richiede solo circa 1,8 GB di spazio, circa tre volte meno della versione ASCII, e il codice viene eseguito più velocemente rispetto all'originale.

```
{
//Classe per il generatore di numeri pseudo-casuali
TRandom3 genme(0);
float g1, g2, g3, l, u;
TFile saveme ("data.root","recreate");
TTree *mytree = new TTree("mytree","");
mytree->Branch("g1",&g1,"g1/F");
mytree->Branch("g2",&g2,"g2/F");
mytree->Branch("g3",&g3,"g3/F");
mytree->Branch("l",&l,"l/F");
mytree->Branch("u",&u,"u/F");

for(int i=0;i<100000000;i++){
g1 = genme.Gaus(0,0.5);
g2 = genme.Gaus(1,1.5);
g3 = genme.Gaus(2,2.5);
l  = genme.Landau(1,1.5);
u  = genme.Uniform();
mytree->Fill();
}
mytree->Write();
saveme.Close();
}
```

Codice 5.12 Codice che simula misure ripetute, organizzando i dati in una struttura ad albero fornita dalla classe TTree

L'esecuzione dei codici 5.11 e 5.12 è presentata in figura 5.11.

Un file ROOT contenente dati può essere aperto direttamente dal terminale o all'interno di una macro, utilizzando la classe `TFile`. Un modo è aprire il file direttamente dal terminale digitando:

```
root filename.root
```

In questo caso, ROOT genera automaticamente per voi la seguente istruzione:

```
TFile *_file0 = TFile::Open("filename.root");
```

In alternativa, una volta attivata la sessione ROOT, è possibile aprire il file utilizzando:

```
TFile openme("filename.root");
```

Questo comando funziona anche se incluso in una macro ROOT. ROOT mette a disposizione la classe `TBrowser` per esplorare il contenuto del file aprendo un'interfaccia grafica. Navigando nella struttura dei dati e cliccando su una delle foglie (che rappresentano le variabili memorizzate), ROOT calcolerà e mostrerà automaticamente l'istogramma corrispondente.

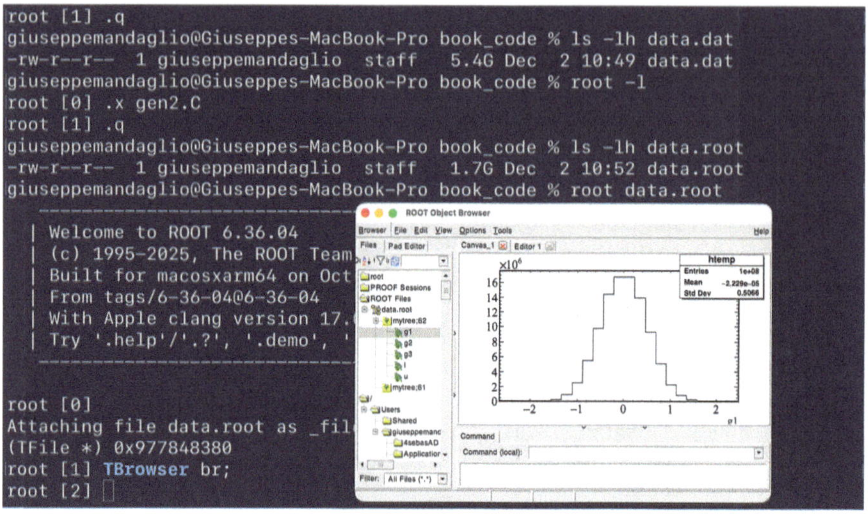

Figura 5.11 L'esecuzione dei codici 5.11 e 5.12, il controllo della dimensione dei file prodotti e l'apertura del file root tramite Root. Il file root viene esplorato utilizzando la classe TBrowser di Root

5.3.2 *Algebra degli istogrammi*

Le classi `TH1` offrono un'ampia gamma di metodi, non solo per stimare proprietà statistiche come la media, la deviazione standard e il bin corrispondente alla frequenza massima, ma anche per eseguire operazioni sugli istogrammi. Negli esempi presentati di seguito, illustreremo l'uso dell'addizione (`Add`), della moltiplicazione per una costante (`Scale`), della divisione (`Divide`) e della moltiplicazione tra istogrammi (`Multiply`). In sostanza, qualsiasi operazione lineare che si desideri eseguire sugli istogrammi può essere effettuata utilizzando questi metodi.

L'unico requisito è che gli istogrammi coinvolti siano definiti sullo stesso intervallo e abbiano lo stesso numero di bin. È importante ricordare che queste operazioni vengono eseguite bin per bin.

Esploriamo le potenzialità offerte dai metodi della classe, che permettono di costruire un'algebra degli istogrammi, attraverso il seguente esercizio. Due file, `daterelli.dat` e `daterelli2.dat`, contengono diversi insiemi di dati: il primo è strutturato in quattro colonne, mentre il secondo in due. Si richiede di caricare i sei insiemi di dati complessivi in altrettanti istogrammi, ciascuno definito nell'intervallo (0,10) e suddiviso in 50 bin.

Mostreremo innanzitutto una soluzione dettagliata utilizzando istogrammi individuali, come presentato nel codice 5.13.

ID: 10.1007/978-3-032-35750-2 – 005 Date: October 16, 2026 Proof number: 1


```
{ //usiamo due variabili ifstream per leggere i dati
ifstream read1("daterelli.dat");
ifstream read2("daterelli2.dat");
//riserviamo 6 istogrammi come richiesto
TH1D *h1 = new TH1D("h1", "", 50, 0, 10);
TH1D *h2 = new TH1D("h2", "", 50, 0, 10);
TH1D *h3 = new TH1D("h3", "", 50, 0, 10);
TH1D *h4 = new TH1D("h4", "", 50, 0, 10);
TH1D *h5 = new TH1D("h5", "", 50, 0, 10);
TH1D *h6 = new TH1D("h6", "", 50, 0, 10);
//definiamo il numero massimo di variabili necessarie per la
    lettura
double a, b, c, d;
//eseguiamo due cicli per leggere i dati e calcolare gli
    istogrammi
while (read2 >> a >> b) {
    h1->Fill(a);
    h2->Fill(b);
}
while (read1 >> a >> b >> c >> d) {
    h3->Fill(a);
    h4->Fill(b);
    h5->Fill(c);
    h6->Fill(d);
}
//chiudiamo i file dopo l'uso
read1.close();
read2.close();

//questo serve per averli tutti nello stesso box (canvas)
TCanvas *all = new TCanvas("all", "", 1200, 1000);
//dividiamo il box
all->Divide(2, 3);
//con cd ci spostiamo nei sotto-settori del box
all->cd(1);
h1->Draw();
all->cd(2);
h2->Draw();
all->cd(3);
h3->Draw();
all->cd(4);
h4->Draw();
all->cd(5);
h5->Draw();
all->cd(6);
h6->Draw();
}
```

Codice 5.13 Calcolo di istogrammi da diversi insiemi di dati, soluzione lunga

Mostriamo poi nel codice 5.14 la versione del programma che utilizza vettori di istogrammi; come si nota, il codice è molto più breve ed efficiente.

```
{ //usiamo due variabili ifstream per leggere i dati
ifstream read1("daterelli.dat");
ifstream read2("daterelli2.dat");
//dichiariamo un vettore di 6 indirizzi di variabili TH1D
TH1D *histo[6];
//riempiamo le variabili appena dichiarate con un ciclo
//Usiamo Form per creare dinamicamente le etichette interne degli istogrammi
//se definiamo due istogrammi con la stessa etichetta interna, root dà errore!!!
for(int i = 0; i < 6; i++) {
histo[i] = new TH1D(Form("h%d", i + 1), "", 50, 0, 10);
}
//definiamo il numero massimo di variabili necessarie per la lettura
double a, b, c, d;
//eseguiamo due cicli per leggere i dati e calcolare gli istogrammi
while (read1 >> a >> b >> c >> d) {
histo[2]->Fill(a);
histo[3]->Fill(b);
histo[4]->Fill(c);
histo[5]->Fill(d);
}
while (read2 >> a >> b) {
histo[0]->Fill(a);
histo[1]->Fill(b);
}
//Chiudiamo i file dopo l'uso
read1.close();
read2.close();
//Questo serve per averli tutti nello stesso box (canvas)
TCanvas *all = new TCanvas("all", "", 1200, 1000);
//Dividiamo il box
all->Divide(2, 3);
//Eseguiamo un ciclo per caricare le figure nei settori del box
for (int i = 0; i < 6; i++) {
//con cd ci spostiamo nei sotto-settori del box
all->cd(i + 1);
histo[i]->Draw();
}
//Salviamo la nostra figura su un file in formato PDF (sono disponibili vari formati: JPG, PNG, eps, PS, ecc.)
all->SaveAs("allfigures.pdf");
//da questo punto in poi nella macro, gli istogrammi sono stati calcolati e sono quindi disponibili per le nostre analisi
}
```

Codice 5.14 Calcolo di istogrammi da diversi insiemi di dati, soluzione più intelligente

ID: 10.1007/978-3-032-35750-2 – 005 Date: October 16, 2026 Proof number: 1

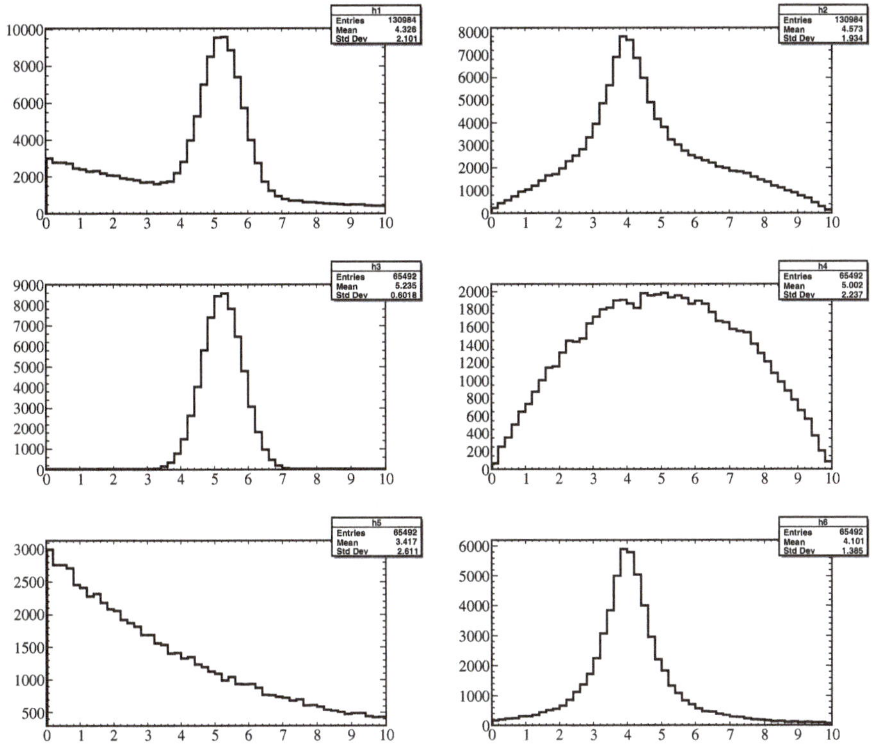

Figura 5.12 Rappresentazione nello stesso canvas dei 6 istogrammi caricati dai due file daterelli.dat e daterelli2.dat

La Figura 5.12 mostra gli istogrammi calcolati. I primi due istogrammi nei pannelli superiori della figura sono ottenuti dal file daterelli2.dat (2 colonne), mentre i restanti provengono dal file daterelli.dat (4 colonne). Osservando queste figure, invitiamo il lettore a trovare le somiglianze.

Qualche idea? . . . No. Nessun problema, rappresentiamo i nostri risultati in modo più leggibile, ad esempio forzando le scale dei conteggi ad essere tutte uguali e a coincidere con quella dell'istogramma con il valore massimo, che nel nostro caso è l'istogramma 1 (in questo caso, 10 000).

Per regolare la scala dell'asse y, abbiamo aggiunto le seguenti istruzioni di codice:

```
{
//da aggiungere a
for(int i = 0; i < 6; i++) {
    tutti->cd(i+1);
    // aggiungiamo questa istruzione all'interno del ciclo per forzare l'asse y
    // ad avere lo stesso intervallo di variabilità
```

```
    histo[i]->GetYaxis()->SetRangeUser(0, 10000);
    histo[i]->Draw();
}
tutti->SaveAs("figuratutti2.pdf");
}
```

Il risultato è mostrato in Figura 5.13. Sebbene questa figura mostri le stesse informazioni della precedente, risulta decisamente più facile da interpretare. Infatti, dopo una breve osservazione, diventa evidente che l'istogramma h1 sembra essere la somma degli istogrammi h3 e h5, mentre l'istogramma h2 sembra essere la somma degli istogrammi h4 e h6. Questa osservazione è corretta. I file di dati sono stati costruiti intenzionalmente in questo modo: il file a quattro colonne contiene i dati degli istogrammi originali a quattro componenti, mentre il file a due colonne riporta dati già combinati. In particolare, la prima colonna corrisponde alla somma dei dati degli istogrammi h3 e h5, mentre la seconda colonna combina i dati degli istogrammi h4 e h6.

Gli oggetti che abbiamo calcolato rappresentano un'opportunità ideale per testare il metodo di somma offerto dalla classe TH1D.

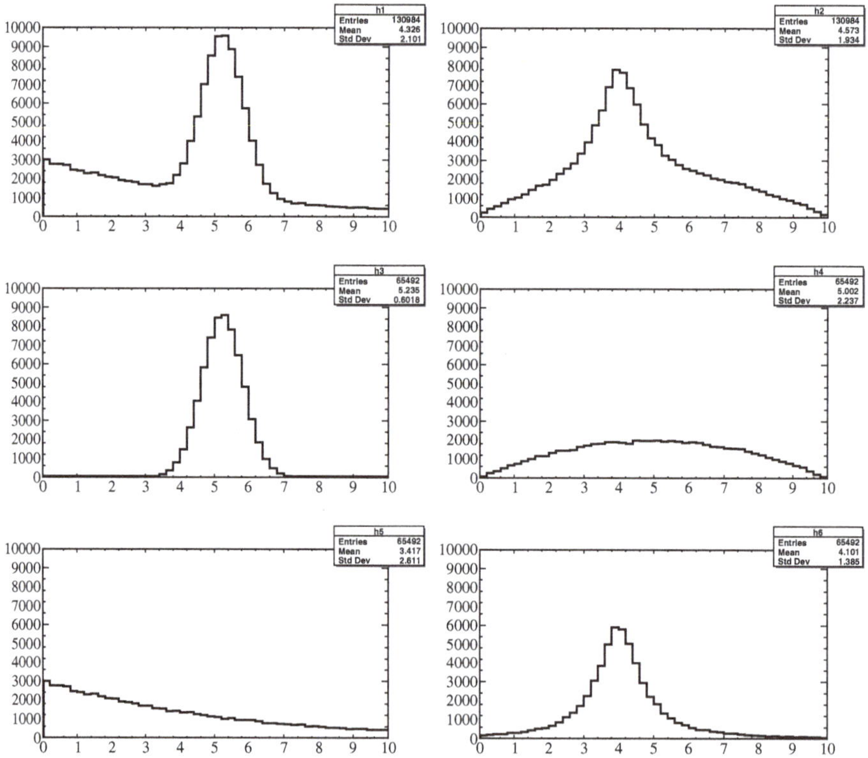

Figura 5.13 Rappresentazione nello stesso canvas dei sei istogrammi caricati dai due file daterelli.dat e daterelli2.dat, con lo stesso intervallo di variabilità per l'asse y

ID: 10.1007/978-3-032-35750-2 – 005 Date: October 16, 2026 Proof number: 1

L'addizione degli istogrammi viene eseguita utilizzando il metodo `Add`. Di seguito sono riportate due delle sue definizioni:

```
// Queste sono due delle definizioni del metodo
// Le costanti, se non definite al momento dell'uso, assumono
    valore 1
Bool_t Add(const TH1* h, const TH1* h2, Double_t c1 = 1, Double_t
     c2 = 1)  // *MENU*
Bool_t Add(const TH1* h1, Double_t c1 = 1)
```

Nella prima definizione del metodo, osserviamo che restituisce un valore booleano che indica se l'operazione è andata a buon fine. I parametri di input includono due puntatori a istogrammi e due costanti moltiplicative corrispondenti a ciascun istogramma. Questo metodo esegue effettivamente una combinazione lineare della forma:

$$h3 = c1 \cdot h1 + c2 \cdot h2$$

Da ciò, vediamo immediatamente che il metodo ci permette di effettuare somme e sottrazioni pesate di istogrammi. Il secondo metodo ci consente di sommare all'istogramma invocando il metodo, utilizzando la seguente sintassi:

$$h2 = h2 + c1 \cdot h1$$

Come esercizio, tracciamo l'istogramma `h1` e sovrapponiamolo alla differenza tra `h1` e `h3`, e osserviamo il risultato:

```
// Supponiamo di essere alla fine del codice che ha calcolato gli
     istogrammi
// Definiamo un istogramma nello stesso modo degli istogrammi che
     verranno sommati
TH1D *sum = new TH1D("sum", "", 50, 0, 10);
// Usiamo il metodo Add, ma notiamo che il coefficiente c2 in
    questo caso è -1
sum->Add(h1, h3, 1, -1); // c2 = -1 definisce una sottrazione
// Usiamo i metodi SetLine... per rendere le figure più visibili
h1->SetLineColor(1);
h1->SetLineStyle(1);
h1->SetLineWidth(2);
sum->SetLineColor(2);
sum->SetLineStyle(2);
sum->SetLineWidth(2);
// Creiamo una canvas
TCanvas *sss = new TCanvas("sss", "", 1200, 1000);
// Disegniamo il grafico sorgente
h1->Draw();
// Disegniamo il grafico risultante dalla nostra sottrazione
sum->Draw("same"); // l'opzione "same" sovrappone il grafico
     invece di sostituirlo
// Salviamo il file da includere in questo manuale
sss->SaveAs("diffhisto1.pdf");
```

ID: 10.1007/978-3-032-35750-2 - 005 Date: October 16, 2026 Proof number: 1

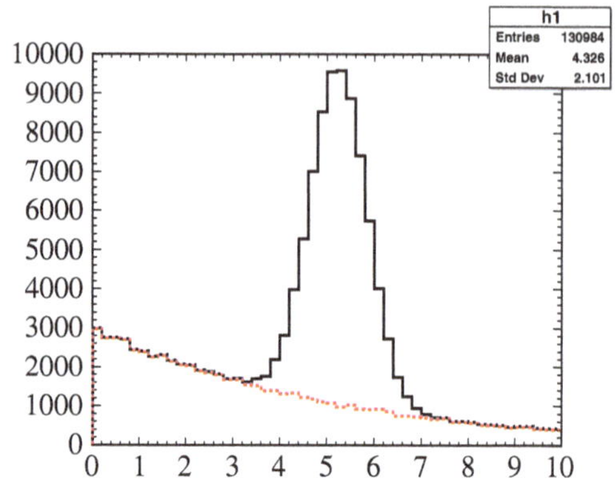

Figura 5.14 La linea continua rappresenta l'istogramma h1, mentre la linea tratteggiata è il risultato di h1 − h3

Come mostrato in Figura 5.14, la curva tratteggiata, ottenuta sottraendo l'istogramma `h3` da `h1`, coincide perfettamente con l'istogramma `h5`. Se siete scettici (che è sempre un buon atteggiamento nell'analisi dei dati), potete effettuare un ulteriore controllo sovrapponendo l'istogramma che abbiamo chiamato `sum` (`h1-h3`) con l'istogramma `h5` per verificare che coincidano effettivamente. **Nota:** quando fate questo, assicuratevi di cambiare gli stili di linea o i colori delle curve. Poiché gli istogrammi sono identici, senza stili distintivi potrebbe sembrare che una delle curve sia scomparsa a causa della completa sovrapposizione.

Un esercizio altrettanto utile è ripetere questa verifica utilizzando gli istogrammi `h2`, `h4` e `h6`. Infatti, nel pannello di sinistra della Figura 5.15, mostriamo l'istogramma `h2` (linea blu) e la differenza `h2 - h4` (linea rossa), che produce l'istogramma `h6`. Nel pannello di destra della stessa figura, mostriamo l'istogramma `h2` (linea blu) e la differenza `h2-h6` (linea rossa), recuperando l'istogramma `h4`.

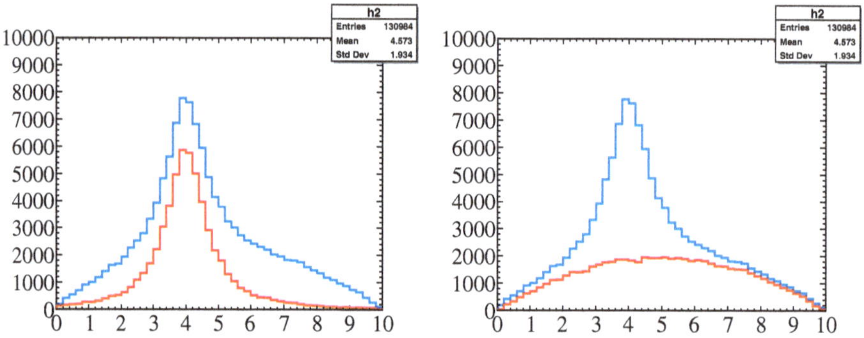

Figura 5.15 La linea blu rappresenta l'istogramma h2, mentre la linea rossa è il risultato di h2 − h4 a sinistra e h2 − h6 a destra

ID: 10.1007/978-3-032-35750-2 – 005 Date: October 16, 2026 Proof number: 1

5.3.3 Modellizzazione dei dati

La classe TF1 consente la creazione di oggetti che rappresentano una funzione definita su un intervallo specificato, adattata alle esigenze dell'utente. In questa sezione, utilizzeremo la forma più semplice del suo costruttore, la cui sintassi è mostrata di seguito:

```
// Costruttore
TF1(const char* name, const char* formula, Double_t xmin = 0,
    Double_t xmax = 1, TF1::EAddToList addToGlobList = EAddToList::kDefault)
// Esempio di funzione non parametrica; abbiamo omesso l'ultima
    opzione, che assume il valore di default.
TF1 *function1 = new TF1("function1", "sin(x)/x", -10, 10);
// Esempio di funzione parametrica
TF1 *function2 = new TF1("function2", "[0]*exp(-pow(x-[1],2)/[2])", 0, 7.4);
// In questo caso, abbiamo 3 parametri: [0], [1], [2]
```

Le funzioni create tramite la classe TF1 possono essere tracciate per generare una sequenza di valori oppure impiegate in forma parametrica per l'adattamento (fit) dei dati. Come vedremo più avanti, esse possono inoltre essere utilizzate per definire distribuzioni di dati che seguono la funzione di densità di probabilità da esse rappresentata.

Come esercizio, utilizzeremo gli istogrammi mostrati in Figura 5.12 per affrontare le seguenti domande: Gli andamenti osservati in questi istogrammi possono essere descritti da una funzione matematica? I parametri di tale funzione possono avere un significato fisico? Possono essere considerati come grandezze indirettamente misurabili?

Tra le distributioni mostrate in Figura 5.12, gli istogrammi h3 e h4 sembrano essere i più semplici. Il terzo istogramma assomiglia a una distribuzione gaussiana, mentre il quarto sembra seguire una curva parabolica, o più in generale, un polinomio di secondo grado.

ROOT fornisce un supporto integrato per forme funzionali comuni come gaussiane, polinomi (fino al nono grado) e altre funzioni, utilizzando parole chiave predefinite. Per estrarre i parametri della funzione gaussiana che può adattarsi alla distribuzione del terzo istogramma, possiamo utilizzare il codice 5.15:

```
{
 ifstream readfile("daterelli2.dat");
 // dichiariamo un array di 4 puntatori a variabili TH1D
TH1D *histo[4];
// usiamo un ciclo per riempire le variabili appena dichiarate
for(int i = 0; i < 4; i++){
    histo[i] = new TH1D(Form("h%d", i + 1), "", 50, 0, 10);
}
// Definiamo il numero massimo di variabili necessarie per la
    lettura
```

ID: 10.1007/978-3-032-35750-2 – 005 Date: October 16, 2026 Proof number: 1


```
double a, b, c, d;
// Eseguiamo due cicli per leggere i dati e calcolare gli
    istogrammi
while(readfile >> a >> b >> c >> d)
{
    histo[0]->Fill(a);
    histo[1]->Fill(b);
    histo[2]->Fill(c);
    histo[3]->Fill(d);
}
// chiudiamo il file dopo l'uso
readfile.close();

TCanvas *box = new TCanvas("box", "", 600, 500);

histo[2]->Draw();

//Usiamo direttamente la parola chiave gaus per
//Esegui un fit con una Gaussiana senza usare un TF1
histo[0]->Fit("gaus");
box->SaveAs("fitgaus.pdf");
}
```

Codice 5.15 Esempio di fit gaussiano con ROOT

Il risultato ottenuto eseguendo il piccolo codice che abbiamo appena scritto in ROOT è mostrato in Figura 5.16.

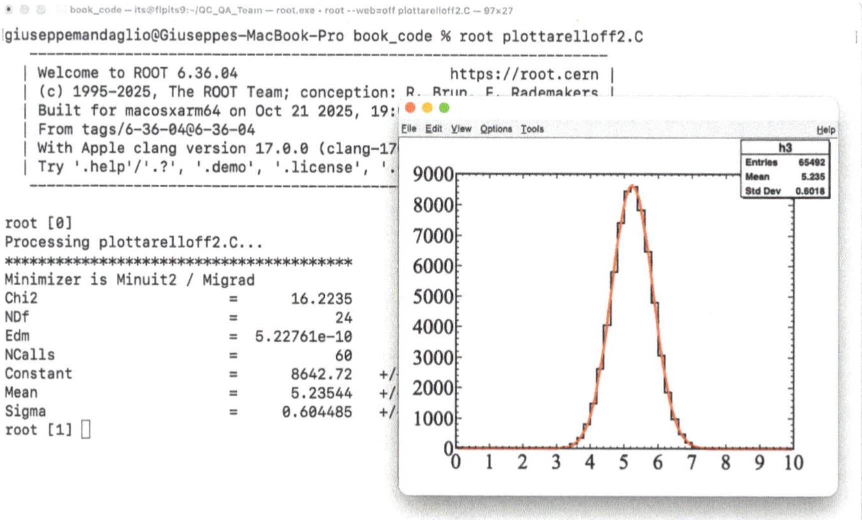

Figura 5.16 Screenshot che mostra l'esecuzione del codice che produce il fit gaussiano

ID: 10.1007/978-3-032-35750-2 – 005 Date: October 16, 2026 Proof number: 1

Come mostrato nello screenshot in Figura 5.16, dopo aver calcolato l'istogramma e averlo visualizzato tramite il metodo Draw(), il codice applica il metodo Fit con la parola chiave **gaus** per sovrapporre una curva gaussiana rossa al grafico dell'istogramma. In questo caso, il fit si adatta molto bene ai dati. L'interprete ROOT stampa anche una serie di dettagli statistici utili sul terminale: FNC fornisce il chi-quadro χ^2 del fit, indica l'algoritmo di minimizzazione utilizzato (MIGRAD), il numero di iterazioni effettuate prima di convergere al risultato finale e infine una lista dei parametri del fit insieme alle rispettive incertezze.

Questi valori possono anche essere recuperati attraverso il codice utilizzando i metodi della funzione TF1 di fit: GetParameter(indice del parametro) recupera un parametro specifico (dove l'indice parte da zero), GetParameters(puntatore a un vettore reale di dimensione opportuna) recupera tutti i parametri in una volta e li salva nel vettore il cui indirizzo è stato fornito al metodo, GetChisquare() restituisce il valore di χ^2, e GetNDF() restituisce il numero di gradi di libertà[1].

```
{
......
......
Proseguendo dal codice precedente
......
......
TCanvas *box = new TCanvas("box", "", 600, 500);

histo[2]->Draw();

//Usa direttamente la parola chiave gaus per
// eseguire un fit con una Gaussiana senza usare un TF1
histo[0]->Fit("gaus");
box->SaveAs("fitgaus.pdf");
cout << "Il chi2 del fit è " << gaus->GetChisquare() << endl;
//Il parametro 0 è l'ampiezza della Gaussiana
cout << "Il valore medio della Gaussiana è " << gaus->
    GetParameter(1) << endl;
cout << "La deviazione standard della Gaussiana è " << gaus->
    GetParameter(2) << endl;
}
```

Avremmo potuto implementare la funzione gaussiana indipendentemente come segue:

```
{
double low = 0., high = 100.; // gli estremi dell'intervallo di
    definizione della funzione
TF1 *funz = new TF1("funz", "[0]*exp(-pow(x-[1],2)/[2])", low,
    high);
}
```

[1] Conoscere i gradi di libertà è importante, in particolare perché permette di calcolare il χ^2 ridotto, definito come il χ^2 diviso per il numero di gradi di libertà.

ID: 10.1007/978-3-032-35750-2 – 005 Date: October 16, 2026 Proof number: 1

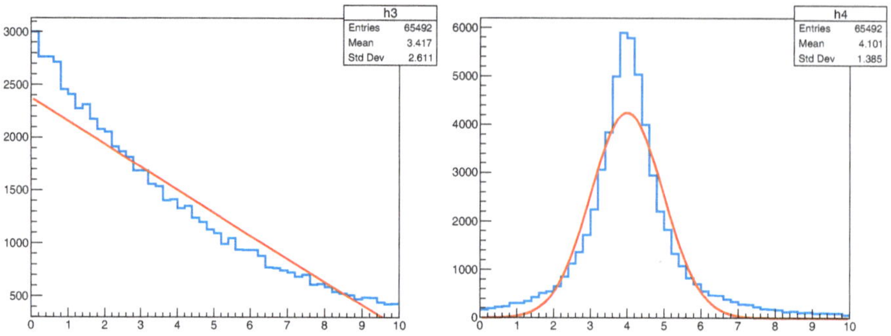

Figura 5.17 A sinistra l'istogramma n. 5 della figura 5.12 fittato con una retta; a destra l'istogramma n. 6 fittato con una gaussiana

È altrettanto semplice il fit dell'istogramma hist[1]; questo ha un andamento parabolico, e usando la parola chiave *pol2* come argomento del metodo Fit si ottiene immediatamente il fit corretto. Si lascia la soluzione al lettore per esercizio.

In questo esempio non abbiamo incontrato particolari difficoltà: la distribuzione è stata generata tramite un toy Monte Carlo che produce una gaussiana. Lo stesso risultato si può osservare ripetendo l'esercizio sul secondo istogramma, utilizzando una parabola. In entrambi i casi il fit risulta agevole; vedremo però più avanti che non sempre la procedura è così immediata.

Ora proviamo a modellizzare gli ultimi due istogrammi in Figura 5.12 con un fit. Per il quinto istogramma proviamo una retta, mentre per il sesto insistiamo con una gaussiana dato l'aspetto a picco dell'istogramma in esame. Il risultato del nostro tentativo è mostrato in Figura 5.17.

Osservando qualitativamente la figura 5.17, anche senza ricorrere al test del χ^2 o ad altri indicatori statistici, risulta immediatamente evidente che qualcosa non funziona: i modelli scelti non descrivono adeguatamente i dati. Proviamo quindi a ripetere l'esercizio adottando modelli più appropriati, utilizzando un polinomio di secondo grado nel primo caso e una funzione di Breit–Wigner nel secondo:

$$f(x) = A \cdot \frac{\Gamma^2/4}{(x-x_0)^2 + \Gamma^2/4}$$

parametrizzata come segue:

```
{
double low = 0., high = 10.; // gli estremi dell'intervallo di
    definizione della funzione
TF1 *funz = new TF1("funz", "[0]/(pow(x-[1],2)+[2])", low, high);
// dove il parametro [0] rappresenta l'ampiezza, [1] il punto di
    massimo, [2] la semi-larghezza.
```

ID: 10.1007/978-3-032-35750-2 – 005 Date: October 16, 2026 Proof number: 1

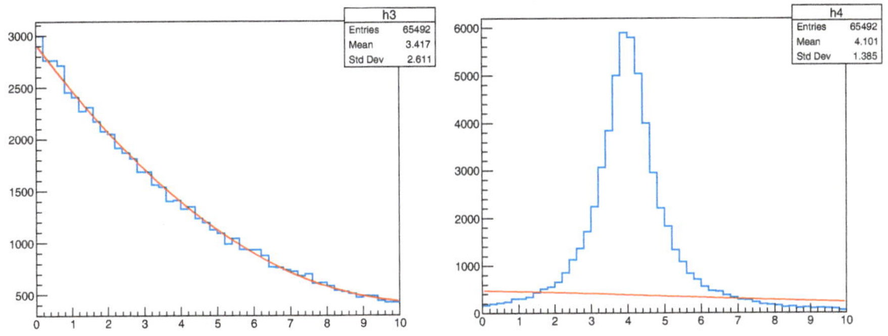

Figura 5.18 A sinistra l'istogramma n. 5 della figura 5.12 fittato con una parabola; a destra l'istogramma n. 6 fittato con una Breit-Wigner

utilizzando i seguenti codici:

```
{
histo[2]->Fit("pol2"); // usiamo la parola chiave pol2 per il
    polinomio di secondo grado
c1->SaveAs("fig1.pdf");
TF1 *funz = new TF1("funz", "[0]/(pow(x-[1],2)+[2])", 0, 10);
histo[3]->Fit("funz", "R"); // usiamo la nostra parametrizzazione
c1->SaveAs("fig2.pdf");
}
```

Otteniamo le figure 5.18.

Nella Figura 5.18, possiamo osservare che il polinomio di secondo grado fornisce un buon fit all'istogramma nel pannello superiore, mentre fallisce chiaramente nel modellizzare i dati dell'istogramma nel pannello inferiore.

Tuttavia, il modello utilizzato per il fit del pannello superiore è scorretto. I dati sono stati generati da una funzione esponenziale decrescente. L'apparente accordo tra il modello e i dati è puramente casuale—matematicamente, un polinomio di secondo grado può approssimare una curva esponenziale in modo ragionevole su un intervallo limitato. Questa approssimazione ha mascherato il fatto che il modello scelto non era quello corretto.

Al contrario, il modello è appropriato per l'istogramma del pannello inferiore. Ciò che è andato storto in questo caso non è il modello, ma piuttosto il comportamento dell'algoritmo di minimizzazione utilizzato nel processo di Fit. Questi algoritmi cercano di regolare i parametri del modello per adattarsi al meglio ai dati, ma la loro ricerca non prosegue indefinitamente. È possibile che il processo di fit converga verso un minimo locale della funzione di errore invece che verso il minimo globale desiderato, che è proprio ciò che è accaduto in questo caso.

Per risolvere tali problemi, è utile fornire alla funzione di fit dei parametri vicini alla soluzione attesa.

Proviamo a fittare nuovamente i dati, questa volta usando il metodo SetParameters(primo parametro, secondo parametro, ...) per suggerire valori iniziali vicini a

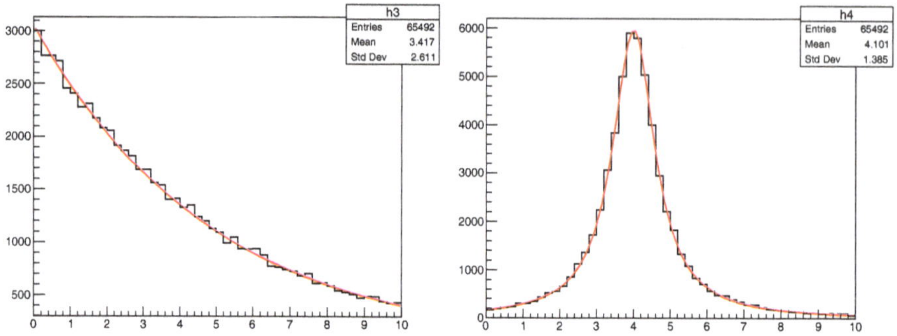

Figura 5.19 In alto è mostrato l'istogramma 5 della figura 5.12 fittato con un'esponenziale decrescente; in basso è riportato l'istogramma n. 6 fittato con una Breit-Wigner. In entrambi i fit, i parametri sono stati suggeriti prima di eseguire il fit

quelli corretti per il fit per la Breit-Wigner, e a utilizzare l'esponenziale decrescente al posto del polinomio:

```
{
// box per le figure
TCanvas *box = new TCanvas("box", "", 600, 500);
// Definiamo la Breit-Wigner
TF1 *funz = new TF1("funz", "[0]/(pow(x-[1],2)+[2])", 0, 10);
// Suggeriamo i parametri iniziali per il fit
funz->SetParameters(2000, 4, 0.5);
histo[3]->Fit("funz", "R");
box->SaveAs("fitebwsgiusta.pdf");
// Ripetiamo la stessa procedura per l'esponenziale
TF1 *funz2 = new TF1("funz2", "[0]*exp(-[1]*x)", 0, 10);
funz2->SetParameters(1, 1);
histo[2]->Fit("funz2", "R");
box->SaveAs("fitexpgiusta.pdf");
}
```

Il risultato dei codici corretti è mostrato in Figura 5.19.

Come mostrato in Figura 5.19, entrambi gli istogrammi sono descritti accuratamente dai modelli proposti.

Questa è una considerazione importante quando si confrontano i pannelli superiori delle Figure 5.18 e 5.19. I dati si adattano bene sia a un polinomio quadratico che a un'esponenziale decrescente in entrambi i casi. Quindi, quale modello dovremmo considerare affidabile? Entrambi i fit sono matematicamente validi; la differenza chiave risiede nell'interpretazione e nel tipo di informazione che vogliamo estrarre dai dati.

Ad esempio, se sappiamo che i dati rappresentano il comportamento di una popolazione di nuclidi radioattivi in decadimento, allora il modello esponenziale è più appropriato. Esso descrive bene i dati e permette di ricavare parametri fisici significativi, come la costante di decadimento.

In conclusione, l'adeguatezza di un modello dipende non solo da quanto bene si adatta ai dati, ma anche dal contesto e dalla natura del fenomeno studiato. Il modello scelto dovrebbe riflettere la struttura dei dati e le specifiche informazioni che si desidera ottenere da essi.

5.3.4 *Fit di istogrammi risultanti dalla sovrapposizione di più segnali*

In questa sezione, proveremo a fittare un insieme di dati che mostra una sovrapposizione di due segnali. Gli esempi più semplici da cui possiamo partire sono i primi due istogrammi mostrati in Figura 5.12. In questi due casi, sappiamo già che nel primo istogramma si sovrappongono una gaussiana e un'esponenziale, mentre nel secondo abbiamo una parabola e una Breit-Wigner.

Di seguito, forniamo un codice in grado di eseguire con successo i due fit:

```
{
    ifstream leggimi("daterelli2.dat");

    TH1D *hist[2];
    for(int i = 0; i < 2; i++) {
        hist[i] = new TH1D(Form("h%d", i), "", 50, 0, 10);
    }
    double a, b;
    while(sc >> a >> b) {
        hist[0]->Fill(a);
        hist[1]->Fill(b);
    }
    leggimi.close();

    TCanvas *grafici = new TCanvas("grafici", "", 1200, 600);
    grafici->Divide(2, 1);

    // Fit del primo istogramma composto da esponenziale + gaussiana
    TF1 *funz1 = new TF1("funz1", "[0]*exp(-[1]*x)", 0, 3);
    funz1->SetParameters(1, 1);
    funz1->SetParNames("a", "b"); // Assegnazione dei nomi ai parametri per evitare confusione nella definizione della funzione somma
    TF1 *funz2 = new TF1("funz2", "[0]*exp(-pow(x-[1],2)/[2])", 3.7, 6.3);
    funz2->SetParameters(1, 1, 1);
    funz2->SetParNames("c", "d", "e");
    funz2->SetLineColor(3);
```

ID: 10.1007/978-3-032-35750-2 – 005 Date: October 16, 2026 Proof number: 1


```
grafici->cd(1);

hist[0]->Draw();
hist[0]->Fit("funz1", "R"); // R significa che il fit è
limitato ai dati nell'intervallo di definizione della
funzione
hist[0]->Fit("funz2", "R+"); // L'opzione + permette di
sovrapporre il secondo fit nella figura
```

Come possiamo vedere in entrambi gli esempi, i dati sono stati prima fittati utilizzando le singole funzioni componenti, ciascuna applicata nella regione in cui ciascun segnale domina. Questa strategia garantisce che i parametri ottenuti da questi fit preliminari siano il più possibile vicini a quelli della funzione globale finale. Una volta completati questi fit preliminari, si definisce una funzione somma definita sull'intero intervallo dei dati.

Assegnando con attenzione nomi distinti ai parametri di ciascuna funzione componente, si evitano conflitti all'interno della funzione somma. Di conseguenza, la funzione somma utilizza automaticamente i parametri dei fit preliminari come valori iniziali per il fit globale. Il risultato è un ottimo fit complessivo dei dati tramite la funzione globale. Nella figura, i fit delle singole componenti sono mostrati in verde e rosso, mentre il fit totale della funzione somma è visualizzato in nero.

Dopo che il fit globale è stato eseguito con successo, la funzione somma contiene i valori corretti dei parametri per ciascuna componente. Tuttavia, poiché le funzioni componenti erano inizialmente definite su sottointervalli ristretti dell'istogramma, dobbiamo estendere i loro intervalli per coprire l'intero dominio dei dati se vogliamo visualizzare il fit globale completo insieme ai contributi delle singole

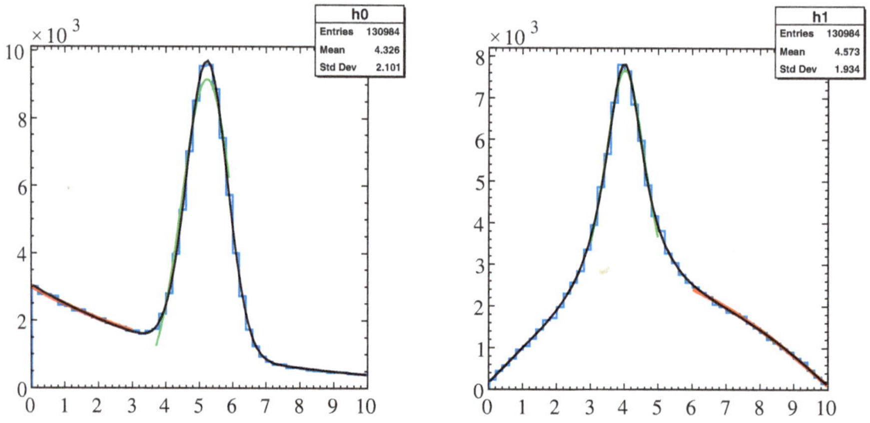

Figura 5.20 Nel pannello di destra della figura è mostrato il fit dell'istogramma hist[0], mentre nel pannello di sinistra è riportato l'istogramma hist[0]. Le curve blu rappresentano gli istogrammi, le curve verdi e rosse rappresentano i fit delle componenti, e le curve nere rappresentano il fit complessivo

componenti. Inoltre, è necessario un metodo per trasferire i parametri fittati dalla funzione somma alle funzioni componenti. Questo è illustrato nel codice 5.16:

```
{
 ifstream sc("daterelli2.dat");
 TH1D *hist=new TH1D("hist","",50,0,10);
 double a,b;
 while(sc>>a>>b)
 {
  hist->Fill(b);
 }

 // Fit dell'istogramma 6 composto da Breit-Wigner e parabola
 TF1 * fun1= new TF1("fun1","[0]/(pow(x-[1],2)+pow([2]/2,2))",
    3,5);       //((x-[2])*(x-[3])+[1]/4)[0]) forma alternativa
    della Breit-Wigner
  fun1->SetParameters(1,1,1,1);
  fun1->SetParNames("f","g","h","i");
  fun1->SetLineColor(3);
  TF1 * fun2= new TF1("fun2","[0]*x*x+[1]*x+[2]", 6,10);
  fun2->SetParameters(1,1,1);
  fun2->SetParNames("l","m","n");

 TCanvas * pippo = new TCanvas("pippo","",600,500);

  hist->Draw();
// Clonare l'istogramma di lavoro per mantenere una copia pulita
// non alterata dai processi di fit (solo un raffinamento grafico
   )
TH1D *pino = (TH1D*)hist->Clone();
// Eseguire i fit per le funzioni componenti
hist->Fit("fun1","R");
hist->Fit("fun2","R+");
// È ESSENZIALE definire la somma dopo aver fittato con fun1 e
    fun2
// la somma eredita automaticamente i parametri dai fit
    preliminari
TF1 * sum = new TF1("sum","fun1+fun2", 0, 10);
sum->SetLineColor(1);
// Fit globale con la funzione somma
hist->Fit("sum","R+");
// Contenitore per copiare i parametri dopo il fit globale
double parameters[6];
// Metodo per copiare tutti i parametri in un colpo solo
sum->GetParameters(parameters);
//sum->GetParameters(&parameters[0]); // comando equivalente,
    specificando da quale elemento iniziare la copia
// MOLTO IMPORTANTE -> Correggere l'intervallo di definizione
    delle funzioni componenti
```

ID: 10.1007/978-3-032-35750-2 – 005 Date: October 16, 2026 Proof number: 1

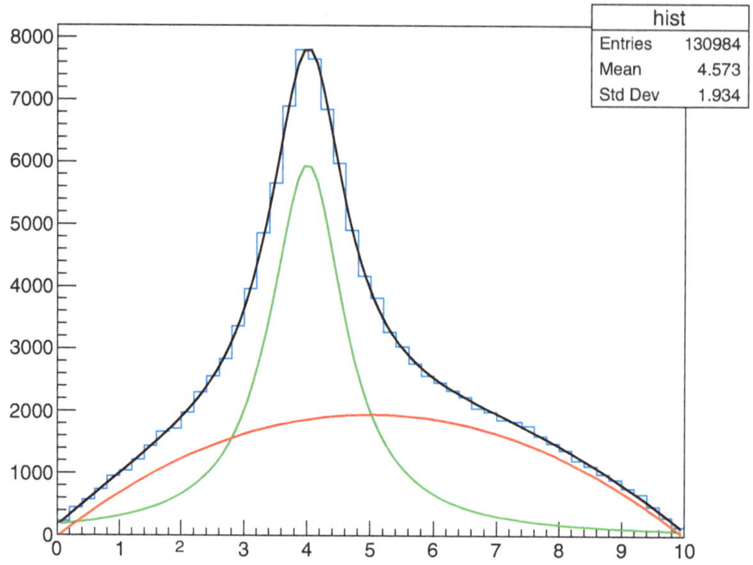

Figura 5.21 L'istogramma è mostrato in blu, il fit globale in nero, e le funzioni componenti con parametri derivati dal fit globale sono mostrate in rosso e verde

```
fun1->SetRange(0,10);
fun2->SetRange(0,10);
// Passa i parametri ottenuti dal fit globale ai componenti
fun1->SetParameters(&parameters[0]);
fun2->SetParameters(&parameters[3]);
pino->Draw();
// Sovrapponi il grafico pulito con la somma e le funzioni
   componenti
sum->Draw("same");
fun1->Draw("same");
fun2->Draw("same");
pippo->SaveAs("fitsecondo.pdf");
}
```

Codice 5.16 Esempio di fit gaussiano con ROOT

Il risultato di questo codice è mostrato in Figura 5.21.

5.3.5 *Riconoscimento e Sottrazione del Fondo*

Abbiamo imparato che la modellizzazione dei dati avviene in due passaggi. Prima, dobbiamo scegliere le funzioni che meglio si adattano ai dati, successivamente dobbiamo ottimizzare i parametri delle funzioni. L'ottimizzazione dei parametri, anche nel caso della migliore scelta delle funzioni, non è un compito banale. Se l'algoritmo di minimizzazione non riceve parametri inizializzati a valori vicini a quelli corretti, potrebbe non convergere ai valori ottimizzati dei parametri. Nel codice seguente, rappresentiamo un caso di segnali diversi sovrapposti a un fondo.

Presenteremo il codice progressivamente durante il processo di analisi. La prima azione è graficare i dati e osservare i risultati per ipotizzare quali funzioni debbano essere utilizzate nella procedura di fit, come riportato nel codice 5.17.

```
{
    TCanvas *window = new TCanvas("window", "window", 600, 500);
    ifstream dati1x("dati1x.dat");
    TH1D *histogram = new TH1D("Histogram", "", 100, 0, 20);
    double a;
    while (dati1x >> a) {
        histogram->Fill(a);
    }
    histogram->Draw();
    window->SaveAs("fiststep.pdf");
}
```

Codice 5.17 Codice che simula misure ripetute, organizzando i dati in una struttura ad albero fornita dalla classe TTree

Esaminando la Figura 5.22, è evidente che lo spettro è costituito da tre picchi sovrapposti su un fondo. I picchi possono essere modellizzati utilizzando funzioni

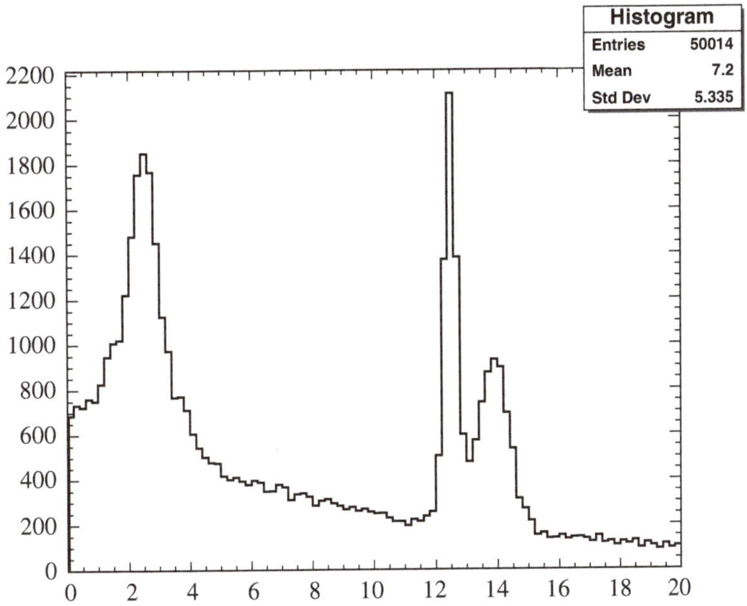

Figura 5.22 L'istogramma con tre segnali e un fondo

ID: 10.1007/978-3-032-35750-2 – 005 Date: October 16, 2026 Proof number: 1

di tipo Gaussiana o Breit-Wigner, mentre il fondo sembra seguire un andamento esponenziale. Ma come si determina se un dato picco è meglio descritto da una Gaussiana o da un profilo di Breit-Wigner? La risposta sta nel testare diverse ipotesi e valutare quale fornisce il miglior adattamento ai dati.

Nel nostro caso, questa analisi è già stata effettuata, e abbiamo determinato che il primo e il terzo picco sono meglio descritti da funzioni di Breit-Wigner, mentre il picco centrale è una Gaussiana. Tuttavia, invitiamo il lettore a esplorare ipotesi alternative e verificare se questa configurazione fornisce effettivamente il miglior fit.

Nel codice seguente, creiamo due cloni dell'istogramma originale (generato dalla metodo Clone della classe TH1). Il motivo per cui creiamo questi cloni sarà chiaro a breve. Definiamo quindi le singole funzioni che descrivono ciascun contributo, sia i picchi che il fondo.

Ogni funzione viene fittata nell'intervallo in cui il suo contributo è dominante, minimizzando l'interferenza delle altre. Questo ci permette di ottenere stime accurate dei parametri iniziali, che vengono poi utilizzate in un fit globale che coinvolge la somma di tutte le funzioni componenti.

```
{
    TCanvas *window = new TCanvas("window", "window", 600, 500);
    ifstream dati1x("dati1x.dat");
    TH1D *histogram = new TH1D("Histogram", "", 100, 0, 20);
    double a;
    while (dati1x >> a) {
        histogram->Fill(a);
    }
    histogram->Draw();
//     window->SaveAs("fiststep.pdf");
  // Crea una copia dell'istogramma originale
    TH1D *copy1 = (TH1D*)histogram->Clone();
    TH1D *copy2 = (TH1D*)histogram->Clone();
    // Definisci le funzioni componenti

    TF1 *exponential = new TF1("exponential", "[0]*exp(-x/[1])",
    4, 10);
    exponential->SetParameters(1, 1);
    exponential->SetParNames("Aparameter", "Bparameter");
    exponential->SetLineColor(2);
    exponential->SetLineStyle(2);

    TF1 *breit_wigner = new TF1("breit_wigner", "[0]/(pow(x
    -[1],2)+pow([2]/2, 2))", 1, 3.5);
    breit_wigner->SetParameters(1, 1, 1);
    breit_wigner->SetParNames("Cparameter", "Dparameter", "
    Eparameter");
    breit_wigner->SetLineColor(4);
```

ID: 10.1007/978-3-032-35750-2 – 005 Date: October 16, 2026 Proof number: 1


```
    TF1 *breit_wigner2 = new TF1("breit_wigner2", "gaus", 13, 15);
    breit_wigner2->SetParameters(1, 1, 1);
    breit_wigner2->SetParNames("Fparameter", "Gparameter", "Hparameter");
    breit_wigner2->SetLineColor(5);

    TF1 *gaussian = new TF1("gaussian", "gaus", 11.5, 13);
    gaussian->SetParameters(1, 1, 1);
    gaussian->SetParNames("Iparameter", "Lparameter", "Mparameter");
    gaussian->SetLineColor(3);

    histogram->Fit("exponential", "R");
    histogram->Fit("breit_wigner", "R+");
    histogram->Fit("breit_wigner2", "R+");
    histogram->Fit("gaussian", "R+");
    // Dopo aver fittato i componenti, definisci la funzione somma
    TF1 *sum_function = new TF1("sum_function", "exponential + breit_wigner + breit_wigner2 + gaussian", 0, 20);
    sum_function->SetLineColor(1);
    sum_function->SetLineStyle(3);

    histogram->Fit("sum_function", "R+");
    // Estrai i parametri statistici fondamentali dalla funzione somma
    double ndf = sum_function->GetNDF();
    double chi_square = sum_function->GetChisquare();
    double prob = sum_function->GetProb();

    cout << "Gradi di libertà: " << ndf << " Chi-Quadrato: " << chi_square << " Prob: " << prob << endl;
    cout << "Il chi-quadrato ridotto è: " << chi_square / ndf << endl;
    window->SaveAs("secondstep.pdf");

}
```

Codice 5.18 Codice che simula misure ripetute, organizzando i dati in una struttura ad albero fornita dalla classe TTree

Il codice, interpretato da ROOT, mostrato nel codice 5.18 minimizza prima i parametri di ciascuna funzione all'interno dei rispettivi intervalli di fit. Dopo questi fit preliminari, viene definita una nuova funzione come somma di tutte le funzioni componenti. Questa funzione composta da più contributi viene creata dopo i fit individuali per ereditare i valori dei parametri ottimizzati dai fit con le funzioni componenti. Questi valori iniziali sono già vicini alla soluzione ottimale e costituiscono un eccellente punto di partenza per il fit globale utilizzando la funzione somma.

```
root [0]
Processing sd.C...
 FCN=45.4231 FROM MIGRAD    STATUS=CONVERGED     198 CALLS         199 TOTAL
                     EDM=5.1775e-07    STRATEGY= 1      ERROR MATRIX ACCURATE
  EXT PARAMETER                                   STEP         FIRST
  NO.   NAME      VALUE            ERROR          SIZE      DERIVATIVE
   1  Aparameter   8.62934e+02   3.42046e+01   2.75038e-02  -4.97917e-05
   2  Bparameter   7.87128e+00   3.59799e-01   2.89227e-04  -2.00662e-03
 FCN=136.171 FROM MIGRAD    STATUS=CONVERGED     346 CALLS         347 TOTAL
                     EDM=5.96661e-08    STRATEGY= 1      ERROR MATRIX ACCURATE
  EXT PARAMETER                                   STEP         FIRST
  NO.   NAME      VALUE            ERROR          SIZE      DERIVATIVE
   1  Cparameter   1.98528e+03   8.41918e+01   9.18308e-02   1.92276e-05
   2  Dparameter   2.42995e+00   1.19890e-02   6.69790e-05  -1.06170e-02
   3  Eparameter   2.15468e+00   5.61310e-02   6.14955e-05  -3.03455e-02
 FCN=27.6873 FROM MIGRAD    STATUS=CONVERGED      77 CALLS          78 TOTAL
                     EDM=2.63525e-07    STRATEGY= 1      ERROR MATRIX ACCURATE
  EXT PARAMETER                                   STEP         FIRST
  NO.   NAME      VALUE            ERROR          SIZE      DERIVATIVE
   1  Fparameter   9.05875e+02   1.58270e+01   2.99139e-02  -6.26740e-05
   2  Gparameter   1.38566e+01   1.10675e-02   2.67078e-05   2.17387e-03
   3  Hparameter   6.26436e-01   1.31338e-02   1.44297e-05  -7.85091e-02
 FCN=496.095 FROM MIGRAD    STATUS=CONVERGED      86 CALLS          87 TOTAL
                     EDM=5.83341e-11    STRATEGY= 1      ERROR MATRIX ACCURATE
  EXT PARAMETER                                   STEP         FIRST
  NO.   NAME      VALUE            ERROR          SIZE      DERIVATIVE
   1  Iparameter   1.85978e+03   3.61291e+01   2.57522e-01  -1.61316e-07
   2  Lparameter   1.24994e+01   3.77854e-03   4.08490e-05   2.39642e-03
   3  Mparameter   2.73553e-01   4.68681e-03   3.69184e-05  -1.98152e-03
 FCN=113.926 FROM MIGRAD    STATUS=CONVERGED     617 CALLS         618 TOTAL
                     EDM=2.59767e-08    STRATEGY= 1  ERROR MATRIX UNCERTAINTY   4.4 per cent
  EXT PARAMETER                                   STEP         FIRST
  NO.   NAME      VALUE            ERROR          SIZE      DERIVATIVE
   1  Aparameter   6.20842e+02   1.33190e+01  -1.16314e-02  -5.34267e-07
   2  Bparameter   1.05623e+01   2.07058e-01   1.27229e-04   6.80348e-04
   3  Cparameter   5.43143e+02   2.96073e+01   1.74231e-02  -5.65817e-06
   4  Dparameter   2.48481e+00   1.05940e-02   2.51951e-06  -1.45925e-02
   5  Eparameter   1.25761e+00   3.91177e-02   2.02622e-05   3.06499e-03
   6  Fparameter   7.60371e+02   1.68194e+01  -1.42273e-02   6.17900e-06
   7  Gparameter   1.38737e+01   1.11765e-02   1.99857e-06   6.95162e-03
   8  Hparameter   5.06301e-01   1.09724e-02   6.25057e-06  -2.69276e-04
   9  Iparameter   1.86216e+03   3.72654e+01   1.20056e-02  -1.38324e-06
  10  Lparameter   1.24976e+01   3.94562e-03  -1.55961e-07  -1.07880e-02
  11  Mparameter   2.08392e-01   3.56730e-03   1.70195e-06   3.93593e-02
Degrees of freedom: 89 Chi-Square: 113.926 Prob: 0.0386369
The reduced chi-square is: 1.28007
Info in <TCanvas::Print>: pdf file secondstep.pdf has been created
root [1]
```

Figura 5.23 Esecuzione della macro di fit tramite l'interprete Root

Durante l'esecuzione, ROOT stampa i valori dei parametri fittati e le relative incertezze direttamente sul terminale. Al termine del processo, grazie all'implementazione nella macro, stampa anche il valore del chi-quadrato ridotto del fit globale, come mostrato in Figura 5.23.

Mentre in Figura 5.24, il risultato dei fit parziali (linee colorate) e del fit globale (linea tratteggiata).

L'ultimo passo consiste nel recuperare i parametri della funzione di fondo dal fit globale, restituire questi parametri alla classe TF1 del fondo e creare un istogramma rappresentante il fondo, come mostrato nel codice 5.19. Infine, è possibile procedere alla sottrazione del fondo utilizzando il metodo Add della classe TH1D.

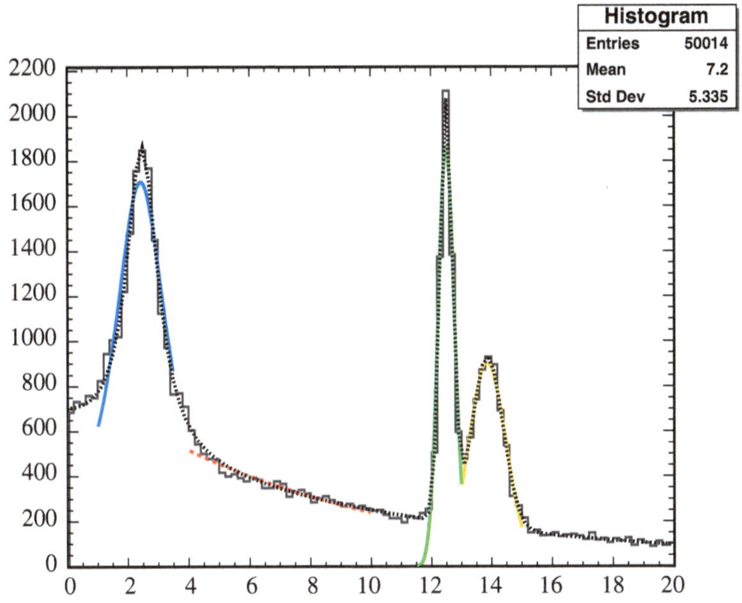

Figura 5.24 Dati linea continua, forma del primo picco adattata con una Breit-Wigner (linea blu), secondo picco con una Gaussiana (linea verde), ultimo picco con una Breit-Wigner (linea gialla), fondo esponenziale (linea rossa), fit globale linea tratteggiata

```
{
  // Da aggiungere al codice precedente!

  TCanvas *window2 = new TCanvas("window2", "window2", 600, 500);
  // Disegna la prima copia, libera dalle attribuzioni aggiunte dal fit
  copy1->Draw();
  double parameters[11];
  // Ottiene in un vettore i parametri della funzione somma dopo il fit globale
  sum_function->GetParameters(parameters);
  // Trasferisce i parametri del fit globale alle funzioni componenti
  exponential->SetParameters(&parameters[0]);
  breit_wigner->SetParameters(&parameters[2]);
  breit_wigner2->SetParameters(&parameters[5]);
  gaussian->SetParameters(&parameters[8]);
  // Modifica l'intervallo di definizione delle funzioni componenti
  exponential->SetRange(0, 20);
  breit_wigner->SetRange(0, 20);
  breit_wigner2->SetRange(0, 20);
  gaussian->SetRange(0, 20);
```

```
    exponential->Draw("same");
    window2->SaveAs("databackgd.pdf");
    TCanvas *window3 = new TCanvas("window3", "window3", 600,
    500);
    // Esegue la sottrazione del fondo!!!!!
    copy2->Add(exponential, -1);
    copy2->Draw();
    //copy2->Draw("same");
    window3->SaveAs("signals.pdf");
    TCanvas *window4 = new TCanvas("window4", "window4", 600,
    500);
    // Disegna le componenti
//    exponential->Draw("same");
    breit_wigner2->SetLineColor(2);
    gaussian->Draw();
    breit_wigner->Draw("same");
    breit_wigner2->Draw("same");
     window4->SaveAs("models.pdf");
}
```

Codice 5.19 Codice aggiuntivo da includere in 5.18 per passare i parametri stimati dal fit globale alle funzioni componenti

Sottraendo il fondo esponenziale dai tre segnali di picco, otteniamo il risultato riportato in Figura 5.25.

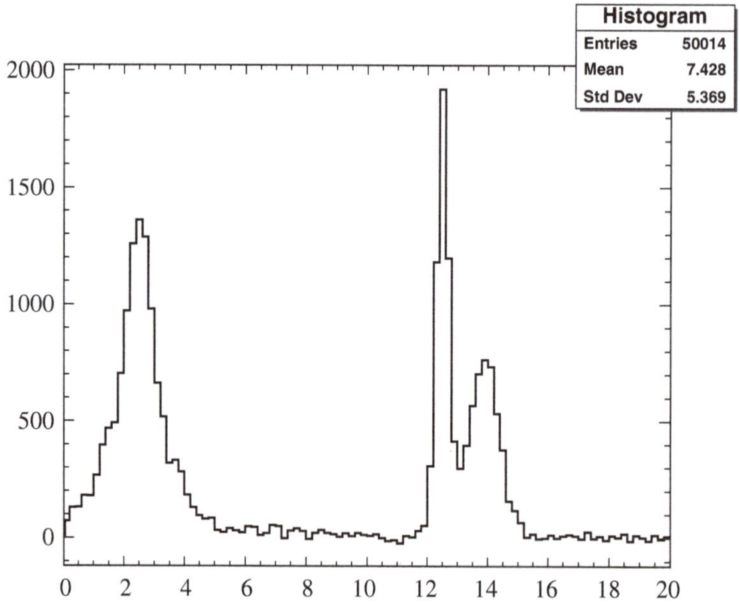

Figura 5.25 Istogramma dopo la sottrazione del fondo

ID: 10.1007/978-3-032-35750-2 – 005 Date: October 16, 2026 Proof number: 1

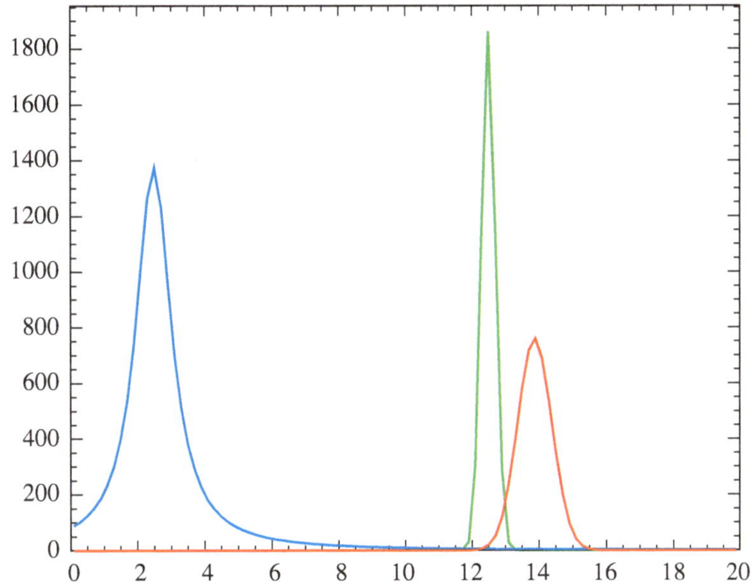

Figura 5.26 Funzioni di tutti i segnali

Osservando la Figura 5.25, vediamo che il primo picco è completamente isolato. Questo ci permette di integrare direttamente l'istogramma nell'intervallo da 0 a 6 per ottenere una stima affidabile del rate di conteggio per quel segnale. Tuttavia, la situazione è diversa per il secondo e il terzo picco, che si sovrappongono parzialmente—ognuno agendo come fondo per l'altro.

Come possiamo affrontare questo problema? Lo abbiamo risolto eseguendo un fit globale considerando tutti i contributi individuali.

Per stimare i conteggi del secondo e terzo picco, possiamo procedere in due modi: integrare direttamente le rispettive funzioni modello, utilizzando i parametri ottenuti dal fit globale (rappresentati dalle curve verde e rossa in Figura 5.26); oppure applicare un metodo di sottrazione del fondo, simile a quello utilizzato in precedenza per rimuovere il fondo esponenziale.

Invitiamo il lettore a provare entrambi gli approcci per stimare i rate di conteggio del secondo e terzo picco e a confrontare i risultati ottenuti con ciascun metodo.

5.3.6 *fit difficile*

Il paragrafo è stato intitolato "fit difficile" perché i dati sui quali viene effettuato il fit sono governati da una legge fisica che richiede particolare attenzione dal punto di vista dell'analisi matematica. Una volta nota la legge, è infatti necessario considerare anche le proprietà matematiche del modello utilizzato. In questo esempio

ID: 10.1007/978-3-032-35750-2 – 005 Date: October 16, 2026 Proof number: 1

Tabella 5.2 Tabella dei dati memorizzati nel file “datuzzi.dat”

θ_i (rad.)	R_p (mV)
0.441868	79.10
0.616312	53.20
0.790757	18.70
0.860534	9.16
0.965201	2.00
1.03498	7.60
1.06987	13.70
1.13965	43.45
1.20942	101.50
1.31409	249.20

vengono adottati fin dall’inizio parametri di innesco del fit prossimi a quelli ottimali; se invece fossero stati lasciati alla discrezione del lettore, ci si sarebbe accorti che la procedura di convergenza avrebbe presentato alcune difficoltà. Tali difficoltà non dipendono né dal numero limitato di iterazioni né dalla possibile presenza di minimi locali della funzione di minimizzazione, ma dal fatto che la funzione non è reale su tutto l’insieme dei numeri reali. È quindi fondamentale definire correttamente il dominio della funzione e scegliere valori iniziali dei parametri sufficientemente vicini a quelli reali, evitando configurazioni che introducano singolarità nel modello.

Supponiamo ora di aver effettuato un esperimento esaminando la relazione tra l’angolo a cui un fotorivelatore registra un segnale e la corrispondente misura dell’intensità del segnale misurata in millivolt (mV). I dati rilevanti sono forniti nel file datuzzi.dat e riassunti nella Tabella 5.2.

Supponiamo che la legge definita dalla funzione 4.1 governi la relazione tra le due quantità misurate, e che possiamo utilizzarla per eseguire un fit. Il seguente script 5.20 include tutte le opzioni impostate per produrre una figura che si presenti in modo chiaro e completo. In pratica, le uniche istruzioni essenziali per eseguire il fit sono contrassegnate nel codice sorgente con tre asterischi, dalle righe 20 a 25, tutto il resto serve a migliorare la legibilità della figura.

```
1  //codice con fit sui dati senza assegnazione dell'errore
2  // Script fitnoerr
3  {
4    int mymarkerstyle=20;
5    float mymarkersize=1.;
6    float mytextsize=0.065;
7    int mytextfont=132;
8    TCanvas *Canvas_1 = new TCanvas("Canvas_1", "Canvas_1",600,500)
       ;
9    Canvas_1->SetFillColor(0);
10   Canvas_1->SetBorderMode(0);
11   Canvas_1->SetBorderSize(2);
12   Canvas_1->SetLeftMargin(0.15);
13   Canvas_1->SetRightMargin(0.07);
14   Canvas_1->SetTopMargin(0.03);
```

```
 Canvas_1->SetBottomMargin(0.16);
// Canvas_1->SetGridx();
// Canvas_1->SetGridy();
 Canvas_1->SetTickx(1);
 gStyle->SetOptStat(1111);
 TF1 *ff=new TF1("ff","[0]*pow((sqrt(1-pow(sin(x)/[1],2))
                       -[1]*cos(x))/  (sqrt(1-pow(sin(x)/[1],2))
                       +[1]*cos(x)),2)",25*3.14/180,75*3.14/180)
   ;//***
 //parametri di inizializzazione
 ff->SetParameter(0,2320);//***
 ff->SetParameter(1,1.6);//***
 TGraph *pippo= new TGraph("datuzzi.dat");//**
 pippo->SetTitle("");
 pippo->GetXaxis()->SetTitleSize(mytextsize);
 pippo->GetYaxis()->SetTitleSize(mytextsize);
 pippo->GetXaxis()->SetLabelSize(mytextsize);
 pippo->GetYaxis()->SetLabelSize(mytextsize);
 pippo->GetXaxis()->SetTitleFont(mytextfont);
   pippo->GetYaxis()->SetTitleFont(mytextfont);
 pippo->GetYaxis()->CenterTitle(1);
 pippo->GetXaxis()->CenterTitle(1);
 pippo->GetYaxis()->SetTitleOffset(1.1);
 pippo->GetXaxis()->SetTitleOffset(1.10);
 pippo->GetYaxis()->SetTitle("R_{p} (mV)");
 pippo->GetXaxis()->SetTitle("#theta_{i} (rad.)");
 pippo->SetMarkerStyle(20);
 pippo->Draw("ap");
 pippo->Fit("ff");//***
 float mean,sigma,mean2,sigma2,chi,ndf;
 TLegend *leg = new TLegend(0.2,0.7,0.55,0.85,NULL,"brNDC");
 leg->SetBorderSize(0);
 leg->SetLineColor(1);
 leg->SetLineStyle(1);
 leg->SetLineWidth(1);
 leg->SetFillColor(0);
 leg->SetTextSize(0.05);
 leg->SetTextFont(132);
 leg->SetFillStyle(1001);
 mean=ff->GetParameter(0);
 sigma=ff->GetParError(0);
 mean2=ff->GetParameter(1);
 sigma2=ff->GetParError(1);
 chi=ff->GetChisquare();
 ndf=ff->GetNDF();
 leg->AddEntry(pippo,Form("#chi^{2} / ndf = %6.2f / %3.0f",chi,
   ndf),"");
 leg->AddEntry(pippo,Form("A=%5.2f #pm %5.2f",mean,sigma),"");
```

ID: 10.1007/978-3-032-35750-2 – 005 Date: October 16, 2026 Proof number: 1

Figura 5.27 Fit dei dati

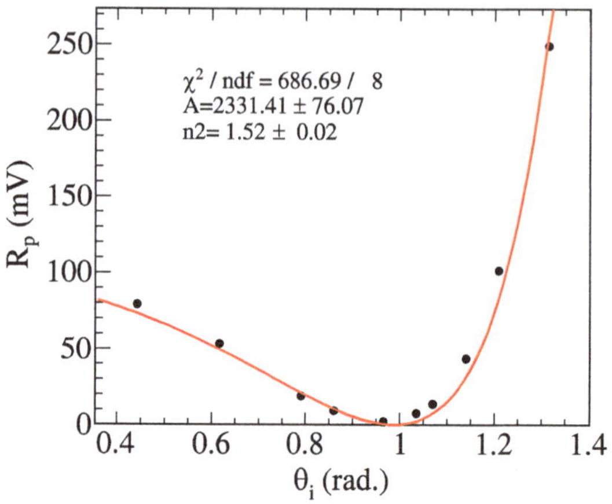


```
  leg->AddEntry(pippo,Form("n2=%5.2f #pm %5.2f",mean2,sigma2),"")
    ;
  leg->Draw();
  Canvas_1->SaveAs("fit.pdf");
}
```

Codice 5.20 Fit dei dati riportati nella Tabella 5.2

Il fit mostrato in Figura 5.27 sembra essere buono, la curva è molto vicina ai punti sperimentali e i parametri sono ragionevoli per la fisica che governa questo fenomeno. Tuttavia, la variabile χ^2 risulta grande, il che generalmente significa che il fit non è buono. Come dovremmo interpretare questo risultato? La nostra valutazione della qualità del fit è corretta, e il valore corrispondente di χ^2 è stato calcolato correttamente. L'apparente discrepanza nasce dal fatto che non abbiamo collegato i valori sperimentali con i rispettivi errori. Nella Tabella 5.3, mostriamo i dati in questione, includendo gli errori sperimentali relativi all'angolo e quelli associati all'intensità del fotorivelatore.

Tabella 5.3 Tabella dei dati comprensiva degli errori di misura, memorizzata nel file datuzzierr.dat

θ_i (rad.)	R_p (mV)	err. θ_i (rad.)	err. R_p (mV)
0.441868	79.10	0.0349067	5
0.616312	53.20	0.0349067	5
0.790757	18.70	0.0349067	5
0.860534	9.16	0.0349067	5
0.965201	2.00	0.0349067	5
1.03498	7.60	0.0349067	5
1.06987	13.70	0.0349067	5
1.13965	43.45	0.0349067	5
1.20942	101.50	0.0349067	5
1.31409	249.20	0.0349067	5

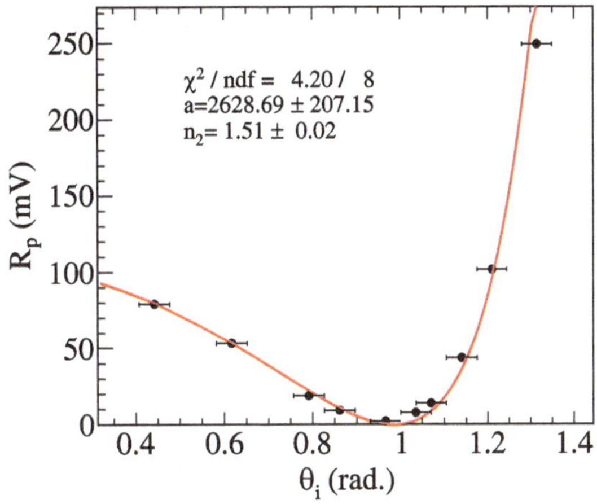

Figura 5.28 Risultato dello script utilizzando la classe TGraphErrors

Rifacciamo il fit e modifichiamo lo script usato in precedenza con un cambiamento minimo nel codice: passiamo dalla classe **TGraph** alla classe **TGraphErrors**, che ci permette di tenere conto degli errori sia sulla variabile x che sulla variabile y.

```
// script fitsierr.C
// tutto come nella macro precedente
// cambia solo la classe che gestisce
// il caricamento e la rappresentazione dei dati
// si passa da TGraph a TGraphErrors
.....
.....
TGraphErrors *pippo= new TGraphErrors("datuzzierr.dat");
.....
Canvas_1->SaveAs("fiterr.pdf");
```

Spieghiamo questa questione in maggior dettaglio. Il fit (la curva rossa nelle figure di questa sezione) ha un errore associato; non è privo di errore. Si noti che i parametri A e n_2 hanno incertezza nella figura. Se propaghiamo gli errori relativi a questi parametri nella formula descritta dalla funzione 4.1, otteniamo l'errore relativo al fit. Il risultato di questo secondo fit è leggermente diverso dal precedente, ma è in perfetto accordo entro i limiti degli errori sui parametri che volevamo determinare. Nel frattempo, il valore di χ^2 è significativamente più piccolo e coerente con la nostra percezione della qualità del fit. In questo secondo fit, l'algoritmo di minimizzazione ha tenuto conto dell'errore sperimentale, mentre nel primo fit, non includendo questa informazione, ha normalizzato gli scarti, fattori nel calcolo della variabile statistica χ^2, solo con l'errore commesso nel fit stesso.

5.4 Elaborazione e visualizzazione dei dati con gnuplot

Gnuplot è un potente strumento di grafica, risalente al 1986, ampiamente utilizzato per la visualizzazione e l'analisi dei dati. È noto per la sua versatilità e la capacità di generare grafici di alta qualità in vari formati. Gnuplot è uno strumento essenziale per scienziati, ingegneri e chiunque abbia bisogno di un ambiente di grafica professionale e di un robusto strumento per l'analisi dei dati. Lo sviluppo di gnuplot è totalmente supportato da un team di volontari che contribuiscono al mantenimento del codice, correggono bug, aggiungono nuove funzionalità e garantiscono che gnuplot rimanga aggiornato e funzionante su diverse piattaforme. Inoltre, è presente una vasta e attiva comunità di utenti che fornisce supporto tramite forum, mailing list e gruppi di discussione.

Gnuplot è compatibile con diversi sistemi operativi, tra cui Windows, macOS e Linux. Le istruzioni per installare le versioni più recenti si possono trovare alla pagina principale di gnuplot (http://gnuplot.info) o alla pagina source forge di gnuplot (https://sourceforge.net/projects/gnuplot/files/gnuplot/). È possibile produrre grafici 2D e 3D, supportando linee, punti, barre, superfici, trasparenze e contorni. I grafici possono essere ampiamente personalizzati con diversi stili, colori, etichette e annotazioni ed è possibile creare grafici animati in formato GIF.

Gnuplot è controllato da comandi inviati tramite teminale, nell'apposita shell generata dall'applicazione.Sono state comunque sviluppate alcune interfacce grafiche (GUI)a gnuplot e diversi programmi e linguaggi di programmazione ne supportano l'interfacciamento. Essendo basato su testo, gnuplot consente la scrittura di script per automatizzare compiti complessi di grafica o flussi ripetitivi di analisi dati. Oltre a tracciare funzioni matematiche ordinarie, gnuplot può leggere dati da varie fonti, inclusi file di testo, file binari e direttamente da database SQL. Permette inoltre un analisi statistica dei dati ed infine, ma non meno importante, gnuplot include funzionalità di fitting e supporta cicli e istruzioni condizionali. Sfruttando queste funzionalità, gli utenti possono creare script sofisticati che automatizzano la creazione di grafici, gestiscono più set di dati e generano visualizzazioni dinamiche in base a condizioni specifiche, rendendo gnuplot adatto ad applicazioni scientifiche e ingegneristiche. Come mostreremo in seguito, queste caratteristiche permettono anche la soluzione di semplici equazioni differenziali ordinarie tramite il metodo di Eulero. Nonostante questa ricchezza di funzionalità, gnuplot presenta una curva di apprendimento molto morbida che consente di padroneggiare rapidamente le basi; i comandi più complessi possono poi essere appresi con la pratica, anche perché è possibile accedere al sistema di 'help' incluso.

Considerata la sua facilità d'uso, gnuplot può essere utilizzato anche come sostituto di applicazioni quali i fogli di calcolo nella scuola secondaria superiore per analizzare i risultati di esperimenti di laboratorio o visualizzare funzioni matematiche.

ID: 10.1007/978-3-032-35750-2 – 005 Date: October 16, 2026 Proof number: 1

5.4.1 Primi passi

Dopo aver installato il software dal sito ufficiale o tramite il gestore di pacchetti del proprio sistema, l'utente avvia il programma digitando `gnuplot` nel terminale oppure facendo doppio clic sull'icona di gnuplot creata durante l'installazione. Si apre così una shell di gnuplot, pronta ad accettare comandi al prompt: `gnuplot>`. Sebbene solo i comandi di shell `cd ....` e `pwd` siano esplicitamente inclusi tra i comandi di gnuplot, è possibile utilizzare qualsiasi comando della shell Linux in diversi modi.

Questo può essere fatto utilizzando `! stringa comando`, come in:

```
gnuplot> !ls -l
total 7768
-rw-r--r--  1 ulderico  staff   16661 May 27 16:57 DataSet.odg
-rw-r--r--@ 1 ulderico  staff   17808 May 27 16:57 DataSet.pdf
-rw-r--r--  1 ulderico  staff   34283 Sep 13 17:46 Figure 0.pdf
-rw-r--r--@ 1 ulderico  staff   34859 Sep 13 17:47 Gnu_atan.pdf
-rw-r--r--@ 1 ulderico  staff   40414 May 23 22:27 Gnuplot1.png
-rw-r--r--@ 1 ulderico  staff    9205 May 26 19:59 Mydata.png
-rw-r--r--@ 1 ulderico  staff     826 Aug 28 12:35 cascade.gpl
-rw-r--r--@ 1 ulderico  staff    9402 Aug 28 12:38 cascade.png
-rw-r--r--@ 1 ulderico  staff   20306 Aug 25 11:07 cos2.png
.................................................................
.................................................................
```

Codice 5.21 Esempio di shell di gnuplot che esegue un comando di shell

Oppure può essere fatto anche con `system "ls"`.

Questa seconda forma può essere utilizzata per assegnare valori a variabili tramite input da tastiera digitando `mychoice = system("read mychoice; echo $mychoice")`, che assegna appunto alla variabile `mychoice` l'input fornito dalla tastiera.

La shell di gnuplot può essere utilizzata anche come calcolatrice tramite il comando `print`:

```
gnuplot> print 3+2
5
gnuplot> print exp(42)
1.7392749415205e+18
gnuplot> print 3/2
1
gnuplot> print 3./2
1.5
```

Codice 5.22 Esempio di shell di gnuplot usata per operazioni matematiche

Si noti che gnuplot utilizza sia l'aritmetica 'reale', sia 'intera' che 'complessa', come FORTRAN e C. Gli interi si inseriscono come "1", "-10", ecc.; i reali come "1.0", "-10.0", "1e1", "3.5e-1", ecc. Questo influenzerà i risultati della divisione, come si può vedere negli ultimi due esempi.

ID: 10.1007/978-3-032-35750-2 – 005 Date: October 16, 2026 Proof number: 1

Le costanti complesse si dichiarano come {<reale>,<immag>}, dove <reale>e <immag>devono essere costanti numeriche. Le componenti reale e immaginaria di un valore complesso si ottengono con `real(x)` e `imag(x)`, mentre il modulo è dato da `abs(x)`. L'unità immaginaria $\imath$ si ottiene scrivendo `{0.0, 1.0}`

```
a={1,2}
gnuplot> print real(a)
1.0
gnuplot> print imag(a)
2.0
gnuplot> print sqrt(-1)
{0.0, 1.0}
```

Codice 5.23 Definizione di un numero complesso in gnuplot

Poiché gnuplot può rappresentare graficamente solo valori reali, per graficare una funzione a valori complessi f(x) bisogna scegliere se rappresentare real(f(x)), imag(f(x)) oppure abs(f(x)).

Gnuplot supporta anche gli array come liste indicizzate di variabili definite dall'utente. Gli elementi di un array non sono limitati a un solo tipo di variabile. Tutti gli elementi di un array sono inizialmente indefiniti e la dimensione dell'array non può essere modificata dopo la creazione. Il numero di elementi in un array A è dato dall'espressione |A|. Gli array devono essere dichiarati esplicitamente tramite il comando `array`:

```
1  gnuplot> array A[6]
2  gnuplot> A[1] = 11
3  gnuplot> A[2] = 2.0
4  gnuplot> A[3] = {3.0, 1.0}
5  gnuplot> A[4] = "Furs"
6  gnuplot> A[6] = A[2]**2
7  gnuplot> print A
8  [11,2.0,{3.0, 1.0},"Furs", ,4.0]
9  gnuplot> array\index{gnuplot!array} B[5] = [11,2.0,A[3],"Furs" ,B
       [2]**2] ; print B
10 [11,2.0,{3.0, 1.0},"Furs",4.0]
11 gnuplot> print |A| , |B|
12 6 5
```

Codice 5.24 Definizione e uso di array in gnuplot

Si noti che nella riga 9 abbiamo usato un punto e virgola per inserire comandi consecutivi sulla stessa riga.

5.4.2 *Rappresentazione grafica di funzioni e dati*

Per rappresentare graficamente una funzione o dei dati, basta digitare semplici comandi al prompt di gnuplot. Il comando 'plot' permette di graficare funzioni matematiche o punti dati memorizzati in un file utente in formato testo. Nelle

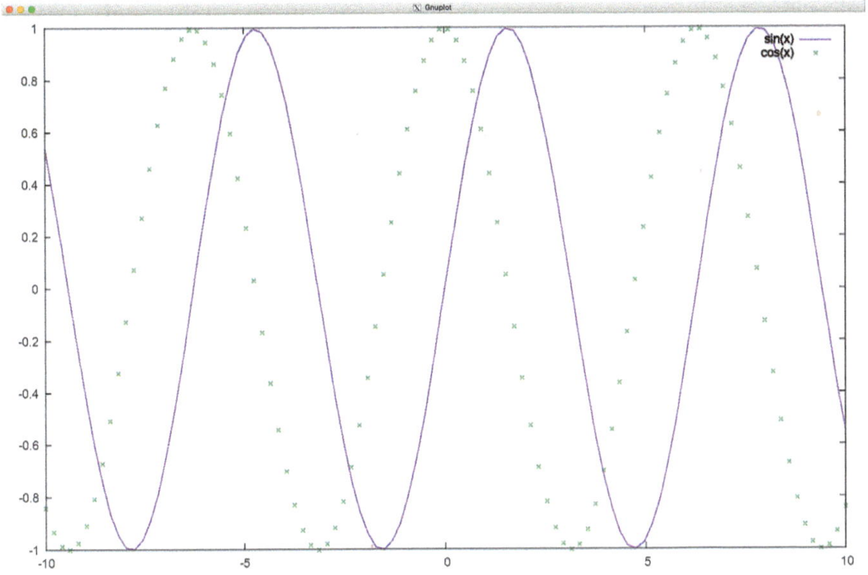

Figura 5.29 Output grafico del comando 'plot sin(x)'

espressioni matematiche, gnuplot rappresenta la funzione selezionando sull'asse x diversi punti equispaziati e valutando l'espressione in ciascun punto. Il numero di punti campionati è detto "samples". Per impostazione predefinita, gnuplot utilizza 100 punti. Il seguente comando inserito al prompt di gnuplot:

```
plot sin(x), 'cos.dat'
```

Codice 5.25 Rappresentazione grafica di una funzione matematica e di punti dati da un file di testo

produrrà il grafico in fig. 5.29 L'esempio mostra quanto sia semplice rappresentare graficamente funzioni matematiche e dati utente. Le funzioni matematiche, come vedremo, possono anche essere definite dall'utente mentre 'cos.dat' è un semplice file di testo contenente due colonne con i valori tabulati di Θ e $\cos(\Theta)$. Un file di dati può contenere diverse colonne e, se non diversamente specificato, vengono usate la prima e la seconda colonna per x e y. Nel comando precedente, la virgola separa le varie istanze di plot. Lo stesso risultato può essere ottenuto in un altro modo tramite il comando 'replot'

```
plot sin(x)
replot 'cos.dat'
```

Codice 5.26 Example of the use of 'replot' command

Nell'esempio, l'output viene visualizzato su un terminale X11, utilizzando i valori predefiniti per gli intervalli degli assi, lo stile delle linee e altri parametri grafici. Il terminale X11 dispone di una finestra interattiva che permette di effettuare zoom e variare gli intervalli delle coordinate con semplici gesti del mouse (digitando `h` sul grafico verrà stampato, nel terminale, un aiuto sulle possibili azioni). Questo semplifica l'esplorazione visiva dei dati senza dover ridisegnare il grafico, di contro l'output risulta piuttosto spoglio e poco accattivante, soprattutto per scopi di presentazione. D'altra parte, lo stesso grafico può essere facilmente reso più professionale aggiungendo alcune configurazioni. Questo si ottiene impostando alcuni parametri relativi agli attributi del grafico; il comando 'set' viene utilizzato a questo scopo con una sintassi molto intuitiva.

```
set terminal aqua enhanced font "arial,18"
set title 'Funzioni Trigonometriche' offset screen -0.2 font ",18" textcolor rgb "blue"
set zeroaxis linetype -1
set grid
set key box outside left
# primary X in radians
set xrange  [-4*pi:4*pi]
set xlabel  'Angolo (radianti)'
set xtics   pi   # major tic every π
set format  x  '%.2f'
# secondary X2 in degrees (linked to X)
set link x2 via (x*180./pi) inverse (x*pi/180.)
set x2label 'Angolo (gradi)'
set x2tics  180       #tic step
set format  x2 '%.0f'
set ylabel 'Ampiezza funzione'
plot sin(x) title 'sen(x)',  cos(x) w p pt 7 ps 2 lc rgb 'red' title 'cos(x)'
```

Codice 5.27 Esempio di personalizzazione di un grafico

Il codice 5.27 produrrà il grafico in figura 5.30, dove viene utilizzato il terminale 'aqua'. Il terminale Aqua è meno interattivo, ma offre una grafica migliore e opzioni di salvataggio più avanzate (lo stesso vale per il terminale 'wxt' su installazioni Windows). Il resto dello script illustra come impostare il titolo (font e posizione), l'asse di riferimento dello zero, la griglia, le etichette degli assi, la posizione della legenda (key) e un secondo asse x (x2) con tacche in gradi, mostrando la possibilità di assi collegati.

Sebbene alcune opzioni dei comandi possano essere lunghe da digitare, la maggior parte di esse può essere abbreviata per velocizzare la scrittura:

```
set title 'Trigonometric function' offset screen -0.5 font "arial,22" textcolor rgb "blue"
set tit 'Trigonometric function' off sc -0.5 font "arial,22" tc rgb "blue"
......
plot sin(x) title 'sin(x)', 'cos.dat' with points pointtype  15 title 'cos(x)'
plot sin(x) t 'sin(x)', 'cos.dat' w p pt 15 t 'cos(x)'
```

Codice 5.28 Esempio di abbreviazioni dei comandi

ID: 10.1007/978-3-032-35750-2 – 005 Date: October 16, 2026 Proof number: 1

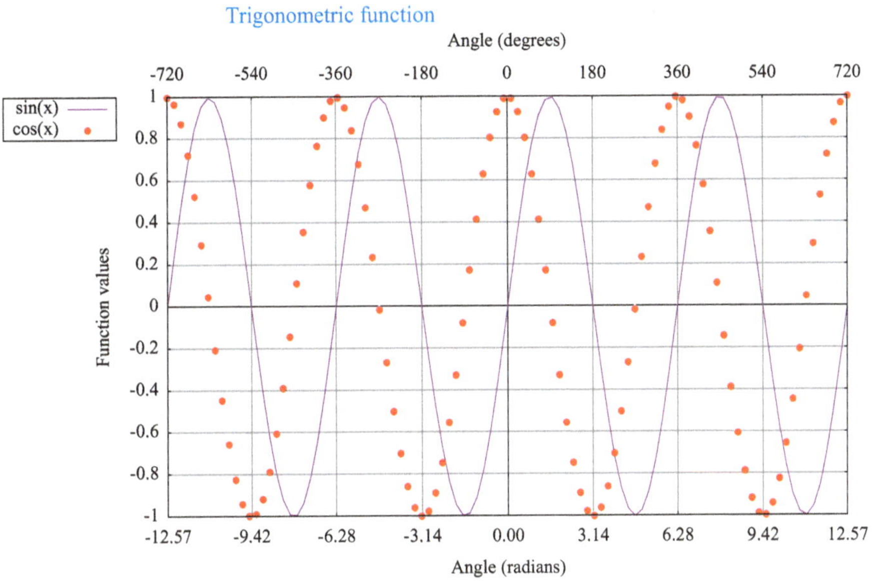

Figura 5.30 Stesso grafico della Fig.5.29, con alcune personalizzazioni

Gnuplot supporta molti formati di output su diversi terminali, inclusi file grafici come PNG, PDF, jpg, LaTeX, tkz e pstricks; digitare 'set terminal' per un elenco completo. Impostando un tipo di terminale, l'output del grafico verrà formattato di conseguenza. In questi casi, spesso è necessario reindirizzare l'output del grafico su un file con l'estensione corretta; altrimenti, verrà inviato alla finestra di gnuplot, riempiendola di testo o codice binario a seconda del formato grafico utilizzato. Ad esempio, per ottenere il grafico in fig. 5.29 come file png, si dovrebbero inserire i seguenti comandi:

```
set term png              # o qualsiasi altro formato grafico
set out 'myplot.png'      # nome file con estensione corrispondente
plot sin(x), 'cos.dat'
set out                   # ritorna all'output standard
set term x11              # ritorna al terminale preferito
```

Codice 5.29 Salvataggio di un grafico come file grafico tramite la shell di gnuplot

È anche possibile inviare i dati o le funzioni tracciate in forma tabellare a un file di testo, scrivendo sia le ascisse che le ordinate di ogni linea tracciata come coppia di colonne. Questo si ottiene con i comandi 'set table <outfile >':

```
set table 'mycos.txt' # crea o sovrascrive il file di output
p [-8:-6] 'cos.dat'   # [-8:-6] fissa i limiti dell'intervallo x
unset table           # ritorna all'output standard
```

Codice 5.30 Salvataggio di un grafico come file di testo tramite la shell di gnuplot

ID: 10.1007/978-3-032-35750-2 – 005 Date: October 16, 2026 Proof number: 1


```
# Curve 0 of 1, 100 points
# Curve title: "cos(x)"
# x y type
-8 -0.1455  i
-7.9798 -0.125485  i
-7.9596 -0.105418  i
-7.93939 -0.0853085  i
-7.91919 -0.0651641  i
-7.89899 -0.0449931  i
-7.87879 -0.0248037  i
-7.85859 -0.00460421  i
-7.83838  0.0155972  i
-7.81818  0.0357922  i
-7.79798  0.0559726  i
-7.77778  0.0761301  i
-7.75758  0.0962566  i
-7.73737  0.116344  i
-7.71717  0.136384  i
-7.69697  0.156368  i
-7.67677  0.176288  i
-7.65657  0.196136  i
-7.63636  0.215904  i
-7.61616  0.235585  i
-7.59596  0.255169  i
-7.57576  0.274648  i
-7.55556  0.294016  i
-7.53535  0.313264  i
-7.51515  0.332384  i
-7.49495  0.351368  i
-7.47475  0.370209  i
-7.45455  0.388899  i
-7.43434  0.40743  i
-7.41414  0.425795  i
```

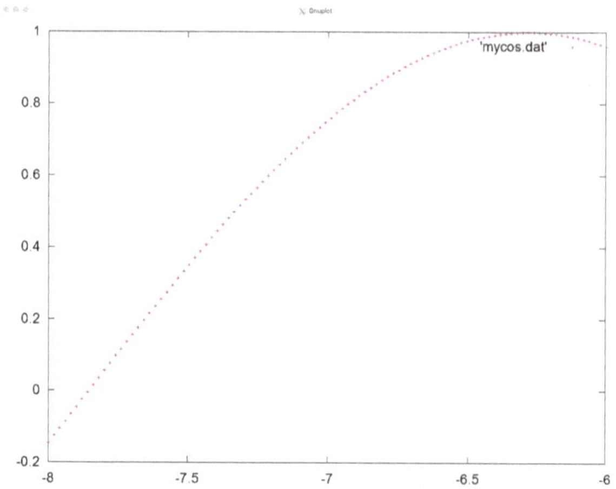

Figura 5.31 Il file di output 'tabled' del comando 'plot' e la finestra X11 con lo stesso comando

che produrrà l'output in fig. 5.31 Se 'outfile' esiste, verrà sovrascritto a meno che non venga specificata la parola chiave 'append' dopo <outfile> `set table 'mycos.txt' a`.

In questo esempio, abbiamo limitato l'intervallo x del comando 'plot' per evidenziare il carattere di flag che segue i dati tabulati. Sarà 'i' se il punto è nell'intervallo attivo, 'o' se è fuori intervallo, oppure 'u' se è indefinito.

Utilizzando `set out 'filename'` o `set table 'filename'` è quindi possibile reindirizzare l'output di 'plot', ma anche l'output di 'print' (che di default va sullo schermo) può essere reindirizzato a un file tramite `set print 'filename'`, con o senza l'opzione 'append' come per 'set table'. In questo caso, il formato di ogni riga di output è quello del corrispondente comando 'print'.

```
gnuplot> print '1 2 3 4 5 bar  foo'
1 2 3 4 5 bar  foo
print sqrt(2.)
1.4142135623731
gnuplot> set print 'useless.dat' # reindirizza print su file
gnuplot> print '1 2 3 4 5 bar  foo'
gnuplot> print sqrt(2.)
gnuplot> set print  # torna all'output standard (schermo)
```

ID: 10.1007/978-3-032-35750-2 – 005 Date: October 16, 2026 Proof number: 1


```
gnuplot> !cat\index{shell!cat} useless.dat  # esegue il comando
    di shell\index{shell} 'cat'
1 2 3 4 5 bar  foo
1.4142135623731
gnuplot>
```

Codice 5.31 Reindirizzamento dell'output stampato di gnuplot su un file

Come si può vedere, la maggior parte dei comandi di gnuplot è quasi autoesplicativa, anche per chi non parla inglese, e talvolta può persino essere indovinata. Nel caso in cui venga utilizzato il comando 'unset <something >', si ritorna allo stato predefinito di <something >. In ogni caso, un comodo comando `help` ricorda all'utente la sintassi e le opzioni dei comandi.

```
gnuplot> help
 `Gnuplot` is a portable command-line driven graphing utility for
     Linux, OS/2, MS Windows, OSX, VMS, and many other platforms.
     The source code is copyrighted but freely distributed (i.e.,
     you don't have to pay for it). It was originally created to
    allow scientists and students to visualize mathematical
    functions and data interactively, but has grown to support
    many non-interactive uses such as web scripting. It is also
    used as a plotting engine by third-party applications like
    Octave. Gnuplot has been supported and under active
    development since 1986.
..........

Help topics available:
    2D                 3D                 Features          PM3D
    argv               arrays             automated
    autoscale
    background         batch/interactive  beeswarm          binary
    bugs               call               canvas
    cardinality
    changes            circle             colornames
    colorspec
    command-line-options                  commands
    comments
    complete           complex            constants
    coordinates
    csv                dashtype           data-file
    datafile
    datastrings        demos              deprecated        ellipse
    elliptic           enhanced           environment       escape
    expressions        fenceplots         fillcolor
    filledcurves
Press return for more:
..........
    startup            stats              string            style
```

```
   substitution        surface             syntax              time/
   date
   unset               using               while\index{ciclo!while}
                 xticlabels
```

Codice 5.32 Output della shell al comando 'help'

5.4.3 Variabili e funzioni definite dall'utente

Oltre alle funzioni matematiche standard già definite, gli utenti possono definire variabili locali e funzioni che possono essere utilizzate anche nel comando plot. Le funzioni sono limitate a dodici parametri e includono funzioni su stringhe. In generale, qualsiasi espressione matematica accettata da C, Python e FORTRAN può essere utilizzata, e la maggior parte degli operatori accetta argomenti interi, reali e complessi. Si noti che l'elevamento a potenza si effettua tramite l'operatore ** (come in FORTRAN).

Come esempio (adattato da gnuplot >help user-defined) abbiamo:

```
w = 2  # assegnazione semplice
q = floor(tan(pi/2 - 0.1))
f(x) = sin(w*x)
sinc(x) = sin(pi*x)/(pi*x)
delta(t) = (t == 0)
ramp(t) = (t  > 0) ? t : 0  # se t > 0 allora t altrimenti 0
min(a,b) = (a <  b) ? a : b
comb(n,k) = n!/(k!*(n-k)!)
len3d(x,y,z) = sqrt(x**2 +y**2 + z**2)
plot f(x) = sin(x*a), a = 0.2, f(x), a = 0.4, f(x)
file = "mydata.dat" # variabile\index{environment (informatica)!
   variabile} stringa
file(n) = sprintf("run_%d.dat",n) # funzione su stringa
```

Codice 5.33 Definizione di funzioni matematiche in gnuplot

Inoltre, le variabili pi (3.14159. . .) e NaN (IEEE "Not a Number") sono già definite.

Tutte queste definizioni dovrebbero essere su una singola riga, che può eventualmente essere spezzata dal carattere di continuazione di riga '\'. Funzioni su più righe possono essere definite usando il meccanismo dei blocchi funzione che permette di chiamare un blocco di codice gnuplot assegnato come funzione.

5.4.3.1 Grafico parametrico

Oltre a tracciare funzioni ordinarie con una relazione esplicita tra i valori x e y, è possibile tracciare funzioni parametriche in cui i valori x e y dipendono da una terza variabile, chiamata parametro `t`. Questo si ottiene con il comando `set parametric` come nell'esempio seguente:

ID: 10.1007/978-3-032-35750-2 – 005 Date: October 16, 2026 Proof number: 1

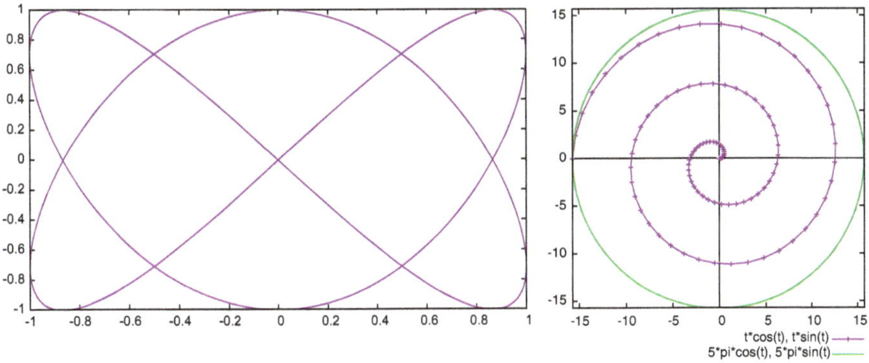

Figura 5.32 Grafici parametrici: figura di Lissajous a sinistra e spirale e cerchio a destra

```
set samples 500  # aumenta il numero di punti campionati
set parametric
unset key
set trange  [-2*pi:2*pi] # definisce l'intervallo per t
plot sin(2*t), cos(3*t)  # traccia una figura di Lissajous
```

Codice 5.34 Definizione di funzioni parametriche: figura di Lissajous, in gnuplot

Questo produrrà il grafico sul lato sinistro della figura 5.32. Allo stesso modo, possiamo disegnare una spirale e un cerchio digitando:

```
reset
set size  square  # controlla il rapporto della finestra del
    grafico
set xzeroaxis # traccia l'asse y=0
set yzeroaxis # traccia l'asse x=0
set key out   # posiziona la legenda fuori dalla finestra del
    grafico
set parametric
set xrange[-5*pi:5*pi]
set yrange[-5*pi:5*pi]
plot[0:5*pi] t*cos(t), t*sin(t)  w lp # spirale
rep  5*pi*cos(t), 5*pi*sin(t) #cerchio di raggio 2π
```

Codice 5.35 Definizione di funzioni parametriche: spirale e cerchio, in gnuplot

il cui output è mostrato sul lato destro della Fig. 5.32. In questo caso, abbiamo anche regolato l'aspetto della finestra del grafico e spostato la legenda all'esterno sulla destra.

ID: 10.1007/978-3-032-35750-2 - 005 Date: October 16, 2026 Proof number: 1

5.4.4 *Grafici 2D da dati utente*

Come visto, la rappresentazione di sequenze di dati, come risultati di misure ordinati in colonne, funziona fondamentalmente come la rappresentazione di funzioni. Ma in questo caso, è necessario un file con i dati e comandi per specificare quale colonna deve essere la 'x' e quale la 'y' (o errore, etichetta dati ...). Questo si fa tramite la specifica 'using n:m' per indicare di usare la n-esima colonna come 'x' e la m-esima colonna come 'y'. Se non specificato, vengono scelte la prima e la seconda colonna.

Consideriamo, ad esempio, un file di testo del seguente tipo:

```
# Tempo       Corrente       Errore          Fondo
0.20202       0.59645       0.049104        0.22843
0.40404       0.98018       0.056174        0.16592
0.606061      0.90805       0.048060        0.20787
0.808081      0.57372       0.043970        0.19996
1.0101        0.04680       0.062735        0.18387
1.21212      -0.40784       0.059054        0.11693
1.41414      -0.71141       0.025983        0.14476
1.61616      -0.75434       0.031580        0.07771
1.81818      -0.49922       0.055977        0.13190
2.0202        0.02861       0.041060        0.03491
2.22222       0.33590       ........        .....
.......      ........
```

Codice 5.36 Esempio di file dati in formato multicolonna

dove '#' è un carattere di commento e le voci sono separate da spazi bianchi, che sono l'opzione predefinita. Queste impostazioni possono essere cambiate secondo le preferenze dell'utente tramite

```
set datafile separator {whitespace | tab | comma | "<chars>"}
set datafile commentschars {"<string>"}
```

Codice 5.37 Selezione del separatore di colonna e del carattere di commento in un file di testo

Per tracciare la corrente in funzione del tempo, usiamo:

```
p 'mydata.dat' w lp # abbreviazione per using 1:2 with linepoint
```

Codice 5.38 Esempio di grafico da un file di dati con più colonne

Poi, per aggiungere l'errore (colonna 3), aggiungiamo una seconda istanza di plot, usando l'opzione 'with error'

```
p 'mydata.dat' w lp, '' us 1:2:3 with error
```

Codice 5.39 Esempio di grafico con errori da un file di dati con più colonne

dove i due apici significano: continua a usare lo stesso file di dati. Infine, per aggiungere il fondo (colonna 4)

ID: 10.1007/978-3-032-35750-2 – 005 Date: October 16, 2026 Proof number: 1

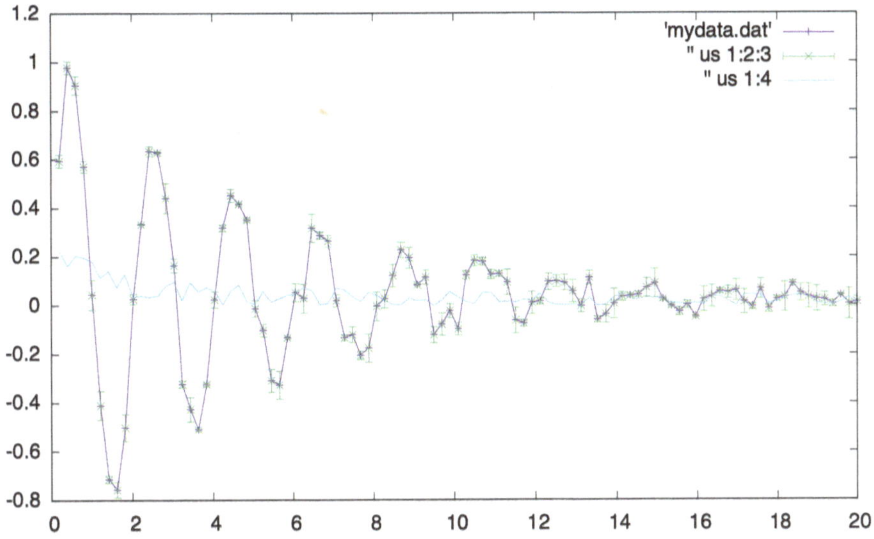

Figura 5.33 Grafico di un insieme di dati sperimentali con barre di errore e un fondo

```
p 'mydata.dat' w lp, '' us 1:2:3 w err, '' us 1:4 w l
```

Codice 5.40 Grafico di diverse colonne da un file di dati

Questo ultimo comando produrrà infine il grafico mostrato in fig. 5.33.

Gnuplot può anche leggere e graficare più di un gruppo di dati i un file di testo. Questi sono file di dati contigui separati da due righe vuote. Ad esempio, possiamo suddividere il precedente file 'mydata.dat' in tre sottoinsiemi, come mostrato in fig. 5.34. Come si può notare, gli insiemi di dati sono numerati a partire da 0, e nel comando 'plot' è necessario specificare quale insieme di dati deve essere graficato. Questo si ottiene aggiungendo la specifica 'index=<integer >' al comando plot

```
plot 'mydata-split.dat' index 2 w lp  # coda del file
replot '' i 1                # parte centrale (index 1)
rep '' i 0 w lp,'' i 0 us 1:2:3 w e # testa del file con errori
```

Codice 5.41 Esempio di script per graficare da un file di dati a blocchi

Le tre istanze di plot possono essere scritte su una singola riga, separate da una virgola. In ogni caso, il risultato sarà quello mostrato in fig. 5.35.

Ovviamente, per molti utenti occasionali di gnuplot, può non essere facile ricordare tutti i tipi di punti o gli stili e colori delle linee disponibili, che possono anche dipendere dal tipo di terminale utilizzato. In questo caso, il comando 'test' sarà utile, producendo una miscellanea delle opzioni disponibili, come in fig. 5.36.

ID: 10.1007/978-3-032-35750-2 – 005 Date: October 16, 2026 Proof number: 1

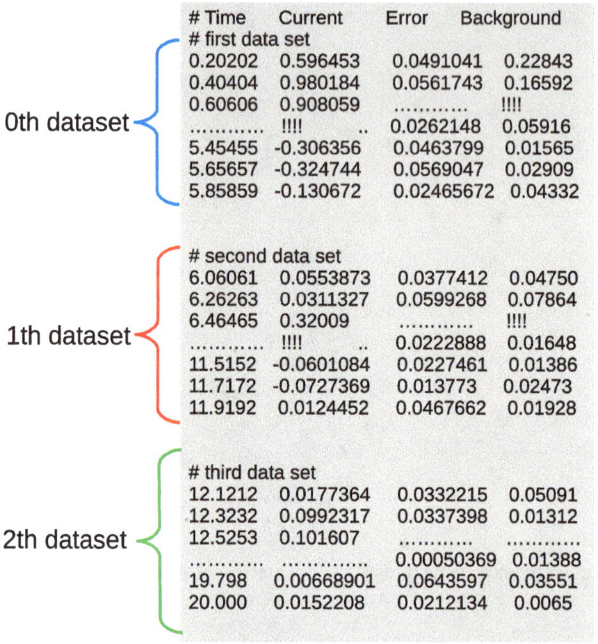

Figura 5.34 Esempio di un insieme di dati multiplo in gnuplot

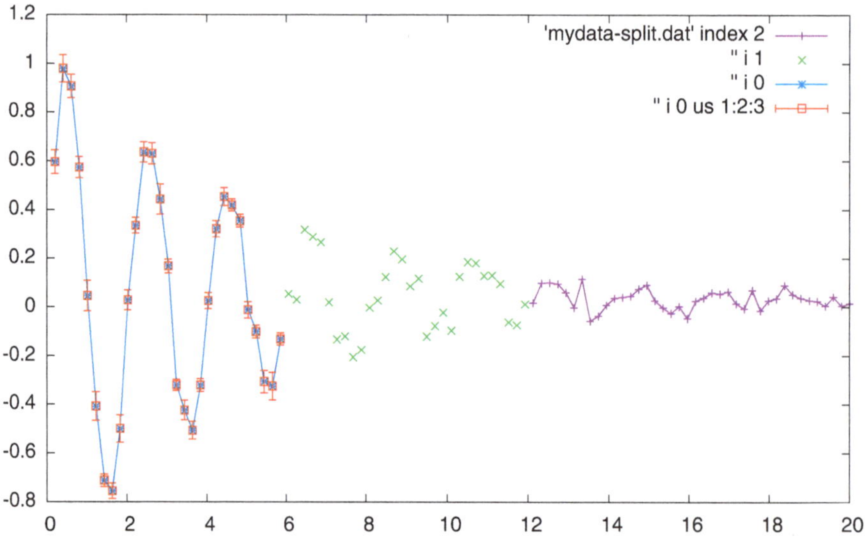

Figura 5.35 Esempio di grafici da un file di dati a blocchi

ID: 10.1007/978-3-032-35750-2 – 005 Date: October 16, 2026 Proof number: 1

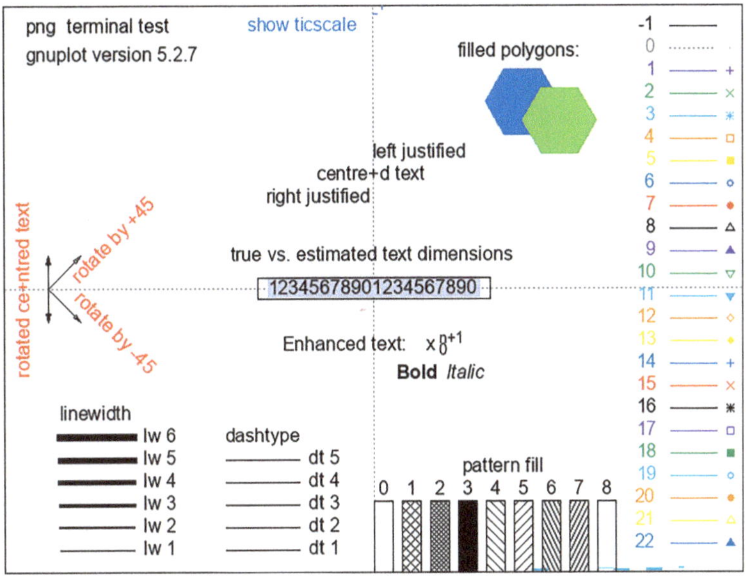

Figura 5.36 Output del grafico prodotto dal comando 'test'

5.4.5 *Operazioni tra colonne*

Una delle funzioni più utili di Gnuplot per l'analisi dei dati è la possibilità di graficare un file di dati effettuando operazioni matematiche e logiche tra colonne al volo. Questo si ottiene aggiungendo il simbolo $ come prefisso al numero della colonna usato in un comando di plot. In questo caso, i valori letti sono trattati come numeri e possono essere combinati in un'espressione matematica prima di essere plottati.

Il seguente comando

```
p 'anydatafile'  us ($1-3):(sqrt($2)+ 1./$3)
```

Codice 5.42 Esempio di operazioni matematiche tra colonne nel comando 'plot'

produrrà un grafico in cui l'ascissa è la prima colonna, nel file 'anydatafile', che viene traslata a sinistra di tre unità, mentre l'ordinata è la radice quadrata della seconda colonna più l'inverso della terza colonna.

Ad esempio, possiamo riferirci ai valori tabulati del coseno usati in precedenza, scritti nel file 'cos.dat'.

Digitando

```
set yrange [-1:1.5]  # per lasciare spazio alla legenda (key)
p 'cos.dat', '' us 1:($2**2) w lp, '' us 1:($2/sin($1)) w l
```

Codice 5.43 Grafico di funzione matematica usando i valori delle colonne come argomento

Otteniamo il grafico in Fig. 5.37, dove, oltre ai punti dati tabulati del coseno, plottiamo il quadrato dei dati (con line points) e la funzione tangente usando il seno della prima colonna e i valori tabulati del coseno nella seconda colonna (con linea).

ID: 10.1007/978-3-032-35750-2 – 005 Date: October 16, 2026 Proof number: 1

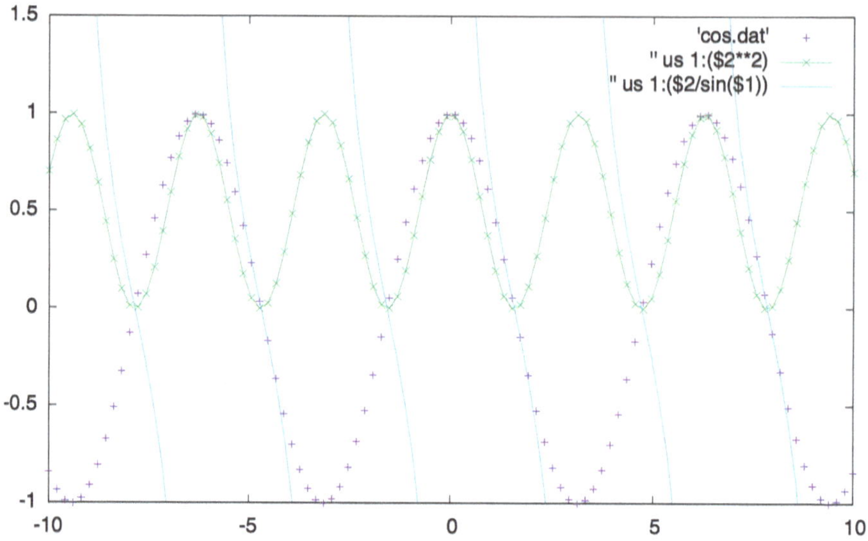

Figura 5.37 Esempio di grafici ottenuti tramite operazioni matematiche su file di dati a colonne

Questo permette di testare rapidamente qualsiasi trasformazione complessa sui dati, lasciando i dati originali invariati e salvando i dati trasformati se necessario. Inoltre, le diverse operazioni applicate a un file di dati possono essere salvate in script che possono essere successivamente utilizzati per riprodurre la stessa procedura su insiemi di dati simili.

5.4.6 Multiplot

Spesso è necessario avere diversi grafici sullo stesso diagramma con varie dimensioni e posizioni. Questo si ottiene con il comando 'set multiplot', che apre un ambiente in cui l'origine (posizione in basso a sinistra) e la dimensione (larghezza e altezza) di ogni singolo grafico possono essere definite prima del plot. Questo ambiente termina con 'unset multiplot'. Entrambe le dimensioni sono in coordinate 'screen' in cui l'angolo in basso a sinistra ha coordinate 0,0 e quello in alto a destra ha coordinate 1,1.

```
set origin 0.25,0.25
set size 0.5,0.5
```

Codice 5.44 Impostazione di origine e dimensione per multiplot

produrrà un grafico centrato e area un quarto della dimensione della finestra.

Per una scelta ottimale di posizioni e dimensioni dei diversi grafici, è meglio scrivere uno script che può essere rapidamente aggiornato ed eseguito per valutare il risultato finale.

Ad esempio, possiamo preparare uno script per graficare alcuni dei grafici che abbiamo mostrato in precedenza raccolti in un'unica figura.

```
reset                    # unset opzioni precedenti
set multi                # abbreviazione di multiplot
# BOTTOM
set size 1.0,0.5   # larghezza orizzontale piena e metà altezza verticale
set origin 0.0,0.0 # ridondante (valori di default)
p 'mydata.dat' w lp, '' us 1:2:3 w err, '' us 1:4 w l
# TOP LEFT
set origin 0.0,0.5
set size 0.5,0.5  # metà altezza orizzontale, metà altezza verticale
set yrange [-1:1.5] # spazio per la leggenda (key)
p 'cos.dat', '' us 1:($2**2) w lp, '' us 1:($2/sin($1)) w l
unset yrange
# TOP RIGHT
set origin 0.5,0.5
p [-8:- 6]  'cos.dat' pt 5 #
unset multi
reset
```

Codice 5.45 Plot di dati e funzioni su quattro tre pannelli

e salvarlo come 'multi.gpl' nella stessa directory del file di dati utilizzato. Poi possiamo caricarlo all'interno del terminale di gnuplot con:

```
gnuplot> load 'multi.gpl'
```

Codice 5.46 Caricamento ed esecuzione di uno script con comandi gnuplot

Otteniamo così l'immagine in fig. 5.38, che può essere facilmente modificata aggiornando lo script e ricaricandolo dal terminale di gnuplot, usando la freccia su per recuperare i comandi precedenti.

La modalità Multiplot può essere usata anche per sovrapporre grafici e produrre, ad esempio, un grafico a cascata.

```
reset
set sample 200
unset key
lor(x,w)=w/(w**2 + x**2) # definizione della funzione lorentziana
set multi
set yrange [0:2]
w= 0.5
dx= 0.
dy=0.
set border 1+2 # traccia solo gli assi x1 e y1 inferiori
p lor(x,w)
w=w*1.4          # aumenta un po' la larghezza
dx= dx+0.05
```

ID: 10.1007/978-3-032-35750-2 – 005 Date: October 16, 2026 Proof number: 1

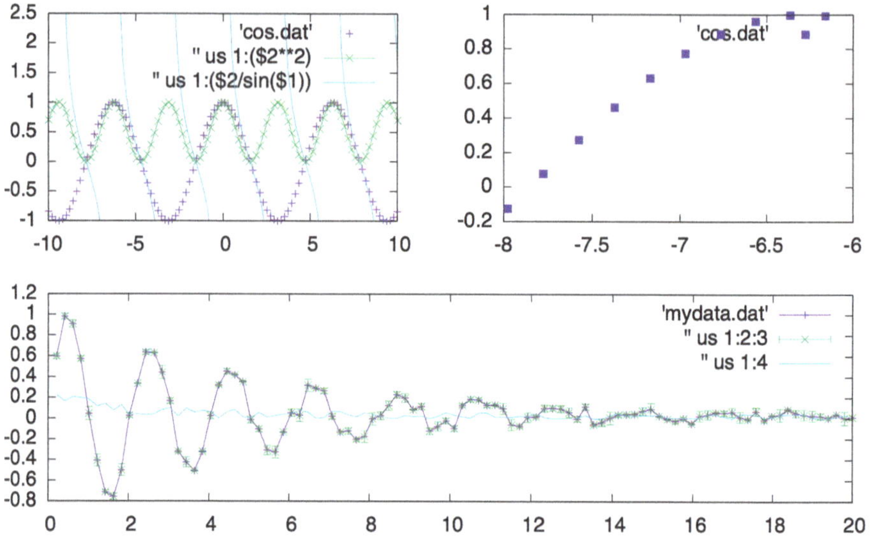

Figura 5.38 Alcuni dei grafici precedenti tracciati insieme utilizzando l'ambiente 'multiplot'

```
dy=dy+0.05
set origin dx,dy # sposta un po' l'origine
p lor(x,w) lc 2
w=w*1.4          # aumenta un po' la larghezza
dx= dx+0.05
dy=dy+0.05
set origin dx,dy # sposta un po' l'origine
p lor(x,w) lc 3
w=w*1.4          # aumenta un po' la larghezza
dx= dx+0.05
dy=dy+0.05
set origin dx,dy # sposta un po' l'origine
p lor(x,w) lc 4
w=w*1.4          # aumenta un po' la larghezza
dx= dx+0.05
dy=dy+0.05
set origin dx,dy # sposta un po' l'origine
p lor(x,w) lc 6
w=w*1.4         # aumenta un po' la larghezza
dx= dx+0.05
dy=dy+0.05
set origin dx,dy # sposta un po' l'origine
p lor(x,w)  lc 7
unset multi
reset
```

Codice 5.47 Esempio di script per un cascade plot, usando multiplot

ID: 10.1007/978-3-032-35750-2 – 005 Date: October 16, 2026 Proof number: 1

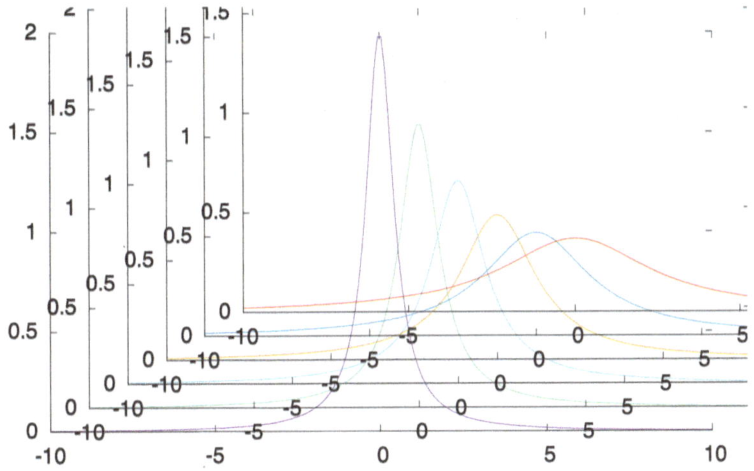

Figura 5.39 Esempio di cascade plot, usando l'ambiente multiplot

Il risultato è mostrato in fig. 5.39, dove diverse curve lorentziane con larghezza crescente sono tracciate con spostamenti crescenti dell'origine. Vedremo più avanti come iterare azioni in gnuplot usando i cicli do.

L'ambiente multiplot può essere utilizzato anche per produrre grafici con asse spezzato (broken-axis) con due intervalli disgiunti su un asse, allineando o impilando due grafici affiancati.

5.4.7 *Fitting*

In Gnuplot, il comando 'fit' adatta un'espressione matematica a un insieme di dati tramite alcuni parametri regolabili. Viene utilizzato l'algoritmo di Marquardt-Levenberg per una regressione non lineari. La sintassi del comando è piuttosto ovvia:

```
fit MathExpression(x) 'datafilename' us 1:2 via a, b, c, ...
```

Codice 5.48 Sintassi del comando 'fit'

dove MathExpression(x) è l'espressione da testare e a, b, c, ..., sono i suoi parametri regolabili. Analogamente al comando 'plot', l'opzione using (us m:n) permette di adattare qualsiasi combinazione di colonne del dataset. Allo stesso tempo, i qualificatori 'via' selezionano i parametri liberi o un nome di file contenente i valori iniziali. Ovviamente, tutti i parametri implicati nella definizione di MathExpression(x) devono essere assegnati prima di iniziare il fit.

Ad esempio, possiamo considerare i dati in fig. 5.33 che ricordano un segnale oscillante smorzato su un fondo rumoroso. In questo caso, un'espressione appropriata sarebbe qualcosa come $\text{fitfun}(x) = A \sin(2\pi x/T + b) \exp(-x/\tau)$, dove A è

ID: 10.1007/978-3-032-35750-2 – 005 Date: October 16, 2026 Proof number: 1

un'ampiezza, T il periodo di oscillazione, b uno sfasamento, e τ un tempo di decadimento, che sono i parametri regolabili. Ovviamente, un insieme di valori iniziali ragionevoli deve essere assegnato a questi parametri per essere usato come punto di partenza per la procedura di fitting. Tali valori sono spesso facilmente ottenibili ispezionando i dati sperimentali.

Come accennato in precedenza, un punto di partenza ragionevole è molto importante in qualsiasi procedura di fit ai minimi quadrati, ed è sempre utile tracciare i punti sperimentali insieme alla funzione di fit ipotizzata per verificarne la vicinanza.

Sarà sufficiente digitare quanto segue su un terminale gnuplot per farlo.

```
fitfun(x)= A*sin(x*2*pi/T+b)*exp(-x/tau)
A=1.
b=.00001
T=2.
tau=8.
p 'mydata.dat' us 1:($2-$4), fitfun(x) # confronto tra funzione
    di prova e dati sperimentali meno il fondo
```

Codice 5.49 Esempio di definizione di una funzione di fit e test dei parametri iniziali

Poi, per lasciare effettivamente che gnuplot trovi il miglior insieme di parametri che minimizza la differenza quadratica tra la nostra funzione e il segnale misurato (seconda colonna) meno il fondo misurato (quarta colonna), dovremo semplicemente digitare

```
fit fitfun(x) 'mydata.dat'  us 1:($2-$4) via A,b,T, tau # esegue
    il fit con tutti i parametri liberi
...........
p fitfun(x), 'mydata.dat' us 1:($2-$4) # traccia il risultato del
     fit e i dati sperimentali
```

Codice 5.50 Fit del file di dati sperimentali e tracciamento dei risultati

Il grafico finale è mostrato in fig. 5.40 insieme al grafico del punto di partenza ipotizzato.

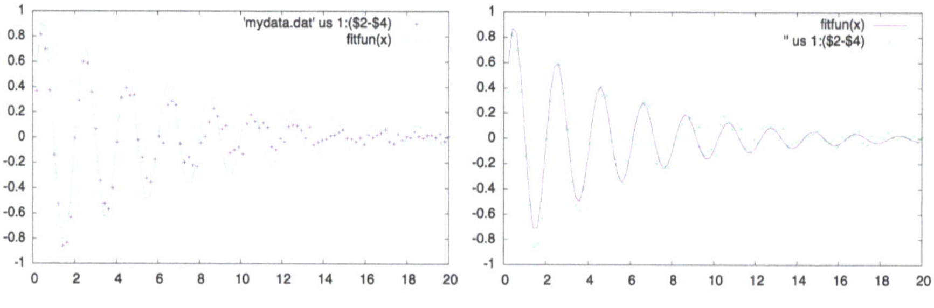

Figura 5.40 A sinistra è mostrato un grafico dei dati sperimentali (punti) e della funzione di fit (linea) con parametri iniziali ipotizzati. La funzione fittata è poi riportata a destra con il set finale di parametri

Allo stesso tempo, troveremo diverse informazioni sul terminale di gnuplot:

```
iter      chisq       delta/lim  lambda   A             b
        T                tau
   0 1.6352111749e+00   0.00e+00  2.64e+00    1.00e+00    1.00e-05
       2.000000e+00   8.000000e+00
   1 6.7363051924e-01  -1.43e+05  2.64e-01    9.011870e-01
     9.999997e-06   2.018395e+00   6.908587e+00
Dopo 9 iterazioni, il fit\index{gnuplot!fit} è convergente.
somma finale dei quadrati dei residui: 0.424901
variazione relativa durante l'ultima iterazione : 0

gradi di libertà    (FIT_NDF)                        : 95
rms dei residui      (FIT_STDFIT) = sqrt(WSSR/ndf)     : 0.0668778
varianza dei residui (chi quadro ridotto) = WSSR/ndf   :
    0.00447264

Set finale dei parametri:               Errore standard asintotico
=======================                 ==========================
A               = 0.984212              +/- 0.03739       (3.799)b =
    0.0405382 +/- 0.04092 (100.9)
T               = 2.04522               +/- 0.007007      (0.3426)tau =
    5.3322 +/- 0.2886 (5.412)

matrice di correlazione dei parametri di fit:
                A      b      T      tau
A               1.000
b              -0.113  1.000
T              -0.086  0.738  1.000
tau            -0.716  0.090  0.074  1.000
```

Codice 5.51 Output a terminale del comando 'fit'

Verrà mostrato il progresso della minimizzazione: passi di iterazione, il Chi-quadro, delta/lim, e lambda (incremento relativo e fattore di smorzamento usato dall'algoritmo di Levenberg–Marquardt), e infine i valori dei parametri di fit. Quando viene raggiunta la convergenza, i valori finali vengono scritti insieme agli errori standard e alla matrice di correlazione. Le stesse informazioni vengono anche scritte in un file di log, "fit.log", e i valori finali possono essere salvati in un file per un successivo utilizzo come file di parametri usando 'save fit'.

La funzione di fit può contenere fino a 12 variabili indipendenti e un numero qualsiasi di parametri regolabili. Opzionalmente, si possono inserire gli errori sui dati per pesare i punti sperimentali, sia su x che y o su entrambi indicando le colonne che li individuano. L'intervallo di fit può essere specificato nello stesso modo usato nel comando plot:

ID: 10.1007/978-3-032-35750-2 – 005 Date: October 16, 2026 Proof number: 1


```
fit [xmin:xmax] [ymin:ymax] fitfun(x) 'filename' us xcol:ycol:
    yerrcol yerr via par1, par2,....
fit [xmin:xmax] [ymin:ymax] fitfun(x) 'filename' us xcol:ycol:
    xerrcol xerr via par1, par2,....
fit [xmin:xmax] [ymin:ymax] fitfun(x) 'filename' us xcol:ycol:
    xerrcol:yerrcol xyerr via par1, par2,....
```

Codice 5.52 Varie forme del comando ‘fit’ con limiti e pesi di errore

Una volta che un set di dati è stato fittato, è utile esaminare i residui (la differenza tra dati sperimentali e curva fittata), che si spera siano il più piccoli possibile. Una visione simultanea dei dati fittati e dei residui del fit richiede un grafico spezzato. Questo può essere ottenuto nell’ambiente multiplot, impilando il grafico dei dati e quello dei residui uno sopra l’altro e rimuovendo l’asse inferiore dal grafico superiore e l’asse superiore da quello inferiore:

```
reset
#GRAFICO INFERIORE
set sam 200 # per campionare le funzioni tracciate con 200 punti
set multi
set origin 0,0
set size 1,0.2
set border 1+2+8 # 1= basso, 2= sinistra, 4=alto, 8=destra
set xtics nomirror # evita la duplicazione delle tacche x sull'
    asse x2
set ytics  0.1 # fissa l'intervallo delle tacche y
p 'mydata.dat' us 1:(($2 -$4)-fitfun($1)) w i lt 3 lw 3 not #
    residui tracciati con impulsi, spessore linea 3 e senza
    titolo

#GRAFICO SUPERIORE
set size 1,0.8
set border 14 # =2+4+8 (sinistra+alto+destra)
unset xtics
set origin 0,0.2
p 'mydata.dat' us 1:($2 -$4) pt 6, fitfun(x), NaN t 'residui' , A
    *exp(-x/tau) # traccia dati, funzione di fit, 'niente' ma con
     titolo in legenda, parte esponenziale della funzione di fit
unset multi
```

Codice 5.53 Grafico dei risultati del fit e dei residui

Lo script appena definito produrrà il grafico in fig. 5.41

Sebbene questo non sia propriamente un grafico spezzato poiché, in questo caso, gli intervalli dell’asse y si sovrappongono, possiede tutti gli elementi necessari per essere realizzato correttamente. In particolare, è importante avere la stessa spaziatura sull’asse sinistro, il che significa che qualsiasi etichetta e formato delle tacche per l’asse y deve occupare lo stesso spazio in entrambi i grafici. Per questo motivo abbiamo impostato lo stesso intervallo delle tacche in entrambi i grafici. Abbiamo anche mostrato un modo per aggiungere una voce nella legenda senza tracciare

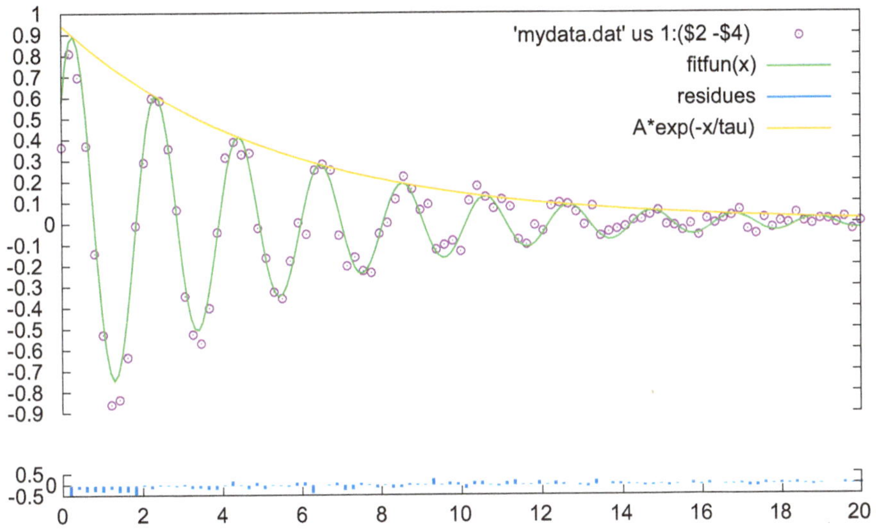

Figura 5.41 Grafico dei dati sperimentali (punti), della funzione fittata e della componente esponenziale (linee). Nella parte inferiore i residui sono tracciati come barre verticali

nulla (NaN) ma con un titolo, in modo che l'etichetta 'residui' appaia nel grafico superiore. Di conseguenza, dobbiamo tracciare i residui nel grafico inferiore con lo stesso tipo di linea del grafico NaN, che è il terzo tipo poiché è il terzo disegno nel comando plot. Abbiamo anche visto come selezionare i bordi del grafico codificati in un intero a 12 bit: i quattro bit meno significativi (1, 2, 4, 8) controllano il bordo per 'plot'. I bit di ordine superiore (16, 32, 64, 128, ..., 4096) sono usati per i grafici 3D e polari.

Ci sono molte altre opzioni per il comando fit, vedere 'help fit' all'interno di gnuplot per un uso dettagliato. In particolare, il `set fit prescale` è molto utile per scalare i parametri di fit rispetto ai loro valori iniziali; questo aiuta la routine di Marquardt-Levenberg a convergere più rapidamente e in modo più affidabile nei casi in cui i parametri differiscono per diversi ordini di grandezza. Inoltre, è possibile adattare simultaneamente la stessa funzione a più insiemi di dati, condividendo una variabile indipendente comune, grazie alle opzioni di fit multi-branch.

Purtroppo, una caratteristica mancante nella routine di fit di Gnuplot è la possibilità di vincolare l'intervallo di variazione dei parametri. Questo è utile quando sappiamo (o desideriamo) che i valori di certi parametri siano limitati entro un dato intervallo. D'altra parte, in una procedura di fit, tutti i parametri devono essere internamente illimitati affinché l'algoritmo funzioni in modo efficiente. Questo può essere facilmente superato utilizzando una trasformazione di variabile sul nostro parametro critico tramite una funzione naturalmente limitata. La scelta più comune è la funzione arcotangente, che è limitata a $-\pi/2 < \arctan(x) < \pi/2$, $\forall x \in (-\infty, \infty)$. Considerando il nostro esempio di fit precedente, possiamo limitare l'intervallo dei parametri A tra $A_{\min}$ e $A_{\max}$ riscrivendo la sua definizione come segue

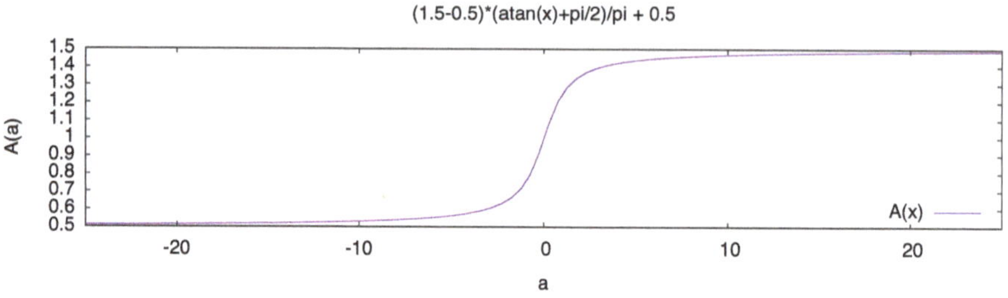

Figura 5.42 Illustrazione dell'uso della funzione 'atan' per limitare il valore di un parametro in una routine di fit

```
fitfun(x)= A(a)*sin(x*2*pi/T+b)*exp(-x/tau)
# Restringi A nell'intervallo  [A_min:A_max]
A(x) = (A_max-A_min)*(atan(x)+pi/2)/pi + A_min
A_min= 0.5 # valore minimo
A_max= 1.5 # valore massimo
b=.00001 ; T=2. ; tau=8.
fit fitfun(x) 'mydata.dat'  us 1:($2-$4) via a ,b,T, tau # nota
    che ora 'a' è il parametro libero
```

Codice 5.54 Esempio di trasformazioni di variabili per limitare i parametri di fit

In questo caso `a` varia da $-\infty \to +\infty$ mentre `A(a)` è limitato come si può vedere in fig. 5.42. Naturalmente la routine di fit ottimizzerà solo il valore di `a` mentre il valore di `A(a)` si ottiene digitando `print A(a)` al prompt di gnuplot.

5.4.8 Condizioni e Cicli

La sintassi di Gnuplot implementa due strutture essenziali: condizioni come `if..then..else` e cicli come `do for i=start, stop, step`, sia all'interno del comando `plot` che nella finestra del terminale, così come in uno script. La forma più semplice di `if..then..else` si ottiene tramite una struttura di operatore ternario: `A?B:C`, dove A è la condizione richiesta. Se A è vera, allora viene scelta B e il resto della struttura viene ignorato; se A è falsa, viene scelta C. Tali operazioni possono anche essere concatenate per fornire una condizione `else if` come la funzione gradino nell'esempio seguente. Questa semplice costruzione può essere usata per definire funzioni discontinue:

```
f(x) = sin(x) >= 0.5 ? sin(x) : 0.5  # funzione seno troncata
g(x) = abs(x-x0)<W ? (1-abs(x-x0)/W): 0  # funzione triangolare
W=1; x0= 5                      # base e centroide della triangolare
h(x)= x<=0 ? 0 : x<1 ? 1 : x<2 ? 2 : x<3 ? 3 : 4 # funzione a
    gradini
```

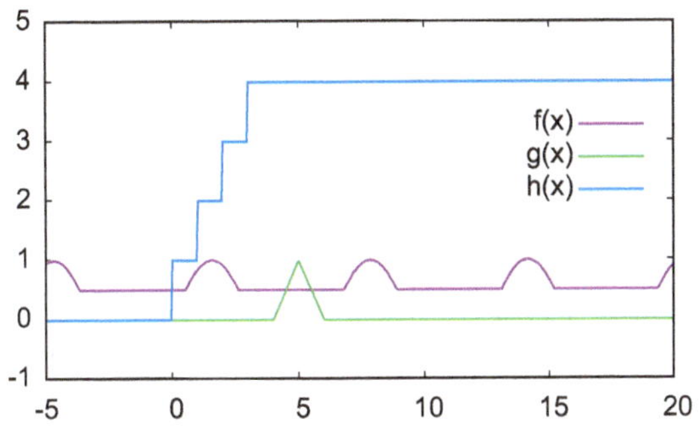

Figura 5.43 Esempio di funzioni discontinue generate usando 'condizioni' nella definizione delle funzioni

```
set sample 500
p [-5:20][-1:5] f(x), g(x), h(x)
```

Codice 5.55 Esempio di 'condizioni' nella definizione di funzioni

i cui grafici sono mostrati in fig. 5.43

La stessa costruzione può essere utilizzata anche all'interno di un comando plot per selezionare quali punti devono essere disegnati secondo una scelta definita nel qualificatore `using:`:

```
set key bottom left
p 'mycos.txt' us 1:($2>0? $2:NaN) w lp # seleziona solo y>0
rep 'mycos.txt' us 1:($1>0? $2/2:NaN) w lp # seleziona solo x>0 e
    traccia y(x)/2

reset
set yrange [-1:1.2]
p 'mycos.txt' us 1:($2>0? $2:NaN) w lp lc 'red' # seleziona y>0 e
    tracciali in rosso
rep 'mycos.txt' us 1:($2<=0? $2:NaN) w lp lc 'blue' # seleziona y
   <0 e tracciali in blu
```

Codice 5.56 Esempio di 'condizioni' nel comando plot

i cui grafici sono mostrati in fig. 5.44 a illustrare la flessibilità del qualificatore `using:`.

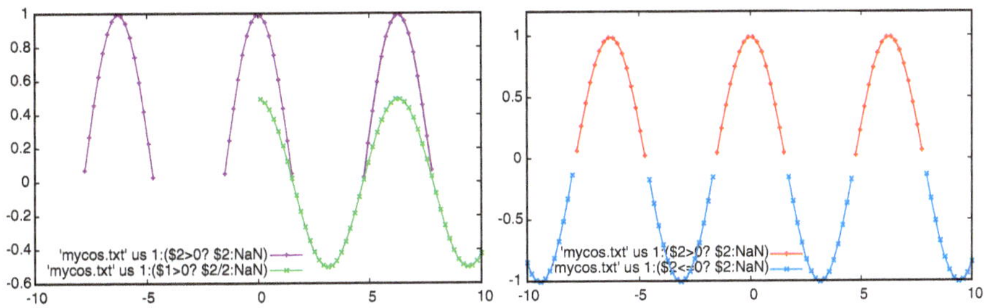

Figura 5.44 Esempio di grafici discontinui generati usando 'condizioni' nel comando 'plot'

ID: 10.1007/978-3-032-35750-2 – 005 Date: October 16, 2026 Proof number: 1

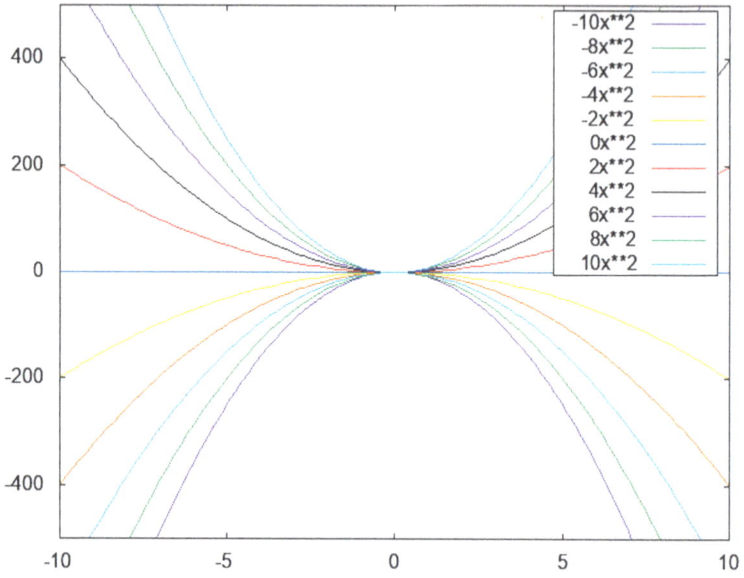

Figura 5.45 Esempio di uso di ‘for’ nel comando plot

I comandi `plot` e `set` supportano una struttura iterativa nella forma `for [intvar = start:end:increment]` che reitera il comando, ricalcolando ogni espressione che utilizza l’intero (intvar) come variabile. L’iterazione annidata è supportata e funziona anche con variabili stringa nella forma: `for [stringvar in "A B C D"]`, come illustrato nel seguente esempio:

```
plot for [sample in "A B C"] "Test-".sample.".dat"
```

Codice 5.57 Esempio di uso di ’for’ nel comando plot

che traccerà i dati da “Test-A.dat”, “Test-B.dat” e “Test-C.dat”, in sequenza. L’esempio mostra anche come concatenare stringhe usando un punto per collegare testo digitato e una stringa.

Come altro esempio, possiamo tracciare una serie di parabole digitando:

```
set key opaque #  legenda che copre le linee
set key box    #  legenda incorniciata
p for [a= -10:10:2] a*x**2 t sprintf("dx**2",a)
```

Codice 5.58 Altro esempio di uso di ‘for’ nel comando plot

dove abbiamo anche applicato specificatori di formato standard del linguaggio C per scrivere il titolo delle linee.

L’iterazione di sequenze arbitrarie di comandi può essere ottenuta usando il comando `do`:

ID: 10.1007/978-3-032-35750-2 – 005 Date: October 16, 2026 Proof number: 1


```
do for [iteration-spec] {  # parentesi graffe sulla riga do
      commands
      commands
}           # chiusura ciclo
```

Codice 5.59 Esempio di utilizzo dell'iterazione 'do for'

Possiamo utilizzare questa struttura per semplificare lo script che abbiamo scritto per il grafico a cascata 5.47

```
reset
set sample 200
unset key
set xtics nomirror ; set ytics nomirror
lor(x,w)=w/(w**2 + x**2) # definizione della funzione lorentziana
set multi
set yrange [0:2]
set border 1+2 # disegna solo gli assi x1 e y1 inferiori
w= 0.5 ; dx= 0. ; dy=0.

#p lor(x,w) lc "red"
do for [COL in "blue green dark-yellow orange red"] {
      p lor(x,w) w filledcurve fs transparent solid 0.2 lc rgb COL
      w=w*1.4         # aumenta un po' la larghezza
      dx= dx+0.05 ; dy=dy+0.05
      set origin dx,dy # sposta leggermente l'origine
}
unset multi
reset
```

Codice 5.60 Utilizzo dell'iterazione 'do for' per il grafico a cascata

dove abbiamo scelto il colore della linea per ogni grafico: `lc rgb col`. In gnuplot sono disponibili 111 nomi di colori predefiniti, la cui lista può essere visualizzata tramite il comando `show colornames`, ma è possibile utilizzare qualsiasi colore RGB tramite il suo valore esadecimale: `rgb '#RRGGBB'`. Abbiamo inoltre utilizzato lo stile `with filledcurve` per un grafico con opzione di riempimento solido e trasparente: `fs transparent solid 0.2`. Il risultato di questo script è mostrato in fig. 5.46

Per quanto riguarda la condizione `if .. then .. else`, questa si ottiene tramite:

```
if (<condition>) {
        <commands>
        <commands>
} else {
        <commands>
}
```

Codice 5.61 Sintassi di if-then-else in gnuplot

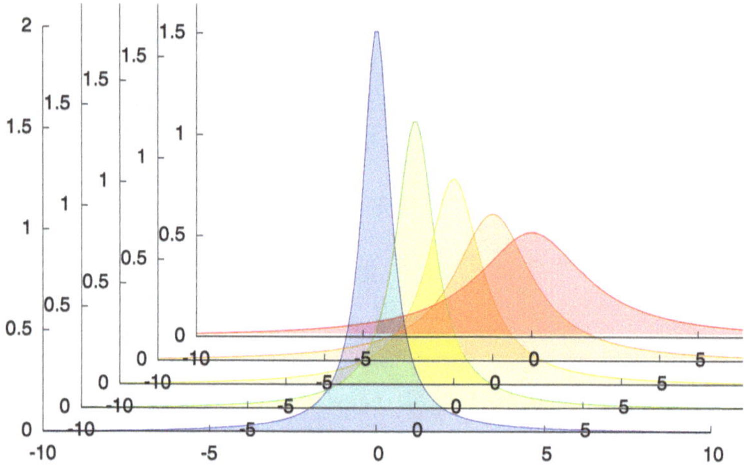

Figura 5.46 Esempio di utilizzo di 'do for' nel comando plot per la personalizzazione automatica dei grafici

che può essere utilizzata anche per costruire la condizione `elseif` annidando l'`if` all'interno dell'`else`.

```
if (<condition>) {
        <commands>
        <commands>
} else {
        if (<condition>) {
              <commands>
        }
}
```

Codice 5.62 Sintassi di elseif in gnuplot

La condizione `while` è anch'essa supportata tramite:

```
while (<expr>) {
    <commands>
}
```

Codice 5.63 Sintassi di 'while' in gnuplot

L'esempio seguente mostra uno script per produrre un'animazione utilizzando l'iterazione dei comandi.

```
reset
set size square
unset key
set sam 50
set xrange[-25:25] ; set yrange[0:50]
a=4. ; R=1.
```

ID: 10.1007/978-3-032-35750-2 – 005 Date: October 16, 2026 Proof number: 1


```
while (a>0) {
    p sqrt(R**2-x**2) w lp lt R ps 3
    R=R+1.
    if (R==24.) {
    R=1.
    a=a-1
    }
    pause 0.2
     }
```

Codice 5.64 Esempio di animazione tramite iterazioni

Semicerchi di raggio crescente vengono tracciati utilizzando in sequenza tutti gli stili di linea di gnuplot. Qui abbiamo utilizzato il comando pause <time in seconds> per rallentare l'animazione; se <time in seconds> = -1 allora l'esecuzione riprende dopo aver premuto invio.

I cicli iterativi di Gnuplot possono contenere un break per uscire dal ciclo e un continue per saltare le righe rimanenti e iniziare la prossima iterazione, se ancora prevista.

5.4.9 Risoluzione di equazioni differenziali

Sebbene Gnuplot sia uno strumento molto versatile, non dispone di risolutori simbolici per equazioni differenziali a dfferenza di software più specializzati. Tuttavia, è comunque possibile risolvere equazioni differenziali numericamente. Questo comporta la definizione dell'equazione differenziale e l'applicazione di tecniche numeriche come il metodo di Eulero o Runge-Kutta, che possono essere implementate tramite script di GNUplot.

Considerando una semplice equazione differenziale del primo ordine, con una condizione iniziale:

$$\frac{\mathrm{d}y}{\mathrm{d}x} = f(x, y) \qquad\qquad y(x_0) = y_0$$

Possiamo risolverla ricorsivamente, a partire dalle condizioni iniziali, utilizzando il Metodo di Eulero (per semplicità):

$$y(x_0 + \Delta x) = y(x_0) + \left.\frac{\mathrm{d}y}{\mathrm{d}x}\right|_{x_0} \Delta x$$

dove Δx è un passo (il più piccolo possibile).

Come esempio risolveremo il moto classico di un proiettile, per il quale esiste la soluzione esatta. Nel caso più semplice, le equazioni del moto sono:

$$\frac{\mathrm{d}v}{\mathrm{d}t} = g \qquad\qquad \frac{\mathrm{d}x}{\mathrm{d}t} = v \qquad\qquad g = -9.81$$

ID: 10.1007/978-3-032-35750-2 – 005 Date: October 16, 2026 Proof number: 1

Possiamo scrivere il seguente script GNUplot per implementare questo metodo, dove abbiamo utilizzato un metodo implicito del punto medio per calcolare lo spostamento.

```
reset
# Impostazione dei parametri
dt = 0.001   # passo di integrazione
kmax=10000
g = -9.82
# dati di input
print 'Inserisci la velocità iniziale (m/s):' # richiesta input
    all'utente
V0 = system("read V0; echo $V0")    # input scelta utente
print 'Inserisci  angolo di lancio (gradi): '   # richiesta input
     all'utente
theta = system("read theta; echo $theta") # input scelta utente

x0 = 0.
y0 = 0.
v0x=V0*cos(theta/180.*pi)
v0y=V0*sin(theta/180.*pi)

!rm gravity.txt  # cancella eventuale file di output esistente
set print 'gravity.txt' append
print '#  Time(sec) , X(m) , Y(m), Vx(m/s), Vy(m/s), V(m/s) '

do for[k=1:kmax] {
    t=k*dt
    vy= v0y + g*dt
    sy= (vy+v0y)/2*dt + y0
    sx= v0x*dt + x0
    V=sqrt(v0x**2 + vy**2)
# Aggiornamento delle posizioni iniziali
    v0y=vy
    y0=sy
    x0=sx
# Verifica del contatto con il suolo
     if (y0 < 0) {
        break    }
# scrittura dei risultati formattati su file
     print sprintf("f .10f .10f .10f .10f
    .10f", t, sx, sy, v0x, v0y, V)
     tstop=t
    }

set  print  # chiude il file di output e ritorna all'output
    standard
# plot session
set parametric  # per disegnare la soluzione esatta
```

```
x0 = 0.
y0 = 0.
v0x=V0*cos(theta/180.*pi)
v0y=V0*sin(theta/180.*pi)
X(t)= v0x*t + x0
Y(t)= 1./2.*g*t**2 + v0y*t +y0
set trange [0:tstop]
set title 'Traiettoria computata vs. calcolata  V0= '.V0.'m/s  --
      Theta= '.theta.'deg' # il titolo riporta i valori iniziali
p 'gravity.txt' us 2:3 every 20 w p pt 4 t 'Computata', X(t),Y(t)
     w l t 'Calcolata'  # every 20: ogni 20 punti
unset title
set term x11 2          # apre un'altra finestra grafica
set size ratio 0.2      # regola il rapporto verticale/
    orizzontale del grafico
set ytics  auto 2e-11   # fissa gli incrementi delle tacche
# Disegna la differenza tra la soluzione computata e quella
    esatta
p 'gravity.txt' us 2:($3-Y($1)) ev 10 w i # operazioni tra
    colonne
unset parametric
set term x11 1  # ritorna alla prima finestra grafica
```

Codice 5.65 Esempio di utilizzo del Metodo di Eulero in gnuplot

I grafici prodotti da quello script sono mostrati in fig. 5.47. Il grafico superiore confronta le soluzioni calcolate ed esatte, mentre il grafico inferiore mostra le loro differenze con barre verticali. Abbiamo anche utilizzato il qualificatore `every` per ridurre il numero di punti tracciati che altrimenti avrebbero prodotto una figura disordinata.

5.4.10 Statistica

Per quanto riguarda l'analisi statistica delle distribuzioni di dati (cioè dati in una singola colonna) gnuplot offre una soluzione semplice, tramite la routine incorporata `stats`

```
stats {<ranges>} 'filename'  using N{:M} {name 'prefix'}
```

Codice 5.66 Sintassi del comando 'stat'

che fornisce un output stampato di un riassunto statistico dei dati trovati nelle colonne selezionate in 'filename'. I punti dati sono filtrati sia rispetto a xrange che a yrange. L'output può essere reindirizzato a un file tramite il comando `set print 'outfile'` oppure soppresso aggiungendo l'opzione `nooutput`. In ogni caso, il comando memorizza le singole statistiche in tre gruppi di variabili.

ID: 10.1007/978-3-032-35750-2 – 005 Date: October 16, 2026 Proof number: 1

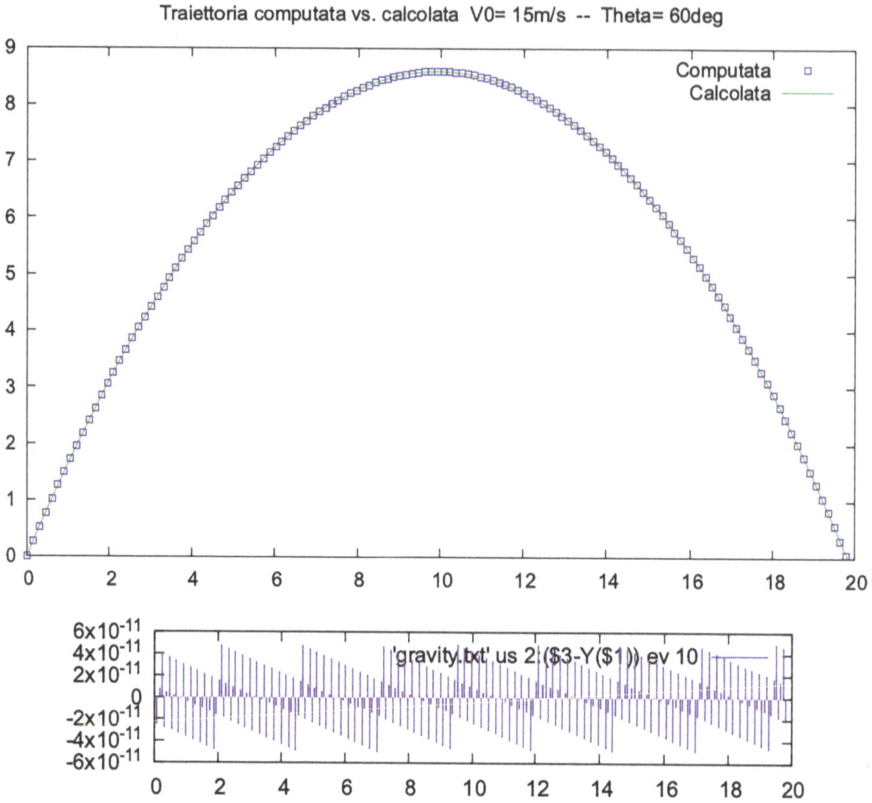

Figura 5.47 Output grafici prodotti dallo script precedente. Il grafico superiore mostra le traiettorie calcolate (punti) ed esatte (linea), mentre il grafico inferiore mostra le loro differenze

Il primo gruppo di variabili riguarda l'insieme dei dati analizzati:

```
STATS_records     # numero totale di record di dati nel range (N)
STATS_outofrange # numero di record filtrati dai limiti di range
STATS_invalid  # numero di record non validi/incompleti/mancanti
STATS_blank       # numero di righe vuote nel file
STATS_blocks  # numero di blocchi di dati indicizzabili nel file
STATS_columns # numero di colonne nella prima riga di dati
```

Codice 5.67 Variabili globali valutate dal comando 'stat'

Le proprietà dei dati nel range di una singola colonna sono riportate nel secondo gruppo di variabili. Nel caso in cui due colonne vengano analizzate insieme in un unico comando, viene aggiunto il suffisso "_x" o "_y" ai nomi delle variabili (cioè STATS_min_x e STATS_min_y). In questo caso, i punti sono filtrati sia rispetto a xrange che a yrange.

```
STATS_min           # valore minimo dei punti dati nel range
STATS_max           # valore massimo dei punti dati nel range
STATS_index_min     # indice i per cui data[i] == STATS_min
STATS_index_max     # indice i per cui data[i] == STATS_max
STATS_lo_quartile   # valore del limite inferiore (1° quartile)
STATS_median        # valore mediano
STATS_up_quartile   # valore del limite superiore (3° quartile)
STATS_mean          # valore medio dei punti dati nel range
STATS_ssd           # deviazione standard (dati nel range)
STATS_stddev        # deviazione standard della popolazione (dati
    nel range)
STATS_sum           # somma
STATS_sumsq         # somma dei quadrati
STATS_skewness      # asimmetria dei punti dati nel range
STATS_kurtosis      # curtosi dei punti dati nel range
STATS_adev          # deviazione media assoluta (dati nel range)
STATS_mean_err      # errore standard del valore medio
STATS_stddev_err    # errore standard della deviazione standard
STATS_skewness_err # errore standard dell'asimmetria
STATS_kurtosis_err # errore standard della curtosi
```

Codice 5.68 Variabili valutate dal comando 'stat', per una colonna scelta

Tutte queste informazioni sono anche utili in uno script che automatizza l'analisi e la rappresentazione grafica di diversi file di dati.

Il terzo gruppo di variabili è rilevante solo per l'analisi incrociata di due colonne di dati.

```
STATS_correlation    # coefficiente di correlazione tra x e y
STATS_slope        # A corrispondente a un fit lineare y = Ax + B
STATS_slope_err      # incertezza su A
STATS_intercept    # B corrispondente a un fit lineare y = Ax + B
STATS_intercept_err # incertezza su B
STATS_sumxy          # somma di x*y
STATS_pos_min_y      # coordinata x di un punto con y minimo
STATS_pos_max_y      # coordinata x di un punto con y massimo
```

Codice 5.69 Variabili valutate dal comando 'stat', per correlazione incrociata

L'opzione `name` nel comando `stats` fa sì che il prefisso predefinito "STATS" venga sostituito dalla stringa specificata. È anche possibile usare l'intestazione della colonna analizzata (prima riga) come nome.

```
stats 'datafile' using N name 'whatyoulike' # N = numero colonna
stats 'datafile' using N name columnheader
do for [COL=5:8] {stats 'datafile' using COL name columnheader}
```

Codice 5.70 Esempio di assegnazione di un nome personalizzato per l'output del comando 'stat'

ID: 10.1007/978-3-032-35750-2 – 005 Date: October 16, 2026 Proof number: 1

5.4.11 Istogrammi

Gnuplot permette uno stile specifico per tracciare un istogramma: `set style data histogram`. Questo produce un diagramma a barre da una sequenza di colonne di dati parallele. Nel comando plot deve essere specificata una singola colonna del file di input, eventualmente con i valori degli assi tic o titoli della legenda (key) associati.

Ad esempio, possiamo considerare il seguente file contenente la distribuzione delle durate di vita per un insieme di lampade a incandescenza e tubi al neon.

```
#lifetime(hours) neon bulb
500   ,   , 35
1000  ,   , 80
1500  ,   , 70
2000  ,   , 48
3000  , 14
4000  , 56
5000  , 60
6000  , 86
7000  , 74
8000  , 62
9000  , 48
```

Codice 5.71 Esempio di file contenente dati statistici sulla durata delle lampade

Questi dati possono essere facilmente rappresentati come istogramma dalle seguenti righe:

```
reset
set datafile separator ',' # dato che abbiamo valori separati da
    virgola
set style data histogram
set boxwidth 3     # il valore predefinito è 2
set style fill solid border -1  # -1 è una linea solida sulla
    maggior parte dei terminali
set xlabel 'Durata (ore)'  font 'arial,20'
set ylabel 'Lampade testate'  font 'arial,20'
plot 'Histo-Lamp.txt' u 2:xtic(1) t 'NEON' lc 'blue','' u 3 t '
    BULB' lc 'red'
```

Codice 5.72 Elenco dei comandi per produrre un istogramma

ottenendo il grafico in fig. 5.48, dove abbiamo usato la colonna 1 per le etichette sull'asse x tramite la specifica: `using 2:xtic(1)`.

Un altro esempio in cui la classe dell'istogramma è costituita da stringhe di testo piuttosto che da numeri, come spesso accade negli istogrammi, è dato dal seguente file che riporta l'altezza media per genere nei paesi europei:

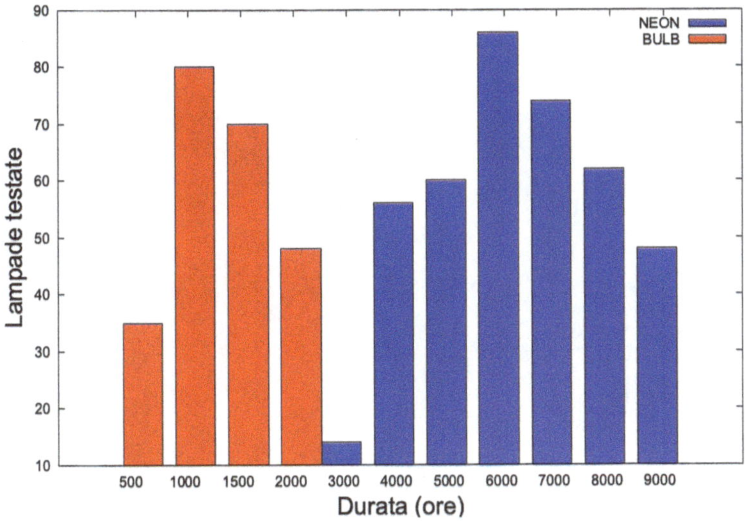

Figura 5.48 Istogramma della distribuzione della durata per lampade a incandescenza e per tubi al neon

```
#Paese    Maschi Femmine  genere
Olanda      183   170     Maschi
Svezia      181   167     Femmine
Norvegia    181   167
Danimarca   181   169
Spagna      175   162
Francia     176   162
Germania    180   166
Italia      175   161
RegnoUnito  177   163
Grecia      178   165
```

Codice 5.73 Esempio di file contenente dati statistici sull'altezza media per genere nei paesi europei

In questo caso, il seguente insieme di comandi produrrà l'istogramma

```
reset
set style data histogram
set style fill solid border -1
set style histogram cluster gap 2 # il gap è opzionale
set yr [0:]
set xlabel 'Paese'  font 'arial,20'
set ylabel 'Altezza media (cm)'  font 'arial,20'
plot 'Histo-Height.txt' u 2:xtic(1) t 'Maschi' lc 'skyblue','' u
    3 t 'Femmine' lc 'pink'
```

Codice 5.74 Elenco dei comandi per produrre un altro istogramma

che è mostrato in fig. 5.49

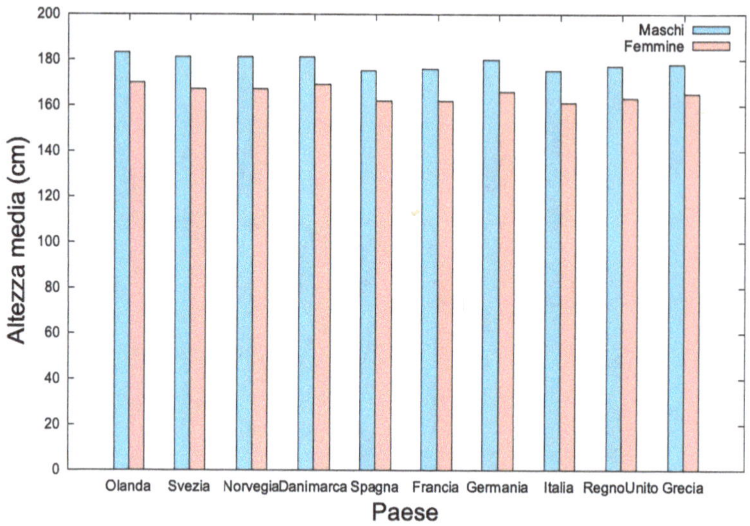

Figura 5.49 Istogrammi dell'altezza media per genere nei paesi europei

Inoltre, è anche possibile impilare le barre dell'istogramma per riga o per colonna, come nel seguente esempio

```
reset
set style data histogram
set boxwidth 0.9 relative # per lasciare un piccolo spazio tra le
    barre
set key out
set style fill solid border -1
set style histogram rowstacked # SENSIBILE ALLE RIGHE
set xtics font "Arial,14"
unset ytic
plot 'Histo-Height.txt' u 2:xtic(1) t 'Maschi', '' u 3 t 'Femmine
    '
```

Codice 5.75 Elenco dei comandi per produrre istogrammi impilati

e

```
reset
set style data histogram
set key out
set boxwidth 0.9 relative # per lasciare un piccolo spazio tra le
    barre
set style fill solid border -1
set style histogram cluster
set style histogram columnstacked # SENSIBILE ALLE COLONNE
unset ytic
```

ID: 10.1007/978-3-032-35750-2 – 005 Date: October 16, 2026 Proof number: 1

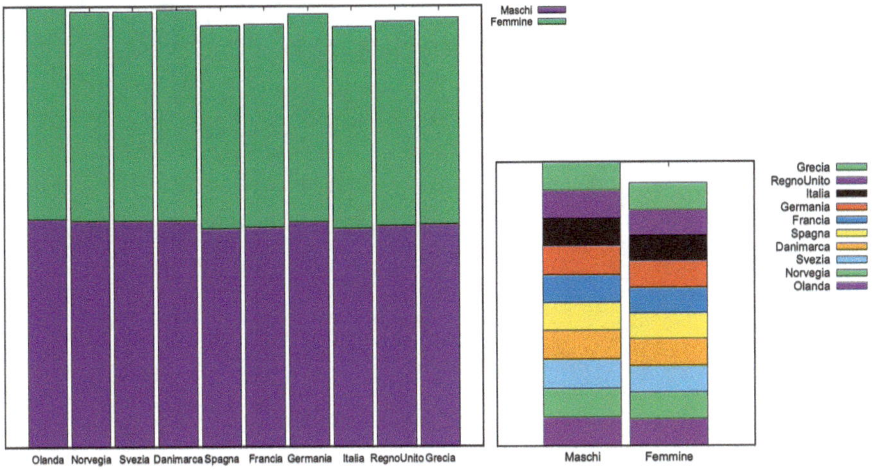

Figura 5.50 Esempio di stili di istogrammi accatastati e impilati

```
plot 'Histo-Height.txt' using 2:key(1), '' using 3:xtic(4) # nota
    l'uso di key e xtic
```

Codice 5.76 Elenco dei comandi per produrre istogrammi accatastati

In questo caso, i risultati sono mostrati in fig. 5.50 dove i tic dell'asse y sono stati rimossi perché non più informativi.

Possiamo ora considerare l'uso del comando `stats` per eseguire alcune operazioni sui dati al fine di produrre un grafico come quello in fig. 5.49, ma più informativo. In particolare, possiamo tracciare la deviazione dai valori medi per i due generi estraendo i valori medi da `stats` e tracciando la differenza al volo.

```
reset
stats 'Histo-Height.txt' u 2 name 'M' noout # modalità silenziosa
    senza output
stats 'Histo-Height.txt' u 3 name 'F' noout
set style data histogram
set style fill solid border -1
set style histogram cluster gap 1
set yr [-5:5] ; set xzeroaxis lt -1 lw 2
set xlabel 'Paese'  font 'arial,14'
set ylabel 'Deviazione da altezza media'  font 'arial,20'
set xtics font "Arial,16" rotate by -30
Mtit=sprintf('Altezza media maschi= %3.1f ',M_mean) # stringa del
    titolo
Ftit=sprintf('Altezza media femmine= %3.1f ',F_mean)
plot 'Histo-Height.txt' u ($2-M_mean):xtic(1) t Mtit lc 'skyblue'
    , '' u ($3-F_mean) t Ftit lc 'pink'
```

Codice 5.77 Elenco dei comandi per produrre istogrammi accatastati della deviazione dai valori medi per entrambi i generi

ID: 10.1007/978-3-032-35750-2 – 005 Date: October 16, 2026 Proof number: 1

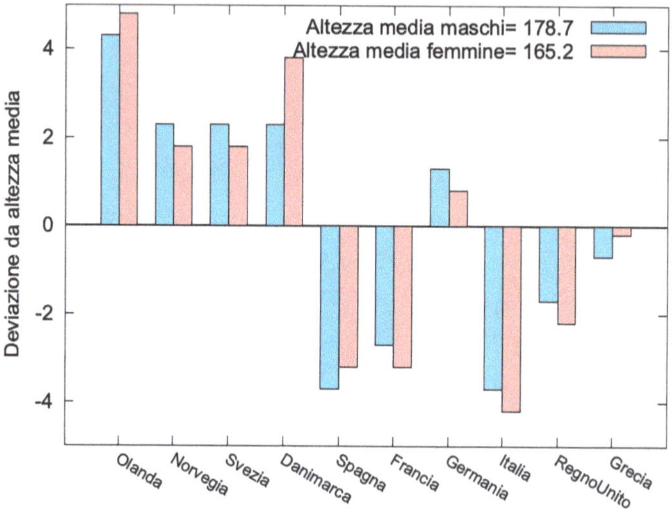

Figura 5.51 Istogramma della deviazione dall'altezza media, per genere nei paesi europei

Le prime due righe estraggono le informazioni statistiche di cui abbiamo bisogno e le marcano con un prefisso diverso; i valori medi `(M_mean)` o `(F_mean)` sono poi usati nel comando di plot `($2-M_mean)` e nella legenda, per ottenere il grafico in fig. 5.51

Finora, abbiamo trattato dati già aggregati in forma di istogramma. Vedremo ora come creare un istogramma a partire da una distribuzione di dati non aggregata, come mostrato in fig. 5.52. Per costruire un istogramma a partire da dati grezzi, dobbiamo scrivere una funzione che raggruppi i punti dati in un insieme scelto di intervalli (bin) sull'asse x, e poi contare quanti punti ci sono in ciascun intervallo. La prima parte del lavoro è svolta da una funzione definita dall'utente, mentre la seconda parte è implementata dal comando integrato `smooth frequency` in gnuplot, come illustrato nello script seguente:

```
reset
binwidth = 5
bin(x,width) = width * floor(x / width)
set boxwidth binwidth      # Imposta la larghezza delle barre
    uguale alla larghezza dei bin
set style fill solid 0.5  # Riempimento semitrasparente
set xlabel "Valore dei dati" font 'arial,20'
set ylabel "Frequenza"  font 'arial,20'
plot 'bimodal_datas.dat' using (bin($1,binwidth)) smooth freq
    with boxes
```

Codice 5.78 Script per creare e graficare un istogramma da dati non aggregati

La funzione `bin(x,width)` arrotonda i dati in bin di larghezza scelta, l'opzione di plot `smooth frequency` rende poi i dati monotoni in x e i punti con lo stesso valore

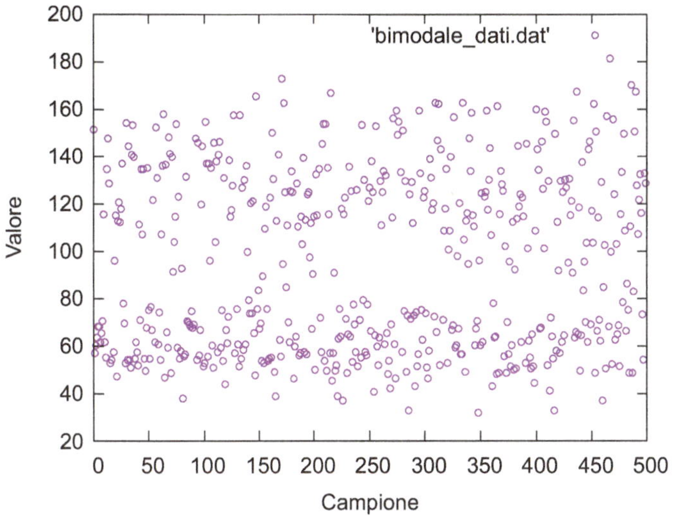

Figura 5.52 Esempio di una distribuzione di dati non aggregata

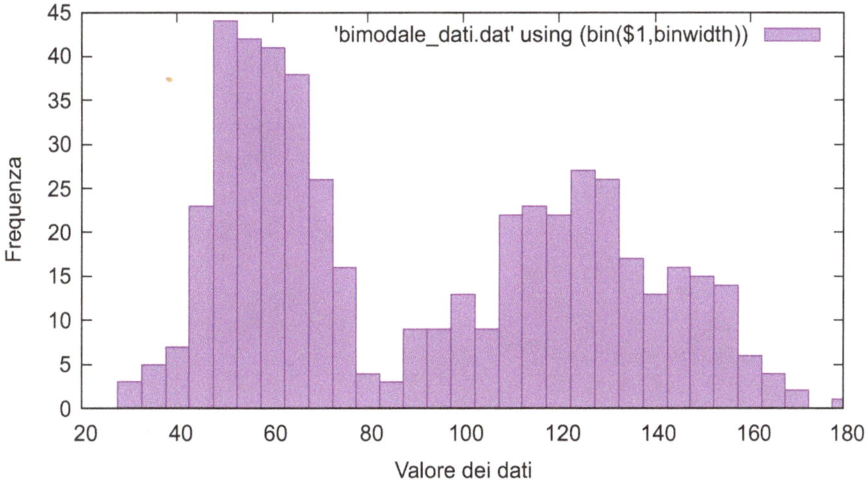

Figura 5.53 Istogramma ottenuto dalla distribuzione non aggregata dei dati

di x sono sostituiti da un singolo punto avente la somma dei valori y, costruendo così l'istogramma. Lo stile di plot `with boxes` crea semplicemente le barre verticali, ma possono essere usati anche punti o linee. Il grafico risultante è mostrato in fig. 5.53.

I dati ottenuti possono anche essere salvati su un file ed utilizzati per ulteriori analisi. Come detto, ciò si ottiene con `set table 'filename'`, ripetendo l'ultimo comando di plot, e `unset table`. Nel nostro caso, il file ottenuto è:

```
# Curve 0 of 1, 31 points
# Curve title: "'bimodal_datas.dat' using (bin($1,binwidth))"
# x y xlow xhigh type
 30  3  30  30  i
 35  5  35  35  i
 40  7  40  40  i
 45  23  45  45  i
 50  44  50  50  i
 55  42  55  55  i
 60  41  60  60  i
 65  38  65  65  i
 70  26  70  70  i
 75  16  75  75  i
 80  4  80  80  i
 85  3  85  85  i
 90  9  .........
 ................
```

Codice 5.79 Esempio di output stampato dei dati binned

5.4.12 Grafico 3D

Gnuplot può essere utilizzato anche per visualizzare superfici (array 2D) usando il comando `splot` invece di `plot`. Come semplice esempio, possiamo disegnare una funzione sinc bidimensionale (sin(R)/R):

```
reset
unset key
set surface  # default per splot
set isosam 50,50      # equivalente di 'set sample' in 1D
R(x,y) = sqrt(x**2 + y**2)
splot sin(R(x,y))/R(x,y)
```

Codice 5.80 Script semplice per un grafico 3D della funzione sin(r)/r

ottenendo il grafico in fig. 5.54 pannello di sinistra. Il grafico può anche essere colorato con una palette (colori variabili con i valori di z) e reso non trasparente; inoltre, possiamo aggiungere un grafico di contorno come mostrato nel pannello di destra, usando:

```
set contour   # aggiunge il grafico di contorno in basso
set hidden3d  #  set hid per abbreviare, per rendere la figura
    solida
R(x,y) = sqrt(x**2 + y**2)
splot sin(R(x,y))/R(x,y) lc pal #  color palette
```

Codice 5.81 Script per aggiungere un grafico di contorno e una palette di colori a un grafico 3D

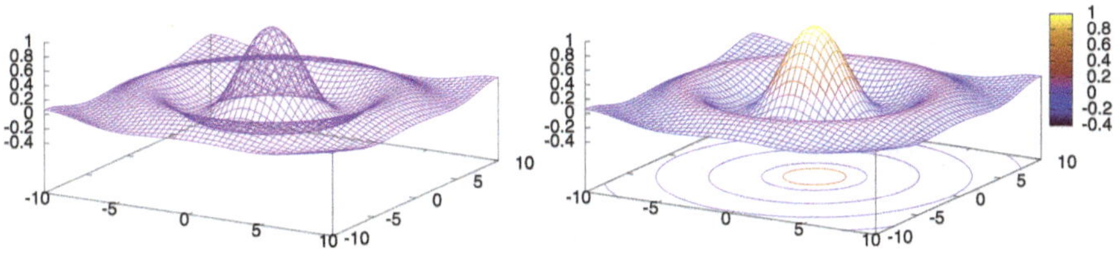

Figura 5.54 Grafici di superficie della funzione sinc(x) in stile monocromatico e a gradiente di colore

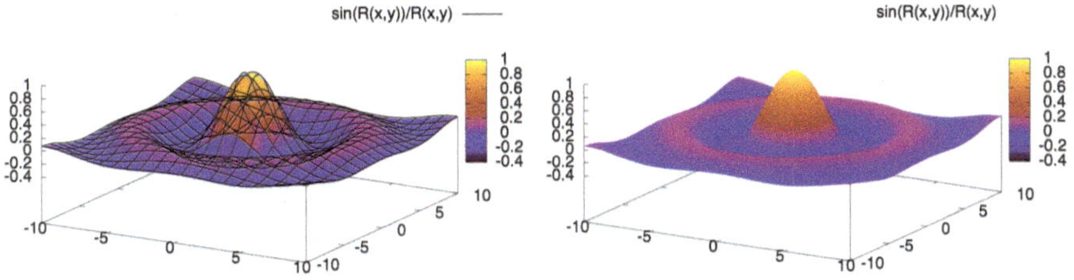

Figura 5.55 Esempio di superfici interpolate con l'uso delle opzioni 'pm3d'

Il punto di vista da cui l'oggetto 3D viene osservato è controllato dal comando `set view rotation, elevation`; i valori di default sono rotazione = 60°, elevazione = 30° (la rotazione sull'asse x viene eseguita per prima).

Quando si utilizza un terminale interattivo, come X11 o wxt, è anche possibile traslare e zoomare il grafico con i movimenti del mouse (molto soddisfacente su computer veloci) e poi trovare visivamente il punto di vista ottimale da usare per la stampa tramite terminali pdf/png/jpg, impostando i valori ottenuti con il comando `show view` nel terminale.

Ovviamente, colore delle linee, spessore e gradiente della palette possono essere altamente personalizzati; per dettagli, utilizzare l'utilità in-line `help palette`.

È anche possibile graficare, per una sfumatura più uniforme, una superficie continua interpolata specificando `set pm3d interpolate N,N` (dove `N` è un intero per aumentare l'interpolazione). Viene utilizzato un algoritmo che permette di graficare dati sia su griglia che non su griglia senza pre-elaborazione, anche quando le scansioni dei dati non hanno lo stesso numero di punti.

Questa impostazione può essere usata globalmente con `set pm3d` o solo per un singolo grafico: `splot ....... with pm3d`. Nel primo caso, la superficie pm3d viene disegnata insieme alla mesh prodotta dallo stile specificato nel comando splot, come mostrato in fig. 5.55 nei pannelli di sinistra e destra.

```
reset
set pm3d
set iso 20,20
R(x,y) = sqrt(x**2 + y**2)
splot sin(R(x,y))/R(x,y)  w l lw 2 lc 'black'
pause -1 'Click to continue'
```

ID: 10.1007/978-3-032-35750-2 – 005 Date: October 16, 2026 Proof number: 1

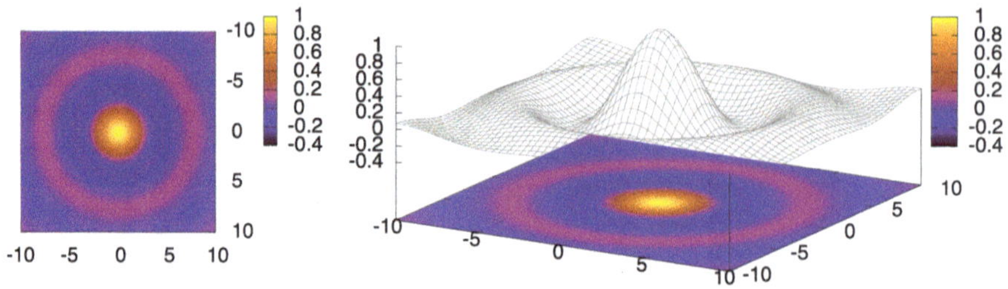

Figura 5.56 Esempi di utilizzo di 'pm3d' per tracciare mappe bidimensionali da superfici

```
unset pm3d
set iso 100,100
splot sin(R(x,y))/R(x,y)  w pm3d
```

Codice 5.82 Script che mostra l'uso di pm3d per graficare una superficie interpolata

L'uso di `pm3d` permette di produrre mappe, che sono in realtà la proiezione di un oggetto 3D sul piano xy. Questo può essere ottenuto con `set view 0,90`, cioè osservando l'oggetto dall'alto.

```
reset
set view equal #  rende la finestra del grafico quadrata
set view 0,90  #  for a top down projection
unset key
set iso 100,100
R(x,y) = sqrt(x**2 + y**2)
splot sin(R(x,y))/R(x,y)  w pm3d
```

Codice 5.83 Script che mostra l'uso di pm3d per graficare una proiezione dall'alto di una superficie

Questo produrrà il grafico a sinistra in fig. 5.56.

Gli stessi risultati possono essere ottenuti utilizzando `with pm3d at bottom` che non dipende dall'impostazione della vista.
Questo comportamento può essere reso permanente tramite `set pm3d map` che permette l'uso di linee (o qualsiasi altro stile) per `splot` della superficie, come mostrato a destra della stessa figura.

```
reset
set pm3d at b
set iso 50,50
set hidden
R(x,y) = sqrt(x**2 + y**2)
splot sin(R(x,y))/R(x,y)  lc 'dark-gray' not
```

Codice 5.84 Script che mostra l'uso combinato di pm3d e stile linea/punto

Naturalmente, quanto detto sulle funzioni si applica anche a un grafico 3D di dati tabulati dall'utente. Gnuplot costruisce superfici da punti dati organizzati in set di tre colonne come x, y, z, disposti in “blocchi” separati da una riga vuota (simile al dataset 2D). In ogni blocco la colonna x è ripetuta mentre y e z variano da blocco a blocco, come nell’esempio seguente (3D_blocks.txt):

```
30  60  52
31  60  47
32  60  62
33  60  67
34  60  69

30  59  50
31  59  48
32  59  66
33  59  67
34  59  70

30  58  55
31  58  51
32  58  70
33  58  68
34  58  65

30  57  60
31  57  53
32  57  74
33  57  70
34  57  68
```

Codice 5.85 Esempio di file dati 3D dell’utente in formato a blocchi

Questo consiste in realtà in un insieme di sezioni della superficie con piani normali all’asse x. Questo file a blocchi può essere tracciato con:

```
reset
set pm3d
splot "3D_blocks.txt" using 1:2:3 with lp  # linee e punti
# Oppure per una superficie colorata con palette:
splot "3D_blocks.txt" using 1:2:3 with pm3d  # superficie
    riempita
```

Codice 5.86 Esempio di script per tracciare da un file dati 3D dell’utente

ottenendo i grafici in fig. 5.57

L’opzione `pm3d` deve essere impostata prima per avere una superficie riempita e una griglia di linee insieme. Per una sfumatura più uniforme, usare `set pm3d interpolate N,N` dove `N` è un intero che controlla la griglia di interpolazione; il valore predefinito è 1,1.

In alternativa, è possibile utilizzare un formato dati `matrix` regolare dove gli indici di righe e colonne rappresentano la griglia dei valori di `x` e `y`, e ogni voce è un valore `z`.

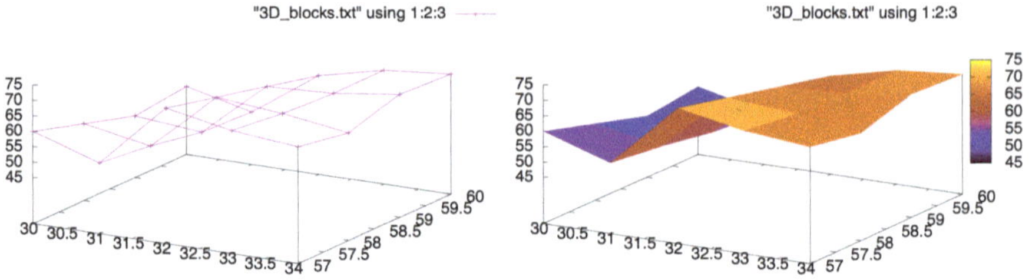

Figura 5.57 Esempio di grafico di superficie da un file dati a blocchi 3D dell'utente

```
z[1,1] z[1,2] z[1,3]
z[2,1] z[2,2] z[2,3]
z[3,1] z[3,2] z[3,3]
```

Codice 5.87 Esempio 'Regular matrix' di file dati 3D formattato dall'utente

In alternativa, si può riservare la prima colonna e la prima riga per le coordinate `x` e `y` specificando `matrix non uniform` come nell'esempio seguente:

```
0      20     60     100    140    180    220    260    .....
0.20   1.000  0.944  0.865  0.847  0.760  0.701  0.686  .....
0.52   0.998  0.933  0.866  0.811  0.780  0.685  0.609  .....
0.78   0.996  0.930  0.864  0.803  0.732  0.673  0.548  .....
1.27   0.990  0.902  0.875  0.794  0.698  0.592  0.383  .....
1.47   0.987  0.921  0.867  0.766  0.665  0.549  0.316  .....
1.67   0.983  0.907  0.828  0.773  0.613  0.488  0.242  .....
1.87   0.979  0.880  0.833  0.742  0.608  0.469  0.198  .....
2.06   0.975  0.900  0.823  0.758  0.560  0.414  0.165  .....
2.27   0.970  0.857  0.846  0.730  0.512  0.376  0.129  .....
2.46   0.964  0.863  0.810  0.712  0.500  0.359  0.116  .....
2.65   0.959  0.850  0.834  0.721  0.513  0.371  0.151  .....
2.83   0.953  0.829  0.787  0.648  0.412  0.267  0.067  .....
....   .....  .....  .....  .....  .....  .....  .....  .....
```

Codice 5.88 Esempio 'Non uniform matrix' di file dati 3D formattato dall'utente

L'output dai dati di tipo `matrix` e da quelli di tipo `matrix nonuniform` è mostrato in fig. 5.57 e può essere ottenuto rispettivamente da:

```
splot '3D_Matrix_1.txt' matrix w pm3d
splot '3D_Matrix_2.txt' matrix nonuniform w pm3d
```

Codice 5.89 Script semplice per graficare matrici 'regolari' e 'non uniformi' da dati utente

ID: 10.1007/978-3-032-35750-2 – 005 Date: October 16, 2026 Proof number: 1

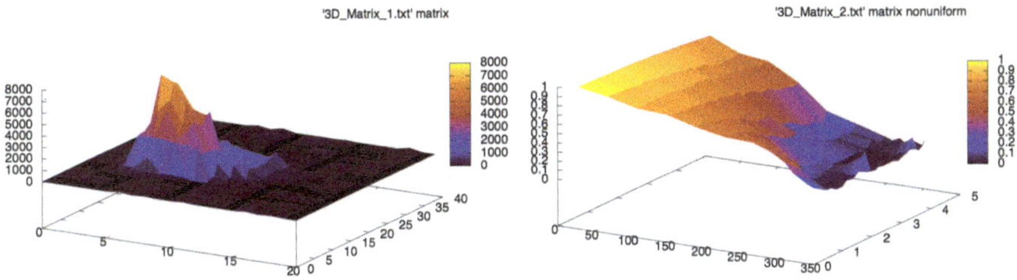

Figura 5.58 Esempio di grafici di superficie per dati di tipo 'matrix' e 'matrix nonuniform'

5.4.13 *Miscellanea*

5.4.13.1 Assi

I quattro assi disponibili sono:

- 'x1y1' assi in basso e a sinistra;
- 'x2y2' assi in alto e a destra;
- 'x1y2' assi in basso e a destra;
- 'x2y1' assi in alto e a sinistra.

Essi sono selezionati tramite `axes ##` nel comando plot per associare una curva agli assi selezionati. Gli intervalli specificati nel comando 'plot' si applicano solo a x1y1.

Nell'esempio seguente, avremo un grafico con doppio asse y di colori diversi:

```
reset
set xrange [-10:10]
set ytics 10 nomirror tc lt 1 # il colore delle tacche è quello
    del tipo di linea
set ylabel 'Quadratica'
set y2tics 200 nomirror  tc 'blue' # colore delle tacche definito
     dall'utente
set y2label 'Cubica'
plot x**2 linetype 1, x**3  lc 'blue' axes x1y2
```

Codice 5.90 Script semplice che illustra l'uso della specifica 'axes'

dove per l'asse y di sinistra il colore è associato al tipo di linea, mentre per quello di destra è scelto dall'utente; in entrambi i casi, la stessa associazione va ripetuta nel comando plot. Il risultato è mostrato in fig. 5.59.

Nel caso sia necessaria una scala logaritmica, può essere attivata tramite `set log 'axis' 'base'` dove 'axis' è una qualsiasi combinazione di `x, y, x2, y2`, mentre la base predefinita è 10.

È anche possibile utilizzare coordinate polari tramite `set polar`. In questo caso la variabile fittizia (t) rappresenta un angolo theta con intervallo predefinito [0:2*π].

ID: 10.1007/978-3-032-35750-2 – 005 Date: October 16, 2026 Proof number: 1

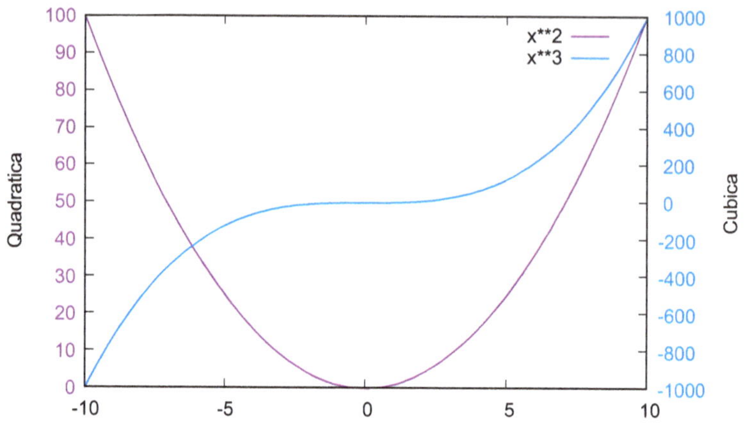

Figura 5.59 Esempio di grafici con scale diverse sugli assi

5.4.13.2 Datablock

I datablock in gnuplot sono una sorta di file virtuali che non vengono salvati su memoria di massa e sono usati come dati online o incorporati negli script. Un prefisso $ identifica i nomi dei datablock e può essere eliminato usando il comando `undefine`, mentre `undefine $*` libera tutti i datablock.

Un datablock può essere definito come in questo esempio:

```
# Definisci un data block
gnuplot> $Mydata << EOD
11 22 33 #prima riga di dati
44 55 66 #seconda riga di dati
# i commenti funzionano come in un file di dati
77 88 99
EOD
gnuplot>print $Mydata
11 22 33
44 55 66
77 88 99
gnuplot> p $MyData us 1:2 w lp
```

Codice 5.91 Esempio che illustra la creazione di un 'data block' all'interno del terminale gnuplot

Il delimitatore di fine dati (EOD nell'esempio) può essere qualsiasi sequenza di caratteri alfanumerici. Una volta definito un datablock, esso può essere stampato, plottato, manipolato come un normale file di dati.

La funzione Datablocks permette di incapsulare più blocchi di dati all'interno di uno script senza dover usare file esterni, rendendo gli script più portabili.

I datablock sono utili anche per dataset temporanei o intermedi, come passaggi intermedi nell'elaborazione dei dati. L'utente può definire e riutilizzare questi dataset senza riempire il filesystem di file temporanei.

Il nome file speciale '-' è un altro meccanismo per incorporare dati in un flusso di comandi gnuplot. Quando appare in un comando plot, le righe immediatamente successive al comando plot sono interpretate come dati inline, ma possono essere usate solo una volta dal comando plot successivo.

```
gnuplot> plot '-'
input data ('e' ends) > 1 2
input data ('e' ends) > 3 4
input data ('e' ends) > 5 6
input data ('e' ends) > 7 8
input data ('e' ends) > 9 10
input data ('e' ends) > e
gnuplot>
```

Codice 5.92 Altro esempio che illustra la creazione di un file di dati all'interno del terminale gnuplot, usando plot '-'

In questo esempio, l'utente deve solo inserire i dati al prompt '`input data ('e' ends) >`' mentre il grafico verrà prodotto subito dopo aver inserito il carattere `'e'`.

5.4.13.3 Coordinate

Per disegnare qualcosa come una freccia, una legenda, un'etichetta, ecc., in una posizione arbitraria nella finestra del grafico, è necessario specificare un sistema di riferimento e la posizione in quel sistema. Questo si ottiene tramite la seguente sintassi:

```
{system} x, {system} y, {system} z
```

dove '`system`' può essere first, second, polar, graph, screen o character, secondo le seguenti regole.

first	la coordinata x, y o z è definita dai valori degli assi sinistro e inferiore
second	come first ma riferito agli assi x2,y2 (superiore e destro)
graph	specifica l'area all'interno degli assi: 0,0 è in basso a sinistra e 1,1 in alto a destra (per splot, 0,0,0 è in basso a sinistra dell'area di disegno)
screen	specifica l'intera area dello schermo, con 0,0 in basso a sinistra e 1,1 in alto a destra.
character	usato principalmente per offset, non per posizioni assolute. La dimensione del carattere dipende dal font utilizzato
polar	fa sì che i primi due valori siano interpretati come angolo theta e raggio r

Il sistema di coordinate predefinito per x è `first`; se il sistema per y non è specificato, viene assunto quello di x.

5.4.13.4 Smoothing

Gnuplot include una routine di interpolazione dati generica tramite il qualificatore 'smooth' nel comando plot: `plot 'filename' using n:m smooth 'option'` Le opzioni più comunemente usate che costruiscono una curva continua tra un insieme di dati sono:

- csplines: collega punti consecutivi tramite spline cubiche naturali adattate ai punti dati, dopo aver reso i dati monotoni in x.
- acsplines: come cspline ma con i coefficienti dei polinomi cubici pesati per l'errore sui punti, indicato dalla terza colonna in `plot 'filename' us X:Y:Err`
- bezier: approssima i dati con una curva di Bezier di grado pari al numero di punti dati.

Altre opzioni disponibili sono utili per l'analisi statistica. Infatti, dopo aver ordinato i dati su x, queste funzioni tracciano alcuni aspetti della distribuzione dei valori di x.

- unique: i punti con lo stesso valore di x sono sostituiti da un singolo punto avente il valore medio di y.
- frequency: i punti con lo stesso valore di x sono sostituiti da un singolo punto avente la somma dei valori di y.
- cumulative: i punti con lo stesso valore di x sono sostituiti da un singolo punto contenente la somma cumulativa dei valori di y di tutti i punti dati con valori di x inferiori.

5.4.13.5 Palette di colori

La palette o gradiente di colori, utilizzata nei grafici di superficie, può essere personalizzata per rappresentare meglio i dati. Una *palette* in Gnuplot è un insieme di colori utilizzati per rappresentare i dati nei grafici a colori, come mappe di calore o grafici di superficie 3D. Definendo una palette, l'utente può controllare come i valori numerici vengono tradotti in colori, facilitando la visualizzazione delle distribuzioni dei dati e delle variazioni di intensità z. La legenda della palette può essere rimossa con il comando `unset colorbox` se necessario.

Il semplice comando `set palette` attiverà la palette predefinita con gradiente dal blu al rosso. In alternativa, è possibile definire una palette personalizzata associando valori di intensità a colori specifici

```
reset
set palette defined (0 "blue", 0.5 "white", 1 "red")
```

Codice 5.93 Esempio di palette definita dall'utente

In questo caso, i valori numerici (0, 0.5, 1) indicano le intensità minima, intermedia e massima nei valori del file dati o della funzione nel range tracciato. In questo

ID: 10.1007/978-3-032-35750-2 – 005 Date: October 16, 2026 Proof number: 1

esempio, i valori vicini a 0 saranno blu, intorno a 0.5 saranno bianchi e vicino a 1 saranno rossi. Nella definizione della palette, i 'punti di cambio colore' non sono limitati a tre ma possono essere aumentati a piacere. `set palette defined (value1 "color1", value2 "color2", ..., valueN "colorN")`, permettendo una regolazione fine dei gradienti di colore.

Come detto, gnuplot genererà un gradiente utilizzando i colori e i punti di cambio definiti, ma è anche possibile avere colori discreti usando `set palette maxcolors 'num_of_colors'`. Usa il comando `show palette colornames` per un elenco dei nomi di colore disponibili. La definizione della palette può anche essere salvata e caricata da un file di testo che ha il seguente formato:

```
0.0 0.0 0.0 1.0
0.5 1.0 1.0 1.0
1.0 1.0 0.0 0.0
```

ogni riga contiene il 'punto di cambio' e il colore assegnato come combinazione di Rosso, Verde e Blu. Questi file vengono caricati tramite `set palette file 'palette.txt'`.

Gnuplot offre anche una serie di palette predefinite accessibili tramite `set palette rgbformulae 33,13,10`, dove la tripletta utilizzata è semplicemente l'indice gnuplot che si riferisce alle formule per le componenti rosso, verde e blu. Come esempio di palette comunemente usate, abbiamo:

7,5,15	per l'arcobaleno classico
33,13,10	per il gradiente stile Viridis
34,35,36	per il gradiente stile Plasma
3,3,3	per la scala di grigi

Per un elenco completo di tutte le possibili combinazioni preimpostate digitare `show palette rgbformulae` nel terminale di gnuplot.

Gli utenti possono anche definire una palette usando funzioni matematiche tramite il comando `set palette functions <R>, <G>, <B>`. Dove `<R>`, `<G>` e `<B>` sono espressioni che determinano le componenti rosso, verde e blu, come ad esempio `set palette functions sin(0.3*pi*gray), gray**2, 1-gray`

È anche possibile usare una palette per tracciare un file 2d usando una terza colonna che determina il colore di ogni punto: `plot "datafile.dat" using 1:2:3 with points palette`

5.5 Manipolazione e visualizzazione dei dati con Python

Addentriamoci ora nella manipolazione e visualizzazione dei dati usando Python. Come già detto, Python offre un ricco ecosistema di librerie che ne potenziano le capacità in vari ambiti. Per la manipolazione dei dati, le librerie Python come "NumPy" – calcolo numerico, manipolazione di array e algebra lineare –, "SciPy" –

per il calcolo scientifico e tecnico (ottimizzazione, integrazione, ecc.) – e "Pandas" – manipolazione, analisi e pulizia di database – sono comunemente utilizzate. Per quanto riguarda la visualizzazione dei dati, Python offre l'uso di diverse librerie come "Matplotlib" – per la creazione di grafici statici, interattivi e animati.

Nelle sezioni seguenti vedremo nello specifico in cosa consistono queste librerie Python e perché sono così potenti.

5.5.1 Numpy

NumPy (abbreviazione di Numerical Python) è un pacchetto fondamentale per il calcolo scientifico in Python. Offre un ampio insieme di routine/funzioni per eseguire operazioni rapide e calcoli complessi senza iterazione manuale:

- Funzioni matematiche (ad esempio, somma elemento per elemento, moltiplicazione);
- Operazioni logiche (ad esempio, mascheramento, indicizzazione booleana);
- Manipolazione della forma (ad esempio, reshaping, trasposizione);
- Ordinamento, selezione e input/output (I/O);
- Algebra lineare di base (operazioni su matrici);
- Operazioni statistiche di base;
- Trasformate di Fourier discrete;
- Simulazione casuale (generazione di numeri casuali).

NumPy è efficiente e offre prestazioni molto elevate. Infatti, le operazioni NumPy sono spesso eseguite in "codice compilato", il che migliora notevolmente la velocità di esecuzione. NumPy supera le sequenze native di Python (come le liste) per vari compiti di calcolo scientifico. Per questi motivi, molti pacchetti scientifici e matematici basati su Python si affidano agli array NumPy, spesso convertendo le sequenze Python in array NumPy per un'elaborazione efficiente. È quindi evidente che NumPy è ampiamente utilizzato e saperlo usare è essenziale per lavorare con software scientifico.

NumPy permette di creare e manipolare array di tipi di dati omogenei (ad esempio, interi, float) in modo efficiente tramite gli oggetti "array" e "ndarray" (array n-dimensionali). A differenza delle liste Python, gli array NumPy hanno una dimensione fissa alla creazione, il che porta a migliori prestazioni e consente di gestire grandi quantità di dati in modo rapido e flessibile. Gli array possono essere inizializzati con NumPy usando una sequenza Python, come una lista. Dopo aver installato NumPy (ad esempio, tramite "pip"), NumPy può essere importato nel codice Python come riportato nella Linea 1 del codice 5.94[2].

---

[2] Nota che (`import numpy as np`) è solo una convenzione comune che permette di accedere alle funzionalità di NumPy con un prefisso breve e riconoscibile (`np`).

ID: 10.1007/978-3-032-35750-2 – 005 Date: October 16, 2026 Proof number: 1


```
import numpy as np
a = np.array([2, 4, 6, 8, 10])
a
# Output: array([2, 4, 6, 8, 10])
print(a)
# Output: [2 4 6 8 10]
```

Codice 5.94 Array semplice con dati in NumPy

Come per le sequenze Python integrate, gli array NumPy sono "indicizzati da 0": il primo elemento dell'array si accede usando l'indice 0, non 1. Come per la lista originale, è possibile accedere agli elementi dell'array utilizzando l'indice intero dell'elemento tra parentesi quadre, e si può utilizzare la notazione di slicing di Python per l'indicizzazione. Inoltre, gli array sono mutabili.

```
import numpy as np
a = np.array([2, 4, 6, 8, 10])
#Indicizzazione
a[0]
# Output: 2
a[:3]
# Output: array([2, 4, 6])
#Variabilità
a[0] = 11
a
# Output: array([11, 4, 6, 8, 10])
```

Codice 5.95 Indicizzazione e variabilità di array in Python

L'indicizzazione tramite slicing di una lista copia gli elementi in una nuova lista, ma l'operazione di slicing su un array restituisce un oggetto che fa riferimento ai dati dell'array originale – una cosiddetta *view*[3]. Quindi, è possibile modificare l'array originale utilizzando la vista, come mostrato nel seguente esempio:

```
import numpy as np

a = np.array([2, 4, 6, 8, 10])

#Slicing
v = a[2:]
v
# Output: array([6, 8, 10])
v[0] = 1
a
# Output: array([ 2,  4,  1, 8, 10])
```

Codice 5.96 Slicing e viste in NumPy

---

[3] Consulta https://numpy.org/doc/stable/user/basics.copies.html per maggiori informazioni sulle *viste* e sulle loro differenze con le *copie*, per una spiegazione più completa di quando le operazioni sugli array restituiscono viste invece che copie.

ID: 10.1007/978-3-032-35750-2 – 005 Date: October 16, 2026 Proof number: 1

Finora, abbiamo trattato solo array monodimensionali (1D). Utilizzando sequenze Python annidate, possiamo ottenere array a due o più dimensioni, ottenendo il numero di dimensioni, la forma – lunghezza di ciascuna dimensione – e la dimensione totale – numero totale di elementi – di un array NumPy utilizzando rispettivamente gli attributi `ndim`, `shape` e `size`.

```
import numpy as np

a = np.array([[2, 4, 6, 8], [10, 12, 14, 16], [18, 20, 22, 24]])
a
# Output: array([[ 2,  4,  6,  8],
#                [ 10, 12, 14, 16],
#                [ 18, 20, 22, 24]])
print(a)
# Output: [[ 2  4  6  8]
#          [10 12 14 16]
#          [18 20 22 24]]

a.ndim
# Output: 2

print(a.shape)
# Output: (3, 4)
print(type(a.shape))
# Output: <class 'tuple'>
print(a.shape[0])
# Output: 3
print(a.shape[1])
# Output: 4
row, col = a.shape
print(row)
# Output: 3
print(col)
# Output: 4

print(a.size)
# Output: 12
print(type(a.size))
# Output: <class 'int'>
print(a[0].size)
# Output: 4
```

Codice 5.97 Array multi-dimnesionali in NumPy e loro caratteristiche

Nell'esempio 5.97, l'array a è un array 2D (una matrice) con 12 elementi raggruppati in una matrice di 3 righe e 4 colonne. Da notare che a ha una dimensione pari a 2 perché è costituito da due indici, uno per le righe e uno per le colonne. Graficamente, l'array può essere rappresentato in uno spazio bidimensionale, cioè sul piano (x,y): infatti, in generale, in NumPy, una dimensione di un array è collegata

ID: 10.1007/978-3-032-35750-2 – 005 Date: October 16, 2026 Proof number: 1

a un "asse". Questa espressione permette di distinguere appropriatamente tra la dimensionalità di un array e la dimensionalità dei dati rappresentati dall'array. Inoltre, la dimensione non deve essere confusa con il numero di elementi dell'array o con il numero di righe e colonne. Infatti, il numero di elementi è definito utilizzando il metodo `size`; invece, il numero di righe e colonne può essere trovato tramite il metodo `shape`.

NumPy è davvero utile per l'analisi dei dati in fisica. Di seguito è riportato un esempio di misurazione dei tempi di caduta di un corpo e il successivo calcolo della "media" del dataset associato:

```
1 import numpy as np
2
3 # Example data (fall times of an object)
4 fall_times = np.array([1.2, 1.5, 1.8, 1.4, 1.6])
5
6 # Calculate the mean
7 mean_fall_time = np.mean(fall_times)
8 print(f"Mean fall time = {mean_fall_time:.2f} seconds")
9 # Output: Mean fall time = 1.50 seconds
```

Codice 5.98 Esempio nell'uso di NumPy in fisica: creazione di semplice array con dati e calcolo della media

Vediamo ora la spiegazione passo-passo di questo semplice codice. Una volta installato NumPy, è possibile importarlo in uno script Python o in un ambiente interattivo tramite `import numpy as np`. I dati acquisiti vengono convertiti in un array tramite `np.array`, che viene assegnato alla variabile "fall_times". Successivamente, `np.mean` calcola la media aritmetica dei dati forniti memorizzati come "fall_times". Il valore stimato "mean_fall_time" viene stampato tramite la riga #8 del codice 5.98.

Seguendo l'idea su cui abbiamo costruito l'esempio precedente, utilizzando NumPy, possiamo caricare dati da un file rappresentante il precedente esperimento ed eseguire calcoli:

```
import numpy as np

# Carica i dati da un file
loaded_data = np.load('data_file.npy')

# Esegui calcoli (sostituisci questa parte con i tuoi calcoli
    fisici specifici)
mean_value = np.mean(loaded_data)
print(f"Mean value = {mean_value:.2f}")
# Output: Mean fall time = ...
```

Codice 5.99 Esempio di utilizzo di NumPy in fisica caricando dati da un file

I dati memorizzati nel file 'data_file.npy' vengono caricati con NumPy tramite le funzioni "load" o "loadtxt" – a seconda dell'estensione del file – richiamate dal comando `np.load` o `np.loadtxt`, rispettivamente.

ID: 10.1007/978-3-032-35750-2 – 005 Date: October 16, 2026 Proof number: 1

5.5.1.1 Aggregazione dei dati

NumPy dispone di funzioni di aggregazione integrate per lavorare e calcolare statistiche riassuntive su array. Le statistiche riassuntive più comuni in fisica sono il valore medio e la deviazione standard, che rappresentano i valori "tipici" di un insieme di dati. Tuttavia, anche altri aggregati come somma, prodotto, mediana, minimo, massimo, ecc. possono rivelarsi utili. L'aggregazione lungo un singolo asse può essere generalmente vista come una riduzione della dimensionalità del nostro array di uno. Ad esempio, aggregare un array monodimensionale produce un singolo valore, mentre aggregare un array bidimensionale restituisce un array monodimensionale. Quando si lavora con più dimensioni, è necessario scegliere quale dimensione (o asse) eliminare. In NumPy, ciò si ottiene specificando il parametro "axis" nella chiamata della funzione. Dopo aver costruito array 1D, 2D e 3D – denominati rispettivamente "one_d", "two_d" e "three_d" –, mostreremo l'utilizzo di alcune funzioni di aggregazione di NumPy in Python, fornendo anche una breve descrizione delle funzioni stesse. In questo contesto, consideriamo un esempio per ciascuna funzione inserendo nel codice alcune righe per mostrare come l'aggregazione porti a una riduzione della dimensionalità dell'array di partenza:

- `np.sum()` calcola la somma dei valori di un dato array. Il riferimento agli elementi dell'array da sommare e altri termini opzionali (ad esempio, asse o assi lungo i quali viene eseguita la somma[4]) devono essere inclusi tra le parentesi.

```
import numpy as np

# Crea array 1D, 2D e 3D
print("\nGenera array 1D, 2D e 3D")
one_d = np.array([1,2])
print("one_d =\n", one_d)
two_d = np.array([[3,4],[5,6]])
print("two_d =\n", two_d)
three_d = np.array([[[7,8],[9,10]],[[11,12],[13,14]]])
print("three_d =\n", three_d)

# Calcola la somma
print("\nCalcola la somma tramite la funzione np.sum()")
# Aggregazione di array monodimensionali
sum1 = np.sum(one_d)
print("np.sum(one_d) =", sum1, ", con una dimensione di",
sum1.ndim)
# Output: np.sum(one_d) = 3 , con una dimensione di 0
# Aggregazione di array bidimensionali
sum2 = np.sum(two_d)
print("np.sum(two_d) =", sum2, ", con una dimensione di",
sum2.ndim)
```

[4] Di default, impostando axis=None verranno sommati tutti gli elementi dell'array di input. Se l'asse è negativo, si conterà dall'ultimo asse verso il primo.

```
# Output: np.sum(two_d) = 18 , con una dimensione di 0
sum2_0 = np.sum(two_d, axis = 0)
print("np.sum(two_d, axis = 0) =", sum2_0, ", con una dimensione di", sum2_0.ndim)
# Output: np.sum(two_d, axis = 0) = [ 8 10] , con una dimensione di 1
sum2_1 = np.sum(two_d, axis = 1)
print("np.sum(two_d, axis = 1) =", sum2_1, ", con una dimensione di", sum2_1.ndim)
# Output: np.sum(two_d, axis = 1) = [ 7 11] , con una dimensione di 1
# Aggregazione di array tridimensionali
sum3 = np.sum(three_d)
print("np.sum(three_d) =", sum3, ", con una dimensione di", sum3.ndim)
# Output: np.sum(three_d) = 84 , con una dimensione di 0
sum3_0 = np.sum(three_d, axis = 0)
print("np.sum(three_d, axis = 0) =", sum3_0, ", con una dimensione di", sum3_0.ndim)
# Output: np.sum(three_d, axis = 0) = [[18 20] [22 24]] , con una dimensione di 2
sum3_1 = np.sum(three_d, axis = 1)
print("np.sum(three_d, axis = 1) =", sum3_1, ", con una dimensione di", sum3_1.ndim)
# Output: np.sum(three_d, axis = 1) = [[16 18] [24 26]] , con una dimensione di 2
sum3_2 = np.sum(three_d, axis = 2)
print("np.sum(three_d, axis = 2) =", sum3_2, ", con una dimensione di", sum3_2.ndim)
# Output: np.sum(three_d, axis = 2) = [[15 19] [23 27]] , con una dimensione di 2


```

Codice 5.100 Esempio di `np.sum()`

Nell'esempio 5.100, viene mostrato come applicare la funzione ad array 1D, 2D e 3D, distinguendo i risultati non solo riferendosi a quelli in cui tutti gli elementi vengono sommati, ma anche a quelli riferiti ad assi specifici. Sono riportati anche i risultati in output di print(). È evidente che la dimensionalità si riduce una volta eseguita l'operazione di somma, ma va tenuto presente che la dimensionalità si riduce di 1 rispetto a quella dell'array di partenza indicando l'asse lungo cui eseguire la somma. Si noti che scrivere sum3_0 = np.sum(three_d, axis = 0) oppure sum3_0 = np.sum(three_d, 0) è equivalente.

- `np.mean()` restituisce la media aritmetica dell'array o un array con i valori medi lungo l'asse specificato. Come visto sopra, se non indichiamo l'asse su cui eseguire l'operazione, otterremo come risultato un valore scalare.

ID: 10.1007/978-3-032-35750-2 – 005 Date: October 16, 2026 Proof number: 1


```python
import numpy as np

# Crea array 1D, 2D e 3D
print("\nGenera array 1D, 2D e 3D")
one_d = np.array([1,2])
print("one_d =\n", one_d)
two_d = np.array([[3,4],[5,6]])
print("two_d =\n", two_d)
three_d = np.array([[[7,8],[9,10]],[[11,12],[13,14]]])
print("three_d =\n", three_d)

# Calcola la media
print("\nCalcola la media tramite la funzione np.mean()")
# Aggregazione di array monodimensionali
mean1 = np.mean(one_d)
print("np.mean(one_d) =", mean1, ", con una dimensione di",
    mean1.ndim)
# Output: np.mean(one_d) = 1.5 , con una dimensione di 0
# Aggregazione di array bidimensionali
mean2 = np.mean(two_d)
print("np.mean(two_d) =", mean2, ", con una dimensione di",
    mean2.ndim)
# Output: np.mean(two_d) = 4.5 , con una dimensione di 0
mean2_0 = np.mean(two_d, axis = 0)
print("np.mean(two_d, axis = 0) =", mean2_0, ", con una
    dimensione di", mean2_0.ndim)
# Output: np.mean(two_d, axis = 0) = [4. 5.] , con una
    dimensione di 1
mean2_1 = np.mean(two_d, axis = 1)
print("np.mean(two_d, axis = 1) =", mean2_1, ", con una
    dimensione di", mean2_1.ndim)
# Output: np.mean(two_d, axis = 1) = [3.5 5.5] , con una
    dimensione di 1
# Aggregazione di array tridimensionali
mean3 = np.mean(three_d)
print("np.mean(three_d) =", mean3, ", con una dimensione di",
    mean3.ndim)
# Output: np.mean(three_d) = 10.5 , con una dimensione di 0
mean3_0 = np.mean(three_d, axis = 0)
print("np.mean(three_d, axis = 0) =", mean3_0, ", con una
    dimensione di", mean3_0.ndim)
# Output: np.mean(three_d, axis = 0) = [[ 9. 10.] [11. 12.]] ,
     con una dimensione di 2
mean3_1 = np.mean(three_d, axis = 1)
print("np.mean(three_d, axis = 1) =", mean3_1, ", con una
    dimensione di", mean3_1.ndim)
# Output: np.mean(three_d, axis = 1) = [[ 8.  9.] [12. 13.]] ,
     con una dimensione di 2
```

ID: 10.1007/978-3-032-35750-2 – 005 Date: October 16, 2026 Proof number: 1


```
mean3_2 = np.mean(three_d, axis = 2)
print("np.mean(three_d, axis = 2) =", mean3_2, ", con una
    dimensione di", mean3_2.ndim)
# Output: np.mean(three_d, axis = 2) = [[ 7.5  9.5] [11.5
    13.5]] , con una dimensione di 2
```

Codice 5.101 Esempio di `np.mean()`

- `np.average()` calcola la media pesata di un array o lungo l'asse specificato. Rispetto a `np.mean()`, `np.average()` accetta un parametro opzionale per i pesi chiamato "weights". Come mostrato nell'esempio seguente, da confrontare con l'esempio 5.101, se non viene fornito un valore a questo parametro (cioè, se weights=None), tutti gli elementi dell'array di partenza si assumono con peso uno e le funzioni `np.mean()`, `np.average()` risulteranno equivalenti, fornendo gli stessi risultati.

```
import numpy as np

# Crea array 1D, 2D e 3D
print("\nGenera array 1D, 2D e 3D")
one_d = np.array([1,2])
print("one_d =\n", one_d)
two_d = np.array([[3,4],[5,6]])
print("two_d =\n", two_d)
three_d = np.array([[[7,8],[9,10]],[[11,12],[13,14]]])
print("three_d =\n", three_d)

# Calcola la media pesata
print("\nCalcola la media pesata tramite la funzione np.
    average()")
# Aggregazione di array monodimensionali
average1 = np.average(one_d)
print("np.average(one_d) =", average1, ", con una dimensione
    di", average1.ndim)
# Output: np.average(one_d) = 1.5 , con una dimensione di 0
average1_w = np.average(one_d, weights=one_d)
print("np.average(one_d, weights=one_d) =", average1_w, ", con
     una dimensione di", average1_w.ndim)
# Output: np.average(one_d, weights=one_d) =
    1.6666666666666667 , con una dimensione di 0
# Aggregazione di array bidimensionali
average2 = np.average(two_d)
print("np.average(two_d) =", average2, ", con una dimensione
    di", average2.ndim)
# Output: np.average(two_d) = 4.5 , con una dimensione di 0
average2_w = np.average(two_d, weights=two_d)
print("np.average(two_d, weights=two_d) =", average2_w, ", con
     una dimensione di", average2_w.ndim)
# Output: np.average(two_d, weights=two_d) = 4.777777777777778
     , con una dimensione di 0
```

ID: 10.1007/978-3-032-35750-2 – 005 Date: October 16, 2026 Proof number: 1


```
average2_0 = np.average(two_d, axis = 0)
print("np.average(two_d, axis = 0) =", average2_0, ", con una
    dimensione di", average2_0.ndim)
# Output: np.average(two_d, axis = 0) = [4. 5.] , con una
    dimensione di 1
average2_0_w = np.average(two_d, axis = 0, weights=two_d)
print("np.average(two_d, axis = 0, weights=two_d) =",
    average2_0_w, ", con una dimensione di", average2_0_w.ndim
    )
# Output: np.average(two_d, axis = 0, weights=two_d) = [4.25
    5.2 ] , con una dimensione di 1
average2_1 = np.average(two_d, axis = 1)
print("np.average(two_d, axis = 1) =", average2_1, ", con una
    dimensione di", average2_1.ndim)
# Output: np.average(two_d, weights=two_d) = 4.777777777777778
     , con una dimensione di 0
average2_1_w = np.average(two_d, axis = 1, weights=two_d)
print("np.average(two_d, axis = 1, weights=two_d) =",
    average2_1_w, ", con una dimensione di", average2_1_w.ndim
    )
# Output: np.average(two_d, weights=two_d) = 4.777777777777778
     , con una dimensione di 0
# Aggregazione di array tridimensionali
average3 = np.average(three_d)
```

Codice 5.102 Esempio di `np.average()`

I valori che risultano dal calcolo pesato differiscono leggermente da quelli non pesati e possono variare a seconda del parametro perché tutti gli elementi possono o meno avere lo stesso peso. Si noti che l'array dei pesi deve avere la stessa "shape" dell'array contenente i dati da mediare se non viene specificato alcun asse (cioè, array 1D, 2D o 3D nel nostro esempio). La media è calcolata come:

$$\text{average} = \frac{\sum(\text{elements} \cdot \text{weights})}{\sum \text{weights}} \tag{5.1}$$

e l'unico requisito per i pesi è che la loro somma non sia zero.

- `np.prod()` restituisce il prodotto di tutti gli elementi in un dato array. Come visto sopra, tra gli argomenti di questa funzione abbiamo l'array di input e l'asse lungo il quale viene calcolato il prodotto.

```
import numpy as np

# Crea array 1D, 2D e 3D
print("\nGenera array 1D, 2D e 3D")
one_d = np.array([1,2])
print("one_d =\n", one_d)
two_d = np.array([[3,4],[5,6]])
print("two_d =\n", two_d)
```

```
three_d = np.array([[[7,8],[9,10]],[[11,12],[13,14]]])
print("three_d =\n", three_d)

# Calcola il prodotto
print("\nCalcola il prodotto tramite la funzione np.product()")
# Aggregazione di array monodimensionali
product1 = np.product(one_d)
print("np.product(one_d) =", product1, ", con una dimensione di", product1.ndim)
# Output: np.product(one_d) = 2 , con una dimensione di 0
# Aggregazione di array bidimensionali
product2 = np.product(two_d)
print("np.product(two_d) =", product2, ", con una dimensione di", product2.ndim)
# Output: np.product(two_d) = 360 , con una dimensione di 0
product2_0 = np.product(two_d, axis = 0)
print("np.product(two_d, axis = 0) =", product2_0, ", con una dimensione di", product2_0.ndim)
# Output: np.product(two_d, axis = 0) = [15 24] , con una dimensione di 1
product2_1 = np.product(two_d, axis = 1)
print("np.product(two_d, axis = 1) =", product2_1, ", con una dimensione di", product2_1.ndim)
# Output: np.product(two_d, axis = 1) = [12 30] , con una dimensione di 1
# Aggregazione di array tridimensionali
product3 = np.product(three_d)
print("np.product(three_d) =", product3, ", con una dimensione di", product3.ndim)
# Output: np.product(three_d) = 121080960 , con una dimensione di 0
product3_0 = np.product(three_d, axis = 0)
print("np.product(three_d, axis = 0) =", product3_0, ", con una dimensione di", product3_0.ndim)
# Output: np.product(three_d, axis = 0) = [[ 77  96] [117 140]] , con una dimensione di 2
product3_1 = np.product(three_d, axis = 1)
print("np.product(three_d, axis = 1) =", product3_1, ", con una dimensione di", product3_1.ndim)
# Output: np.product(three_d, axis = 1) = [[ 63  80] [143 168]] , con una dimensione di 2
product3_2 = np.product(three_d, axis = 2)
print("np.product(three_d, axis = 2) =", product3_2, ", con una dimensione di", product3_2.ndim)
# Output: np.product(three_d, axis = 2) = [[ 56  90] [132 182]] , con una dimensione di 2
```

Codice 5.103 Esempio su `np.prod()`

- `np.min()` e `np.max()` restituiscono rispettivamente il valore minimo e massimo in un array o lungo un asse specificato.

```
import numpy as np

# Crea array 1D, 2D e 3D
print("\nGenera array 1D, 2D e 3D")

    one_d = np.array([1,2])
    print("one_d =\n", one_d)
    two_d = np.array([[3,4],[5,6]])
    print("two_d =\n", two_d)
    three_d = np.array([[[7,8],[9,10]],[[11,12],[13,14]]])
    print("three_d =\n", three_d)

    # Calculate the min
    print("\nCalcolare il valore minimo tramite la funzione np.min()")
    #Aggregazione di array unidimensionali
    min1 = np.min(one_d)
    print("np.min(one_d) =", min1, ", con una dimensione di", min1.ndim)
    # Output: np.min(one_d) = 1 , con una dimensione di 0
    #Aggregazione di array bidimensionali
    min2 = np.min(two_d)
    print("np.min(two_d) =", min2, ", con una dimensione di", min2.ndim)
    # Output: np.min(two_d) = 3 , con una dimensione di 0
    min2_0 = np.min(two_d, axis = 0)
    print("np.min(two_d, axis = 0) =", min2_0, ", con una dimensione di", min2_0.ndim)
    # Output: np.min(two_d, axis = 0) = [3 4] , con una dimensione di 1
    min2_1 = np.min(two_d, axis = 1)
    print("np.min(two_d, axis = 1) =", min2_1, ", con una dimensione di", min2_1.ndim)
    # Output: np.min(two_d, axis = 1) = [3 5] , con una dimensione di 1
    #Aggregazione di array tridimensionali
    min3 = np.min(three_d)
    print("np.min(three_d) =", min3, ", con una dimensione di", min3.ndim)
    # Output: np.min(three_d) = 7 , con una dimensione di 0
    min3_0 = np.min(three_d, axis = 0)
    print("np.min(three_d, axis = 0) =", min3_0, ", con una dimensione di", min3_0.ndim)
```

```
# Output: np.min(three_d, axis = 0) = [[ 7  8] [ 9 10]] , con una dimensione di 2
min3_1 = np.min(three_d, axis = 1)
print("np.min(three_d, axis = 1) =", min3_1, ", con una dimensione di", min3_1.ndim)
# np.min(three_d, axis = 1) = [[ 7  8] [11 12]] , con una dimensione di 2
min3_2 = np.min(three_d, axis = 2)
print("np.min(three_d, axis = 2) =", min3_2, ", con una dimensione di", min3_2.ndim)
# Output: np.min(three_d, axis = 2) = [[ 7  9] [11 13]] , con una dimensione di 2

# Stima del massimo
print("\nCalcolare il valore massimo tramite la funzione np.max()")
#Aggregazione di array unidimensionali
max1 = np.max(one_d)
print("np.max(one_d) =", max1, ", con una dimensione di", max1.ndim)
# Output: np.max(one_d) = 2 , con una dimensione di 0
#Aggregazione di array bidimensionali
max2 = np.max(two_d)
print("np.max(two_d) =", max2, ", con una dimensione di", max2.ndim)
# Output: np.max(two_d) = 6 , con una dimensione di 0
max2_0 = np.max(two_d, axis = 0)
print("np.max(two_d, axis = 0) =", max2_0, ", con una dimensione di", max2_0.ndim)
# Output: np.max(two_d, axis = 0) = [5 6] , con una dimensione di 1
max2_1 = np.max(two_d, axis = 1)
print("np.max(two_d, axis = 1) =", max2_1, ", con una dimensione di", max2_1.ndim)
# Output: np.max(two_d, axis = 1) = [4 6] , con una dimensione di 1
#Aggregazione di array tridimensionali
max3 = np.max(three_d)
print("np.max(three_d) =", max3, ", con una dimensione di", max3.ndim)
# Output: np.max(three_d) = 14 , con una dimensione di 0
max3_0 = np.max(three_d, axis = 0)
print("np.max(three_d, axis = 0) =", max3_0, ", con una dimensione di", max3_0.ndim)
# Output: np.max(three_d, axis = 0) = [[11 12] [13 14]] , con una dimensione di 2
max3_1 = np.max(three_d, axis = 1)
```

ID: 10.1007/978-3-032-35750-2 – 005 Date: October 16, 2026 Proof number: 1


```
print("np.max(three_d, axis = 1) =", max3_1, ", con una dimensione di", max3_1.ndim)
# Output: np.max(three_d, axis = 1) = [[ 9 10] [13 14]] , con una dimensione di 2
max3_2 = np.max(three_d, axis = 2)
print("np.max(three_d, axis = 2) =", max3_2, ", con una dimensione di", max3_2.ndim)
# Output: np.max(three_d, axis = 2) = [[ 8 10] [12 14]] , con una dimensione di 2

```

Codice 5.104 Esempio su `np.min()` e `np.max()`

- `np.minimum()` e `np.maximum()` confrontano elemento per elemento due array in una comparazione uno-a-uno per costruire rispettivamente un array di valori minimi e massimi. Sono necessari due parametri obbligatori che si riferiscono ai due array di input da confrontare, e poi si ha la possibilità di inserire diversi parametri opzionali. Il risultato di `np.minimum()` (o `np.maximum()`) è un nuovo array contenente i minimi (o i massimi) elemento per elemento, restituendo uno scalare se gli elementi degli array di input sono scalari.

```
import numpy as np

# Calcolare il minimo elemento per elemento tra gli elementi degli array
print("\nCalcolare gli elementi minimi tra due array tramite la funzione np.minimum()")
minimum = np.minimum([2, 3, 4], [1, 5, 2])
print("np.minimum([2, 3, 4], [1, 5, 2]) =", minimum, ", con una dimensione di", minimum.ndim)
# Output: np.minimum([2, 3, 4], [1, 5, 2]) = [1 3 2] , con una dimensione di 1

# Calcolare il massimo elemento per elemento tra gli elementi degli array
print("\nCalcolare gli elementi massimi tra due array tramite la funzione np.maximum()")
maximum = np.maximum([2, 3, 4], [1, 5, 2])
print("np.maximum([2, 3, 4], [1, 5, 2]) =", maximum, ", con una dimensione di", maximum.ndim)
# Output: np.maximum([2, 3, 4], [1, 5, 2]) = [2 5 4] , con una dimensione di 1

```

Codice 5.105 Esempio di `np.minimum()` e `np.maximum()`

ID: 10.1007/978-3-032-35750-2 – 005 Date: October 16, 2026 Proof number: 1

- `np.median()` restituisce la mediana[5] degli elementi dell'array.

```python
import numpy as np

# Crea array 1D, 2D e 3D
print("\nGenera array 1D, 2D e 3D")
one_d = np.array([11,8,19,1])
print("one_d =\n", one_d)
two_d = np.array([[6,1,11,8],[7,6,2,15]])
print("two_d =\n", two_d)
three_d = np.array([[[7,13,8],[9,1,10]],[[11,12,2],[2,13,14]]])
print("three_d =\n", three_d)

# Calcola la mediana
print("\nCalcola la mediana tramite la funzione np.median()")
# Aggregazione di array monodimensionali
median1 = np.median(one_d)
print("np.median(one_d) =", median1, ", con una dimensione di", median1.ndim)
# Output: np.median(one_d) = 9.5 , con una dimensione di 0
# Aggregazione di array bidimensionali
median2 = np.median(two_d)
print("np.median(two_d) =", median2, ", con una dimensione di", median2.ndim)
# Output: np.median(two_d) = 6.5 , con una dimensione di 0
median2_0 = np.median(two_d, axis = 0)
print("np.median(two_d, axis = 0) =", median2_0, ", con una dimensione di", median2_0.ndim)
# Output: np.median(two_d, axis = 0) = [ 6.5  3.5  6.5 11.5] , con una dimensione di 1
median2_1 = np.median(two_d, axis = 1)
print("np.median(two_d, axis = 1) =", median2_1, ", con una dimensione di", median2_1.ndim)
# Output: np.median(two_d, axis = 1) = [7.  6.5] , con una dimensione di 1
# Aggregazione di array tridimensionali
median3 = np.median(three_d)
print("np.median(three_d) =", median3, ", con una dimensione di", median3.ndim)
# Output: np.median(three_d) = 9.5 , con una dimensione di 0
median3_0 = np.median(three_d, axis = 0)
print("np.median(three_d, axis = 0) =", median3_0, ", con una dimensione di", median3_0.ndim)
```

[5] In statistica, è un indice di posizione che indica il termine posto al centro della distribuzione. Per calcolare la mediana di un insieme di dati, si devono disporre i valori in ordine crescente. Se il numero totale di termini è dispari, la mediana è il valore centrale. Se il numero totale di termini è pari, la mediana è la media dei due valori centrali.

```
# Output: np.median(three_d, axis = 0) = [[ 9.   12.5  5. ] [
    5.5  7.   12. ]] , con una dimensione di 2
median3_1 = np.median(three_d, axis = 1)
print("np.median(three_d, axis = 1) =", median3_1, ", con una
    dimensione di", median3_1.ndim)
# np.median(three_d, axis = 1) = [[ 8.    7.    9. ] [ 6.5 12.5
     8. ]] , con una dimensione di 2
median3_2 = np.median(three_d, axis = 2)
print("np.median(three_d, axis = 2) =", median3_2, ", con una
    dimensione di", median3_2.ndim)
# Output: np.median(three_d, axis = 2) = [[ 8.  9.] [11. 13.]]
     , con una dimensione di 2
```

Codice 5.106 Esempio di `np.median()`

- `np.var()` fornisce la varianza[6] di un array o lungo un suo un asse.

```
import numpy as np

# Crea array 1D, 2D e 3D
print("\nGenera array 1D, 2D e 3D")
one_d = np.array([1,2])
print("one_d =\n", one_d)
two_d = np.array([[3,4],[5,6]])
print("two_d =\n", two_d)
three_d = np.array([[[7,8],[9,10]],[[11,12],[13,14]]])
print("three_d =\n", three_d)

# Calcola la varianza
print("\nCalcola la varianza tramite la funzione np.var()")
# Aggregazione di array monodimensionali
var1 = np.var(one_d)
print("np.var(one_d) =", var1, ", con una dimensione di", var1
    .ndim)
# Output: np.var(one_d) = 0.25 , con una dimensione di 0
# Aggregazione di array bidimensionali
var2 = np.var(two_d)
print("np.var(two_d) =", var2, ", con una dimensione di", var2
    .ndim)
# Output: np.var(two_d) = 1.25 , con una dimensione di 0
var2_0 = np.var(two_d, axis = 0)
print("np.var(two_d, axis = 0) =", var2_0, ", con una
    dimensione di", var2_0.ndim)
# Output: np.var(two_d, axis = 0) = [1. 1.] , con una
    dimensione di 1
var2_1 = np.var(two_d, axis = 1)
```

[6] La varianza è il valore atteso dello scarto quadratico dalla media di una variabile casuale, e misura quanto un insieme di numeri è disperso rispetto al proprio valore medio (dispersione).

ID: 10.1007/978-3-032-35750-2 – 005 Date: October 16, 2026 Proof number: 1


```
print("np.var(two_d, axis = 1) =", var2_1, ", con una dimensione di", var2_1.ndim)
# Output: np.var(two_d, axis = 1) = [0.25 0.25] , con una dimensione di 1
# Aggregazione di array tridimensionali
var3 = np.var(three_d)
print("np.var(three_d) =", var3, ", con una dimensione di", var3.ndim)
# Output: np.var(three_d) = 5.25 , con una dimensione di 0
var3_0 = np.var(three_d, axis = 0)
print("np.var(three_d, axis = 0) =", var3_0, ", con una dimensione di", var3_0.ndim)
# Output: np.var(three_d, axis = 0) = [[4. 4.] [4. 4.]] , con una dimensione di 2
var3_1 = np.var(three_d, axis = 1)
print("np.var(three_d, axis = 1) =", var3_1, ", con una dimensione di", var3_1.ndim)
# Output: np.var(three_d, axis = 1) = [[1. 1.] [1. 1.]] , con una dimensione di 2
var3_2 = np.var(three_d, axis = 2)
print("np.var(three_d, axis = 2) =", var3_2, ", con una dimensione di", var3_2.ndim)
# Output: np.var(three_d, axis = 2) = [[0.25 0.25] [0.25 0.25]] , con una dimensione di 2
```

Codice 5.107 `np.var()` esempio

- `np.std()` calcola la deviazione standard[7].

```
import numpy as np

# Crea array 1D, 2D e 3D
print("\nGenera array 1D, 2D e 3D")
one_d = np.array([1,2])
print("one_d =\n", one_d)
two_d = np.array([[3,4],[5,6]])
print("two_d =\n", two_d)
three_d = np.array([[[7,8],[9,10]],[[11,12],[13,14]]])
print("three_d =\n", three_d)

# Calcola la deviazione standard
print("\nCalcola la deviazione standard tramite la funzione np.std()")
# Aggregazione di array monodimensionali
std1 = np.std(one_d)
```

[7] La deviazione standard, o scarto quadratico medio, si ottiene come radice quadrata della varianza e misura la dispersione della distribuzione dei dati nel set di dati considerato. In fisica, questo parametro indica l'errore casuale nella misura di una grandezza fisica in un determinato array o lungo un determinato asse.

```
print("np.std(one_d) =", std1, ", con una dimensione di", std1.ndim)
# Output: np.std(one_d) = 0.5 , con una dimensione di 0
# Aggregazione di array bidimensionali
std2 = np.std(two_d)
print("np.std(two_d) =", std2, ", con una dimensione di", std2.ndim)
# Output: np.std(two_d) = 1.118033988749895 , con una dimensione di 0
std2_0 = np.std(two_d, axis = 0)
print("np.std(two_d, axis = 0) =", std2_0, ", con una dimensione di", std2_0.ndim)
# Output: np.std(two_d, axis = 0) = [1. 1.] , con una dimensione di 1
std2_1 = np.std(two_d, axis = 1)
print("np.std(two_d, axis = 1) =", std2_1, ", con una dimensione di", std2_1.ndim)
# Output: np.std(two_d, axis = 1) = [0.5 0.5] , con una dimensione di 1
# Aggregazione di array tridimensionali
std3 = np.std(three_d)
print("np.std(three_d) =", std3, ", con una dimensione di", std3.ndim)
# Output: np.std(three_d) = 2.29128784747792 , con una dimensione di 0
std3_0 = np.std(three_d, axis = 0)
print("np.std(three_d, axis = 0) =", std3_0, ", con una dimensione di", std3_0.ndim)
# Output: np.std(three_d, axis = 0) = [[2. 2.] [2. 2.]] , con una dimensione di 2
std3_1 = np.std(three_d, axis = 1)
print("np.std(three_d, axis = 1) =", std3_1, ", con una dimensione di", std3_1.ndim)
# Output: np.std(three_d, axis = 1) = [[1. 1.] [1. 1.]] , con una dimensione di 2
std3_2 = np.std(three_d, axis = 2)
print("np.std(three_d, axis = 2) =", std3_2, ", con una dimensione di", std3_2.ndim)
# Output: np.std(three_d, axis = 2) = [[0.5 0.5] [0.5 0.5]] , con una dimensione di 2
```

Codice 5.108 Esempio di `np.std()`

- `np.cumsum()` e `np.cumprod()` restituiscono rispettivamente la somma e il prodotto cumulativi di un array dato o lungo un asse specificato.

```
import numpy as np

# Crea array 1D, 2D e 3D
print("\nGenera array 1D, 2D e 3D")
```

```python
one_d = np.array([1,2])
print("one_d =\n", one_d)
two_d = np.array([[3,4],[5,6]])
print("two_d =\n", two_d)
three_d = np.array([[[7,8],[9,10]],[[11,12],[13,14]]])
print("three_d =\n", three_d)

# Calcola la somma cumulativa
print("\nCalcola la somma cumulativa tramite la funzione np.cumsum()")
# Aggregazione di array monodimensionali
cumsum1 = np.cumsum(one_d)
print("np.cumsum(one_d) =", cumsum1, ", con una dimensione di", cumsum1.ndim)
# Output: np.cumsum(one_d) = [1 3] , con una dimensione di 1
# Aggregazione di array bidimensionali
cumsum2 = np.cumsum(two_d)
print("np.cumsum(two_d) =", cumsum2, ", con una dimensione di", cumsum2.ndim)
# Output: np.cumsum(two_d) = [ 3  7 12 18] , con una dimensione di 1
cumsum2_0 = np.cumsum(two_d, axis = 0)
print("np.cumsum(two_d, axis = 0) =", cumsum2_0, ", con una dimensione di", cumsum2_0.ndim)
# Output: np.cumsum(two_d, axis = 0) = [[ 3  4] [ 8 10]] , con una dimensione di 2
cumsum2_1 = np.cumsum(two_d, axis = 1)
print("np.cumsum(two_d, axis = 1) =", cumsum2_1, ", con una dimensione di", cumsum2_1.ndim)
# Output: np.cumsum(two_d, axis = 1) = [[ 3  7] [ 5 11]] , con una dimensione di 2
# Aggregazione di array tridimensionali
cumsum3 = np.cumsum(three_d)
print("np.cumsum(three_d) =", cumsum3, ", con una dimensione di", cumsum3.ndim)
# Output: np.cumsum(three_d) = [ 7 15 24 34 45 57 70 84] , con una dimensione di 1
cumsum3_0 = np.cumsum(three_d, axis = 0)
print("np.cumsum(three_d, axis = 0) =", cumsum3_0, ", con una dimensione di", cumsum3_0.ndim)
# Output: np.cumsum(three_d, axis = 0) = [[[ 7  8] [ 9 10]] [[18 20] [22 24]]] , con una dimensione di 3
cumsum3_1 = np.cumsum(three_d, axis = 1)
print("np.cumsum(three_d, axis = 1) =", cumsum3_1, ", con una dimensione di", cumsum3_1.ndim)
# Output: np.cumsum(three_d, axis = 1) = [[[ 7  8] [16 18]] [[11 12] [24 26]]] , con una dimensione di 3
cumsum3_2 = np.cumsum(three_d, axis = 2)
```

```
print("np.cumsum(three_d, axis = 2) =", cumsum3_2, ", con una dimensione di", cumsum3_2.ndim)
    # Output: np.cumsum(three_d, axis = 2) = [[[ 7 15] [ 9 19]] [[11 23] [13 27]]] , con una dimensione di 3

    # Calcolare il prodotto cumulativo
    print("\nCalcolare il prodotto cumulativo tramite la funzione np.cumprod()")
    #Aggregazione di array unidimensionali
    cumprod1 = np.cumprod(one_d)
    print("np.cumprod(one_d) =", cumprod1, ", con una dimensione di", cumprod1.ndim)
    # Output: np.cumprod(one_d) = [1 2] , con una dimensione di 1
    #Aggregazione di array bidimensionali
    cumprod2 = np.cumprod(two_d)
    print("np.cumprod(two_d) =", cumprod2, ", con una dimensione di", cumprod2.ndim)
    # Output: np.cumprod(two_d) = [  3  12  60 360] , con una dimensione di 1
    cumprod2_0 = np.cumprod(two_d, axis = 0)
    print("np.cumprod(two_d, axis = 0) =", cumprod2_0, ", con una dimensione di", cumprod2_0.ndim)
    # Output: np.cumprod(two_d, axis = 0) = [[ 3  4] [15 24]] , con una dimensione di 2
    cumprod2_1 = np.cumprod(two_d, axis = 1)
    print("np.cumprod(two_d, axis = 1) =", cumprod2_1, ", con una dimensione di", cumprod2_1.ndim)
    # Output: np.cumprod(two_d, axis = 1) = [[ 3 12] [ 5 30]] , con una dimensione di 2
    #Aggregazione di array tridimensionali
    cumprod3 = np.cumprod(three_d)
    print("np.cumprod(three_d) =", cumprod3, ", con una dimensione di", cumprod3.ndim)
    # Output: np.cumprod(three_d) = [         7         56        504       5040      55440     665280    8648640  121080960] , con una dimensione di 1
    cumprod3_0 = np.cumprod(three_d, axis = 0)
    print("np.cumprod(three_d, axis = 0) =", cumprod3_0, ", con una dimensione di", cumprod3_0.ndim)
    # Output: np.cumprod(three_d, axis = 0) = [[[   7    8] [   9   10]] [[ 77   96] [117 140]]] , con una dimensione di 3
    cumprod3_1 = np.cumprod(three_d, axis = 1)
    print("np.cumprod(three_d, axis = 1) =", cumprod3_1, ", con una dimensione di", cumprod3_1.ndim)
    # Output: np.cumprod(three_d, axis = 1) = [[[   7    8] [  63   80]] [[ 11   12] [143 168]]] , con una dimensione di 3
    cumprod3_2 = np.cumprod(three_d, axis = 2)
```

```
print("np.cumprod(three_d, axis = 2) =", cumprod3_2, ", con una dimensione di", cumprod3_2.ndim)
# Output: np.cumprod(three_d, axis = 2) = [[[  7  56] [  9  90]] [[ 11 132] [ 13 182]]] , con una dimensione di 3

```

Codice 5.109 Esempio di `np.cumsum()` e `np.cumprod()`

- `np.percentile()` restituisce il percentile[8] (basato sul valore fornito) di un array o lungo un suo asse. In questo caso, i parametri richiesti dalla funzione sono (i) i dati posti negli array di input o un oggetto da convertire in array, e (ii) un valore q da 0 a 100 che rappresenta una percentuale o una sottosequenza di percentuali da calcolare tramite percentile. Si noti che `np.percentile()` restituisce il/i percentile/i q-esimo/i degli elementi dell'array.

```
import numpy as np

# Creare array 1D, 2D e 3D
print("\nGenerare array 1D, 2D e 3D")
one_d = np.array([11,8,19,1])
print("one_d =\n", one_d)
two_d = np.array([[6,1,11,8],[7,6,2,15]])
print("two_d =\n", two_d)
three_d = np.array
([[[7,13,8],[9,1,10]],[[11,12,2],[2,13,14]]])
print("three_d =\n", three_d)

# Calcolare il percentile
print("\nCalcolare il percentile tramite la funzione np.percentile()")
#Aggregazione di array unidimensionali
percentile1_0 = np.percentile(one_d, 0)
print("np.percentile(one_d, 0) =", percentile1_0, ", con una dimensione di", percentile1_0.ndim)
# Output: np.percentile(one_d, 0) = 1.0 , con una dimensione di 0
percentile1_50 = np.percentile(one_d, 50)
print("np.percentile(one_d, 50) =", percentile1_50, ", con una dimensione di", percentile1_50.ndim)
# Output: np.percentile(one_d, 50) = 9.5 , con una dimensione di 0
#Aggregazione di array bidimensionali
percentile2_0 = np.percentile(two_d, 0)
print("np.percentile(two_d, 0) =", percentile2_0, ", con una dimensione di", percentile2_0.ndim)
# Output: np.percentile(two_d, 0) = 1.0 , con una dimensione di 0
```

[8] In statistica, una misura utilizzata per indicare il valore minimo al di sotto del quale cade una data percentuale degli altri elementi in osservazione.

ID: 10.1007/978-3-032-35750-2 – 005 Date: October 16, 2026 Proof number: 1


```
percentile2_50 = np.percentile(two_d, 50)
print("np.percentile(two_d, 50) =", percentile2_50, ", con una dimensione di", percentile2_50.ndim)
# Output: np.percentile(two_d, 50) = 6.5 , con una dimensione di 0
percentile2_0_0 = np.percentile(two_d, 0, axis = 0)
print("np.percentile(two_d, 0, axis = 0) =", percentile2_0_0, ", con una dimensione di", percentile2_0_0.ndim)
# Output: np.percentile(two_d, 0, axis = 0) = [6. 1. 2. 8.] , con una dimensione di 1
percentile2_50_0 = np.percentile(two_d, 50, axis = 0)
print("np.percentile(two_d, 50, axis = 0) =", percentile2_50_0, ", con una dimensione di", percentile2_50_0.ndim)
# Output: np.percentile(two_d, 50, axis = 0) = [ 6.5  3.5  6.5 11.5] , con una dimensione di 1
percentile2_0_1 = np.percentile(two_d, 0, axis = 1)
print("np.percentile(two_d, 0, axis = 1) =", percentile2_0_1, ", con una dimensione di", percentile2_0_1.ndim)
# Output: np.percentile(two_d, 0, axis = 1) = [1. 2.] , con una dimensione di 1
percentile2_50_1 = np.percentile(two_d, 50, axis = 1)
print("np.percentile(two_d, 50, axis = 1) =", percentile2_50_1, ", with a dimension of", percentile2_50_1.ndim)
# Output: np.percentile(two_d, 50, axis = 1) = [7.  6.5] , with a dimension of 1
#Aggregating three dimensional arrays
percentile3_0 = np.percentile(three_d, 0)
print("np.percentile(three_d, 0) =", percentile3_0, ", with a dimension of", percentile3_0.ndim)
# Output: np.percentile(three_d, 0) = 1.0 , with a dimension of 0
percentile3_50 = np.percentile(three_d, 50)
print("np.percentile(three_d, 50) =", percentile3_50, ", with a dimension of", percentile3_50.ndim)
# Output: np.percentile(three_d, 50) = 9.5 , with a dimension of 0
percentile3_0_0 = np.percentile(three_d, 0, axis = 0)
print("np.percentile(three_d, 0, axis = 0) =", percentile3_0_0, ", with a dimension of", percentile3_0_0.ndim)
# Output: np.percentile(three_d, 0, axis = 0) = [[ 7. 12.  2.] [ 2.  1. 10.]] , with a dimension of 2
percentile3_50_0 = np.percentile(three_d, 50, axis = 0)
```

ID: 10.1007/978-3-032-35750-2 – 005 Date: October 16, 2026 Proof number: 1


```
print("np.percentile(three_d, 50, axis = 0) =", percentile3_50_0, ", with a dimension of", percentile3_50_0.ndim)
# Output: np.percentile(three_d, 50, axis = 0) = [[ 9. 12.5  5. ] [ 5.5  7.  12. ]] , with a dimension of 2
percentile3_0_1 = np.percentile(three_d, 0, axis = 1)
print("np.percentile(three_d, 0, axis = 1) =", percentile3_0_1, ", with a dimension of", percentile3_0_1.ndim)
# Output: np.percentile(three_d, 0, axis = 1) = [[ 7.  1.  8.] [ 2. 12.  2.]] , with a dimension of 2
percentile3_50_1 = np.percentile(three_d, 50, axis = 1)
print("np.percentile(three_d, 50, axis = 1) =", percentile3_50_1, ", with a dimension of", percentile3_50_1.ndim)
# Output: np.percentile(three_d, 50, axis = 1) = [[ 8.  7.   9. ] [ 6.5 12.5  8. ]] , with a dimension of 2
percentile3_0_2 = np.percentile(three_d, 0, axis = 2)
print("np.percentile(three_d, 0, axis = 2) =", percentile3_0_2, ", with a dimension of", percentile3_0_2.ndim)
# Output: np.percentile(three_d, 0, axis = 2) = [[7. 1.] [2. 2.]] , with a dimension of 2
percentile3_50_2 = np.percentile(three_d, 50, axis = 2)
print("np.percentile(three_d, 50, axis = 2) =", percentile3_50_2, ", with a dimension of", percentile3_50_2.ndim)
# Output: np.percentile(three_d, 50, axis = 2) = [[ 8.  9.] [11. 13.]] , with a dimension of 2
```

Codice 5.110 Esempio di `np.percentile()`

5.5.1.2 Pulizia dei dati

Nell'ambito della manipolazione dei dati, NumPy permette una pulizia accurata dei dati tramite funzioni ben definite. Infatti, lavorando con i dati, può essere davvero utile assicurarsi che i dati non contengano valori NaN o infiniti, e sostituirli con valori specifici. Esempi di tali funzioni sono dati da:

- `isnan()` viene utilizzata per verificare la presenza di valori NaN (Not a Number) in un array.
- `nan_to_num()` viene impiegata per sostituire i valori NaN (Not a Number) e infiniti con zero e valori finiti, rispettivamente.
- `percentile()` determina il valore al di sotto del quale cade una percentuale specificata di osservazioni in un insieme di dati. Questa funzione statistica è frequentemente utilizzata per identificare e gestire i valori anomali impostando una soglia oltre la quale i punti dati sono considerati estremi.

Ecco un esempio di come utilizzare `numpy.nan_to_num()`:

```
import numpy as np

# Crea un array con NaN, infinito positivo e infinito negativo
data_to_clean = np.array([np.nan, 1, 2, np.nan, np.inf, -np.inf,
    3, 4, np.inf, -np.inf])

# Usa nan_to_num per sostituire NaN con 0, infinito positivo con
    un numero grande e infinito negativo con un numero piccolo
cleaned_data = np.nan_to_num(data_to_clean, nan=0.0, posinf=1e6,
    neginf=-1e6)

print("Dati originali:")
print(data_to_clean)
# Output: Dati originali:
#         [ nan   1.   2.  nan  inf -inf   3.   4.  inf -inf]

print("\nDati puliti:")
print(cleaned_data)
# Output: Dati puliti:
#         [ 0.e+00  1.e+00  2.e+00  0.e+00  1.e+06 -1.e+06
#           3.e+00  4.e+00  1.e+06  -1.e+06]
```

Codice 5.111 Esempio di utilizzo di NumPy per la pulizia dei dati

In questo esempio, `np.nan_to_num()` sostituisce i valori "NaN" con 0.0, i valori di infinito positivo (`np.inf`) con 1×10^6, e i valori di infinito negativo (`-np.inf`) con -1×10^6.

5.5.1.3 Trasformazione dei dati

Numpy include metodi per eseguire la "trasformazione dei dati", una serie di tecniche di pre-processing per trasformare dati grezzi. *Standardizzazione*, *scaling* e *normalizzazione* sono alcuni dei processi utilizzati per riscalare i dati.

La *standardizzazione* è la tecnica che permette di riscalare i dati con media zero e varianza unitaria. In NumPy, questo può essere ottenuto utilizzando la combinazione di due funzioni fondamentali in statistica, cioè `np.mean()` – già vista nell'esempio 5.98 – e `np.std()` che calcola la deviazione standard dei dati forniti (elementi dell'array).

```
import numpy as np

# Dataset di esempio: letture di temperatura da diversi sensori (
    in Celsius)
temperatures = np.array([14.8, 15.2, 16.8, 14.5, 17.1, 15.9,
    16.3, 17.0, 15.4, 16.1])
```

ID: 10.1007/978-3-032-35750-2 – 005 Date: October 16, 2026 Proof number: 1


```
# Calcolo della media e della deviazione standard
mean = np.mean(temperatures)
std_dev = np.std(temperatures)

# Standardizzazione del dataset
standardized_temperatures = (temperatures - mean) / std_dev

print("Dati originali (Celsius):")
print(temperatures)
# Output: Dati originali (Celsius):
#         [14.8 15.2 16.8 14.5 17.1 15.9 16.3 17.  15.4 16.1]

print("\nDati standardizzati:")
print(standardized_temperatures)
# Output: Dati standardizzati:
#         [-1.27586207 -0.81609195  1.02298851 -1.62068966
    1.36781609
#          -0.01149425   0.44827586  1.25287356 -0.5862069
    0.2183908 ]

# Verifica della correttezza della procedura di standardizzazione
     effettuata
print("Media delle temperature standardizzate:")
print(np.mean(standardized_temperatures))
# Output: Media delle temperature standardizzate:
    4.468647674116255e-16

print("\nDeviazione standard delle temperature standardizzate:")
print(np.std(standardized_temperatures))
# Output: Deviazione standard delle temperature standardizzate:
    1.0
```

Codice 5.112 Standardizzazione dei dati con NumPy

L'esempio 5.112 calcola la media e la deviazione standard di un array di letture di temperatura. Successivamente, standardizziamo i dati sottraendo a ciascuna lettura della temperatura la media e dividendo per la deviazione standard. Questo processo trasforma i dati in modo che abbiano media 0 e deviazione standard 1 – come mostrato nella parte finale del codice, "Verifica della correttezza della procedura di standardizzazione effettuata." Questo rende più semplice confrontare e analizzare i dati standardizzati con altri esperimenti simili.

Lo *scaling* è un metodo utilizzato per far rientrare i dati in un intervallo specifico. Di solito, possiamo usare:

- il processo di *maximum absolute scaling* che riscale ogni elemento tra −1 e 1 dividendo ogni valore per il suo valore assoluto massimo;
- la procedura di *min-max feature scaling* – nota anche come *normalizzazione* – in cui riscaliamo la caratteristica in un intervallo [0,1].

ID: 10.1007/978-3-032-35750-2 – 005 Date: October 16, 2026 Proof number: 1

L'esempio 5.113 mostra come applicare la procedura di maximum absolute scaling in NumPy utilizzando la combinazione dei metodi `.max()` e `.abs()`. Quest'ultima funzione calcola il valore non negativo elemento per elemento di un array di input, restituendo un ndarray contenente il valore assoluto di ciascun elemento.

```
import numpy as np

# Dataset di esempio: moduli del vettore accelerazione
acceleration = np.array([2.5, 3.6, -4.5, -1.2, 1.1, 2.9, 1.7,
    2.0, 3.4, -1.5])

# Calcolo dei valori assoluti e del valore massimo
abs_val = np.abs(acceleration)
max_abs_val = np.max(abs_val)

# Scaling del dataset nell'intervallo [-1, 1]
scaled_acceleration = acceleration / max_abs_val

print("Dati originali:")
print(acceleration)
# Output: Dati originali:
#         [ 2.5  3.6 -4.5 -1.2  1.1  2.9  1.7  2.   3.4 -1.5]

print("\nDati scalati [-1, 1]:")
print(scaled_acceleration)
# Output: Dati scalati [-1, 1]:
#         [ 0.55555556  0.8        -1.         -0.26666667
#           0.24444444  0.64444444  0.37777778  0.44444444
```

Codice 5.113 Scaling dei dati con la procedura di maximum absolute scaling in NumPy

Per quanto riguarda la procedura di *normalizzazione*, essa viene mostrata seguendo due metodologie differenti. Nel primo metodo, chiamato "min-max feature scaling", si fa uso delle funzioni `np.min()` e `np.max()` scalare i dati come mostrato nell'esempio 5.114.

```
import numpy as np

# Dataset di esempio: letture di tensione da diversi sensori (in
    volt)
voltage = np.array([2.5, 3.6, 1.8, 4.5, 3.1, 2.9, 1.7, 2.0, 3.4,
    1.5])

# Calcola il valore minimo e massimo
min_val = np.min(voltage)
max_val = np.max(voltage)

# Scala il dataset nell'intervallo [0, 1]
scaled_voltage = (voltage - min_val) / (max_val - min_val)

```

ID: 10.1007/978-3-032-35750-2 – 005 Date: October 16, 2026 Proof number: 1


```
print("Dati originali (Volt):")
print(voltage)
# Output: Dati originali (Volt):
#          [2.5 3.6 1.8 4.5 3.1 2.9 1.7 2.  3.4 1.5]

print("\nDati scalati [0, 1]:")
print(scaled_voltage)
# Output: Dati scalati:
#          [0.33333333 0.7        0.1        1.         0.53333333
#           0.46666667  0.06666667 0.16666667 0.63333333 0.
#     ]
```

Codice 5.114 Normalizzazione dei dati con il min-max feature scaling in NumPy

Un altro metodo per eseguire la *normalizzazione* prevede il riscalamento dei dati in modo che abbiano norma unitaria. Nel seguente esempio, useremo la funzione `np.linalg.norm()` per calcolare la norma L2[9] di un insieme di dati costituito da un array di letture di forza. I dati normalizzati vengono poi ottenuti dividendo ciascuna lettura per la sua norma L2, ottenendo così un dataset in cui la somma dei quadrati dei valori è uguale a uno.

```
import numpy as np

# Dataset di esempio: letture di tensione da diversi sensori (in
    volt)
voltage = np.array([2.5, 3.6, 1.8, 4.5, 3.1, 2.9, 1.7, 2.0, 3.4,
    1.5])

# Calcola la norma L2 del dataset
l2_norm = np.linalg.norm(voltage)

# Normalizza il dataset
normalized_data = voltage / l2_norm

print("Dati originali (Volt):")
print(voltage)
# Output: Dati originali (Volt):
#          [2.5 3.6 1.8 4.5 3.1 2.9 1.7 2.  3.4 1.5]

print("\nNorma L2:")
print(l2_norm)
# Output: Norma L2:
#          9.023303164584464

print("\nDati normalizzati:")
print(normalized_data)
```

[9] Nota anche come "norma euclidea", è la distanza più breve per andare da un punto a un altro, calcolata come la radice quadrata della somma dei quadrati delle componenti dei vettori in uno spazio.

ID: 10.1007/978-3-032-35750-2 – 005 Date: October 16, 2026 Proof number: 1


```
# Output: Dati normalizzati:
#         [0.2770604  0.39896698 0.19948349 0.49870872
#          0.3435549  0.32139007 0.18840107 0.22164832
#          0.37680215 0.16623624]
```

Codice 5.115 Normalizzazione dei dati con la funzione `np.linalg.norm()` in NumPy

Come mostrato negli output dei due esempi appena sopra, i dati normalizzati ricadono nell'intervallo [0,1], garantendo la confrontabilità e impedendo che una variabile domini l'analisi a causa della sua grandezza.

5.5.1.4 Filtraggio dei dati

La procedura utilizzata per selezionare manualmente alcuni elementi da un array esistente e poi creare un nuovo array a partire da essi si chiama *filtraggio*. Esistono diversi modi per ottenere dati filtrati utilizzando NumPy. Ora mostreremo un semplice codice che contiene esempi di filtraggio di dati temporali provenienti da un esperimento di fisica.

```
import numpy as np

# Dataset di esempio: letture di tempo da diversi cronometri (in secondi)
recorded_times = np.array([5.0, 3.1, 7.2, 3.3, 8.4, 2.5, 4.2, 3.8, 9.1, 3.9])
print("Letture di tempo:")
print(recorded_times)
# Output: Letture di tempo:
#         [5.  3.1 7.2 3.3 8.4 2.5 4.2 3.8 9.1 3.9]

# Da "recorded_times" vogliamo selezionare solo i tempi maggiori di 4 secondi
print('\nDa "Letture di tempo", vogliamo selezionare solo i tempi maggiori di 4 secondi.')
# Output: Da "Letture di tempo", vogliamo selezionare solo i tempi maggiori di 4 secondi.

# Metodo 1. Filtra i valori costruendo una lista di indici da usare come selettore
indices = [0, 2, 4, 6, 8]
method1 = recorded_times[indices]
print("\nFiltraggio con metodo 1 (indici):")
print(method1)
# Output: Filtraggio con metodo 1 (indici):
#         [5.  7.2 8.4 4.2 9.1]

# Metodo 2. Filtra i valori costruendo una lista di True e False (array booleano)
```

```
boolean_array = [True, False, True, False, True, False, True,
    False, True, False]
method2 = recorded_times[boolean_array]
print("\nFiltraggio con metodo 2 (array booleano):")
print(method2)
# Output: Filtraggio con metodo 2 (array booleano):
#         [5.  7.2 8.4 4.2 9.1]

# Metodo 3. Filtra l'array in base a condizioni
filtered_arr = []
# scorre ogni elemento in arr
for element in recorded_times:
    # se l'elemento è maggiore di 4, imposta il valore a True,
    altrimenti False:
    if element > 4:
        filtered_arr.append(True)
    else:
        filtered_arr.append(False)
method3 = recorded_times[filtered_arr]
print("\nFiltraggio con metodo 3 (array filtrato con condizioni):
    ")
print(method3)
# Output: Filtraggio con metodo 3 (array filtrato con condizioni)
    :
#         [5.  7.2 8.4 4.2 9.1]

# Metodo 4. Filtra l'array con variabile iterabile nella nostra
    condizione
mask = recorded_times > 4
method4 = recorded_times[mask]
print("\nFiltraggio con metodo 4 (array filtrato con variabile
    iterabile):")
print(method4)
# Output: Filtraggio con metodo 4 (array filtrato con variabile
    iterabile):
#         [5.  7.2 8.4 4.2 9.1]
```

Codice 5.116 Filtraggio dei dati con NumPy

5.5.1.5 Riepilogo

In sintesi, NumPy agli utenti Python potenti capacità di manipolazione degli array, rendendolo un pilastro dell'informatica scientifica.

ID: 10.1007/978-3-032-35750-2 – 005 Date: October 16, 2026 Proof number: 1

5.5.2 *Pandas*

Pandas è un pacchetto open-source progettato per la manipolazione e l'analisi dei dati ad alte prestazioni in Python. Pandas fornisce strumenti potenti per i processi di "Pulizia e Trasformazione dei Dati" che gestiscono valori mancanti, filtraggio delle righe e applicazione di varie operazioni come il reshaping. Inoltre, questa libreria offre la possibilità non solo di selezionare sottoinsiemi di dati utilizzando etichette (nomi delle colonne) o indicizzazione basata su interi, ma anche di raggruppare facilmente i dati in base a criteri specifici e calcolare statistiche riassuntive (media, somma, ecc.).

Pandas è davvero potente per le sue strutture dati avanzate:

- DataFrame. Rappresenta una struttura dati tabellare bidimensionale, a dimensione variabile e eterogenea, con assi etichettati (righe e colonne) e può contenere diversi tipi di dati;
- Serie. Struttura dati fondamentale utilizzata per dati unidimensionali con etichette che può contenere qualsiasi tipo di dato, ma solo un tipo all'interno. Sono considerate i mattoni fondamentali dei DataFrame.

Tra le altre cose, Pandas eccelle nella gestione delle serie temporali di dati, e i dataframe possono essere uniti e fusi considerando colonne o indici in comune.

Pandas può essere facilmente installato usando `pip`: da riga di comando o terminale, bisogna eseguire il comando

```
pip install pandas
```

Codice 5.117 Installazione di Pandas tramite `pip`

attendendo il completamento dell'installazione.

Per iniziare a usare Pandas, proponiamo un semplice codice per creare una Serie a partire da dati (cioè, "nomi" e "età"):

```
import pandas as pd

# Dati
names = ['Sebastiano', 'Giuseppe', 'Ulderico']
ages = [36, 48, 64]

# Creare una Serie
name_series = pd.Series(ages, index=names)

# Stampare la Serie
print("Name and Age Series:")
print(name_series)
# Output: Name and Age Series:
#          Sebastiano    36
#          Giuseppe      48
#          Ulderico      64
#          dtype: int64
```

Codice 5.118 Semplice serie in Pandas

ID: 10.1007/978-3-032-35750-2 – 005 Date: October 16, 2026 Proof number: 1

Come già visto nella sottosezione dedicata a NumPy, dopo aver installato Pandas (ad esempio tramite "pip" come mostrato nel comando 5.117), quest'ultimo può essere facilmente importato nel codice Python ad esempio come riportato nella Linea 1 del codice 5.120[10]. Quindi, usiamo la funzione `pd.Series()` per creare una Series dove i nomi sono usati come indice e le età come dati.

Partendo dai dati usati nell'esempio precedente, possiamo costruire un DataFrame usando la funzione `pd.Dataframe()`:

```
import pandas as pd

# Creazione di un DataFrame
data = {'names': ['Sebastiano', 'Giuseppe', 'Ulderico'],
        'ages': [36, 48, 64]}
df = pd.DataFrame(data)
print(df)
# Output:     names  ages
# 0     Sebastiano    36
# 1       Giuseppe    48
# 2       Ulderico    64
```

Codice 5.119 Creazione di un semplice dataframe in Pandas

In questo modo, a differenza delle Serie, possiamo indicizzare sia le righe che le colonne nel DataFrame chiamato "df" per realizzare qualcosa di simile a una tabella che può essere davvero utile, ad esempio, per rappresentare graficamente i dati in seguito. Una nota importante è che, oltre alla presenza delle colonne con i dati che sono rappresentate da etichette ben definite (cioè, "names" e "ages"), troviamo la prima colonna senza etichetta che rappresenta l'indice del dataframe. In stile matrice/tabella, ci permette di identificare le righe del nostro dataframe.

Le attività di analisi spesso iniziano con il caricamento dei dati da un file. Pandas sembra essere una delle librerie più semplici per farlo utilizzando il modulo `.read_csv()` che permette di leggere un file. In questo contesto, possiamo chiamare il file "ldots\hooke.csv" – come mostrato nell'esempio 5.120 – con l'obiettivo di analizzare e visualizzare dati ottenuti da esperimenti che coinvolgono l'allungamento di molle appese verticalmente e sottoposte a masse diverse.

```
1  import pandas as pd
2
3  # Lettura di un file .csv
4  data = pd.read_csv('...\hooke.csv')
5  print(data.info())
6  # Output: <class 'pandas.core.frame.DataFrame'>
7  #          RangeIndex: 10 entries, 0 to 9
8  #          Data columns (total 4 columns):
9  #           #   Column            Non-Null Count  Dtype
10 #          ---  ------            --------------  -----
```

---

[10] Nota che (`import pandas as pd`) è solo una convenzione comune che permette di accedere alle funzionalità di Pandas con un prefisso breve e riconoscibile (`pd`).

ID: 10.1007/978-3-032-35750-2 - 005 Date: October 16, 2026 Proof number: 1


```
#       0  Index          10 non-null      int64
#       1   "Mass (kg)"   10 non-null      float64
#       2   "Spring 1 (m)" 10 non-null     float64
#       3   "Spring 2 (m)" 10 non-null     float64
#      dtypes: float64(3), int64(1)
#      memory usage: 448.0 bytes
#      None

print(data)
# Output:  Index   "Mass (kg)"   "Spring 1 (m)"   "Spring 2 (m)"
#        0     1          0.00            0.050            0.050
#        1     2          0.49            0.066            0.066
#        2     3          0.98            0.087            0.080
#        3     4          1.47            0.116            0.108
#        4     5          1.96            0.142            0.138
#        5     6          2.45            0.166            0.158
#        6     7          2.94            0.193            0.174
#        7     8          3.43            0.204            0.192
#        8     9          3.92            0.226            0.205
#        9    10          4.41            0.238            0.232
```

Codice 5.120 Lettura di un file di dati in Pandas con il modulo `.read_csv()`

Nell'esempio 5.120, introduciamo il metodo `.info()` utilizzato per ottenere informazioni sul numero di righe, colonne, utilizzo della memoria e conteggio dei valori non nulli.

Si noti che, se stiamo cercando di leggere un file di grandi dimensioni, potrebbe essere molto utile utilizzare il metodo `.head()` che mostra solo le prime 5 righe dei nostri dati.

```
import pandas as pd

# Lettura di un file .csv
data = pd.read_csv('...\hooke.csv')
print(data.head())
# Output:  Index   "Mass (kg)"   "Spring 1 (m)"   "Spring 2 (m)"
#        0     1          0.00            0.050            0.050
#        1     2          0.49            0.066            0.066
#        2     3          0.98            0.087            0.080
#        3     4          1.47            0.116            0.108
#        4     5          1.96            0.142            0.138
```

Codice 5.121 Lettura di un file dati in Pandas ed uso del metodo `.head()`

Un'altra caratteristica importante di Pandas è la possibilità di aggiungere nuove colonne ai dati esistenti e poi salvare i dati in un nuovo file. Esistono diversi metodi per raggiungere questi obiettivi; qui mostriamo solo alcuni casi. Facendo riferimento al nostro esempio precedente sull'allungamento delle molle, potremmo voler misurare l'allungamento di un'altra molla e successivamente aggiungere i risultati della misurazione al dataframe esistente "data" tramite il metodo `.insert()`. Successi-

ID: 10.1007/978-3-032-35750-2 – 005 Date: October 16, 2026 Proof number: 1

vamente, utilizziamo il metodo `.to_csv` per salvare i dati in un nuovo file di dati (ad esempio, "hooke_new.txt").

```
import pandas as pd

# Lettura di un file .csv
data = pd.read_csv('...\hooke.csv')

# Mediante DataFrame.insert() aggiungere una colonna
data.insert(4, "Spring 3 (m)", [0.060, 0.074, 0.088, 0.116,
    0.146, 0.166, 0.182, 0.200, 0.213, 0.240], True)

# Salvare i dati usando .to_csv()
data.to_csv('hooke_new.txt')
```

Codice 5.122 Lettura di un file dati in Pandas, aggiunta di una nuova colonna e salvataggio dei dati in un nuovo file

Un altro metodo consiste nell'utilizzo dei dizionari. Possiamo espandere un dataframe esistente (ad esempio, "data" nell'esempio 5.120) con i dati delle colonne "Spring 3 (m)" e "Spring 4 (m)" utilizzando `.assign()`.

```
import pandas as pd

# Lettura di un file .csv
data = pd.read_csv('...\hooke.csv')

# Definizione di nuovi set di dati
spring_3 = [0.060, 0.074, 0.088, 0.116, 0.146, 0.166, 0.182,
    0.200, 0.213, 0.240]
spring_4 = [0.061, 0.073, 0.084, 0.115, 0.141, 0.161, 0.187,
    0.205, 0.211, 0.246]

# Aggiungere i dati come colonne mediante assegnazione come
    dizionari
new_data = {'"Spring 3 (m)"': spring_3, '"Spring 4 (m)"':
    spring_4 }
data = data.assign(**new_data)
```

Codice 5.123 Lettura di un datafile in Pandas e aggiunta di più colonne usando il metodo `.assign()`

5.5.2.1 Aggregazione dei dati

Come già visto in NumPy (vedi sezione 5.5.1.1), l'aggregazione dei dati è un modo potente per riassumere e analizzare i dati. In pandas, possiamo utilizzare molte funzioni di aggregazione su dati oggetto o numerici in un DataFrame o Serie, come riportato nella tabella 5.4.

ID: 10.1007/978-3-032-35750-2 – 005 Date: October 16, 2026 Proof number: 1

Tabella 5.4 Descrizione di alcune funzioni di aggregazione

Funzione	Descrizione
count()	Numero totale di elementi
first()	Primo elemento
last()	Ultimo elemento
mean()	Media
median()	Mediana
min()	Minimo
max()	Massimo
var()	Varianza
std()	Deviazione standard
prod()	Prodotto di tutti gli elementi
sum()	Somma di tutti gli elementi
cumsum()	Somma cumulativa
cumprod()	Prodotto cumulativo

In Pandas, abbiamo a disposizione diverse procedure – davvero utili anche per la statistica descrittiva – che possono essere utilizzate per eseguire l'aggregazione dei dati, ma qui mostriamo i metodi `describe()` e `aggregate()`.

Riguardo al primo metodo, `.describe()` genera statistiche riassuntive e/o di base sulle diverse colonne all'interno di un DataFrame. Per i dati numerici, fornisce media, deviazione standard, quartili, minimo, massimo e altro ancora. Per i dati di tipo oggetto (ad esempio, stringhe), include conteggio, valori unici, valore più comune (top) e la sua frequenza (freq). Vediamo come implementare questa funzione all'interno del codice dell'esempio 5.120:

```
import pandas as pd

# Leggi un file .csv
data = pd.read_csv('...\hooke.csv')

# Ottieni statistiche riassuntive
print(data.describe())
# Output:    Index    "Mass (kg)"    "Spring 1 (m)"    "Spring 2 (m)"
# count  10.00000      10.000000         10.000000         10.000000
# mean    5.50000       2.205000          0.148800          0.140300
# std     3.02765       1.483549          0.067307          0.062429
# min     1.00000       0.000000          0.050000          0.050000
# 25%     3.25000       1.102500          0.094250          0.087000
# 50%     5.50000       2.205000          0.154000          0.148000
# 75%     7.75000       3.307500          0.201250          0.187500
# max    10.00000       4.410000          0.238000          0.232000
```

Codice 5.124 Semplice dataframe in Pandas e il metodo `.describe()`

Per quanto riguarda il metodo `aggregate()` e riprendendo l'esempio 5.120 e i suoi dati, possiamo scrivere un codice che ci permette di utilizzare molte delle funzioni di aggregazione appena menzionate nella tabella 5.4 per eseguire una semplice analisi statistica.

```
import pandas as pd

# Leggi un file .csv
data = pd.read_csv('...\hooke.csv')

aggr_functions = data.aggregate({' "Mass (kg)"': ['count', 'mean', 'median', 'min', 'max', 'var', 'std'], ' "Spring 1 (m)"': ['count', 'mean', 'median', 'min', 'max', 'var', 'std'], ' "Spring 2 (m)"': ['count', 'mean', 'median', 'min', 'max', 'var', 'std']})
print(aggr_functions)
# Output:     "Mass (kg)"   "Spring 1 (m)"   "Spring 2 (m)"
# count       10.000000        10.000000        10.000000
# mean         2.205000         0.148800         0.140300
# median       2.205000         0.154000         0.148000
# min          0.000000         0.050000         0.050000
# max          4.410000         0.238000         0.232000
# var          2.200917         0.004530         0.003897
# std          1.483549         0.067307         0.062429
```

Codice 5.125 Funzioni di aggregazione in pandas

In questo modo, tramite poche righe di codice e la combinazione di Pandas con le funzioni di aggregazione, stiamo effettuando uno studio statistico di base sui dati acquisiti da un esperimento di fisica.

5.5.2.2 Pulizia dei dati

La libreria Pandas offre un metodo comodo per eliminare colonne o righe non necessarie da un DataFrame utilizzando la funzione `drop()`. Per illustrare ciò, esaminiamo un esempio semplice partendo dai "dati" utilizzati nell'esempio 5.120. È ben evidente che la presenza della colonna "Index" non è necessaria per i nostri scopi e può essere rimossa.

```
import pandas as pd

# Leggi un file .csv
data = pd.read_csv('...\hooke.csv')

print("DataFrame originale:")
print(data)
# Output: DataFrame originale:
#     Index   "Mass (kg)"   "Spring 1 (m)"   "Spring 2 (m)"
# 0       1          0.00             0.050             0.050
# 1       2          0.49             0.066             0.066
```

ID: 10.1007/978-3-032-35750-2 – 005 Date: October 16, 2026 Proof number: 1


```
12 # 2      3          0.98          0.087          0.080
13 # 3      4          1.47          0.116          0.108
14 # 4      5          1.96          0.142          0.138
15 # 5      6          2.45          0.166          0.158
16 # 6      7          2.94          0.193          0.174
17 # 7      8          3.43          0.204          0.192
18 # 8      9          3.92          0.226          0.205
19 # 9     10          4.41          0.238          0.232
20
21 # Elimina una colonna
22 data_dropped_column = data.drop('Index', axis=1)
23 print("\nDataFrame dopo aver eliminato la colonna 'Index':")
24 print(data_dropped_column)
25 # Output: DataFrame dopo aver eliminato la colonna 'Index':
26 #      "Mass (kg)"   "Spring 1 (m)"   "Spring 2 (m)"
27 # 0          0.00           0.050            0.050
28 # 1          0.49           0.066            0.066
29 # 2          0.98           0.087            0.080
30 # 3          1.47           0.116            0.108
31 # 4          1.96           0.142            0.138
32 # 5          2.45           0.166            0.158
33 # 6          2.94           0.193            0.174
34 # 7          3.43           0.204            0.192
35 # 8          3.92           0.226            0.205
36 # 9          4.41           0.238            0.232
```

Codice 5.126 Eliminare un'etichetta con il modulo `.drop()`

Nella riga di codice #22 dell'esempio 5.126, utilizziamo la funzione .drop() inserendo come parametri:

- label = 'Index', che si riferisce al nome della colonna da eliminare;
- axis = 1, per eliminare etichette dall'indice (0 o 'index') o dalle colonne (1 o 'columns').

Nell'esempio fornito, tuttavia, esiste anche un'altra possibilità per rimuovere la colonna 'Index' e trasformarla nel "vero" indice del nostro dataframe. Questo può essere fatto con il modulo `.set_index()`.

```
import pandas as pd

# Leggi un file .csv
data = pd.read_csv('...\hooke.csv')

print("DataFrame originale:")
print(data)
# Output: DataFrame originale:
#    Index   "Mass (kg)"   "Spring 1 (m)"   "Spring 2 (m)"
# 0      1          0.00           0.050            0.050
# 1      2          0.49           0.066            0.066
```

ID: 10.1007/978-3-032-35750-2 – 005 Date: October 16, 2026 Proof number: 1


```
# 2       3         0.98          0.087           0.080
# 3       4         1.47          0.116           0.108
# 4       5         1.96          0.142           0.138
# 5       6         2.45          0.166           0.158
# 6       7         2.94          0.193           0.174
# 7       8         3.43          0.204           0.192
# 8       9         3.92          0.226           0.205
# 9      10         4.41          0.238           0.232

# Elimina la colonna 'Index' e impostala come indice del nostro
    dataframe
data_set_index = data.set_index('Index')
print("\nDataFrame dopo aver eliminato la colonna 'Index' e
    averla impostata come indice del nostro dataframe:")
print(data_set_index)
# Output: DataFrame dopo aver eliminato la colonna 'Index' e
    averla impostata come indice del nostro dataframe:
#          "Mass (kg)"   "Spring 1 (m)"   "Spring 2 (m)"
# Index
# 1          0.00          0.050            0.050
# 2          0.49          0.066            0.066
# 3          0.98          0.087            0.080
# 4          1.47          0.116            0.108
# 5          1.96          0.142            0.138
# 6          2.45          0.166            0.158
# 7          2.94          0.193            0.174
# 8          3.43          0.204            0.192
# 9          3.92          0.226            0.205
# 10         4.41          0.238            0.232
```

Codice 5.127 Imposta l'indice di un dataframe con il modulo `.set_index()`

5.5.2.3 Trasformazione dei dati

In questa sezione, forniremo alcuni metodi utili per eseguire tecniche di trasformazione dei dati (ad esempio, la normalizzazione) con Pandas.

Uno dei modi più utilizzati per convertire i dati è impiegare il metodo `.transform()` che richiama funzione(i) – come `np.sqrt()`, `np.exp()`, ecc. – e/o esegue operazioni matematiche, conversioni, ecc., producendo un DataFrame con la stessa "shape" di partenza. Supponiamo di dover svolgere un esperimento di fisica in cui vogliamo misurare la temperatura di una sostanza a diversi intervalli di tempo, e desideriamo convertire queste temperature da Celsius a Fahrenheit. Applicando il metodo `.transform()` è possibile convertire le temperature da Celsius a Fahrenheit permettendoci di visualizzare come la temperatura cambia nel tempo in entrambe le unità, il che può essere utile per confrontare i dati su scale di temperatura differenti. Vediamo come implementare un codice che svolga questo tipo di studio in Pandas.

ID: 10.1007/978-3-032-35750-2 – 005 Date: October 16, 2026 Proof number: 1


```python
import pandas as pd

# Crea un DataFrame di esempio
data = {
    'Time (minutes)': [0, 10, 20, 30, 40],
    'Temperature (C)': [20, 25, 30, 35, 40]
}
df = pd.DataFrame(data)

# Definisci una funzione per convertire i gradi Celsius in
    Fahrenheit
def celsius_to_fahrenheit(celsius):
    return (celsius * 9/5) + 32

# Usa .transform() per applicare la funzione di conversione ai
    dati di temperatura
df['Temperature (F)'] = df['Temperature (C)'].transform(
    celsius_to_fahrenheit)

print(df)
# Output:  Time (minutes)  Temperature (C)  Temperature (F)
# 0                     0               20             68.0
# 1                    10               25             77.0
# 2                    20               30             86.0
# 3                    30               35             95.0
# 4                    40               40            104.0
```

Codice 5.128 Il modulo `.transform()` in Pandas

Possiamo anche utilizzare Pandas per produrre dati standardizzati, scalati e normalizzati come già visto in NumPy (vedi sezione 5.5.1.3). In questo contesto, realizziamo il seguente esempio che contiene le procedure per ottenere i dati riscalati.

```python
import pandas as pd

# Leggi un file .csv
data = pd.read_csv('hooke.csv')

# Eliminare la colonna 'Index' ed impostarla come index del
    dataframe
data = data.set_index('Index')

# Duplica il DataFrame originale
data_stand = data.copy()
data_scal = data.copy()
data_norm = data.copy()

# Applica tecniche di trasformazione dei dati
# Standardizzazione
for column in data_stand.columns:
```

```
    data_stand[column] = (data_stand[column] -
                          data_stand[column].mean()) /
    data_stand[column].std()
# Scaling nel range [-1, 1]
for column in data_scal.columns:
    data_scal[column] = data_scal[column]/ data_scal[column].abs
    ().max()
# Normalizzazione
for column in data_norm.columns:
    data_norm[column] = (data_norm[column] - data_norm[column].
    min()) / (data_norm[column].max() - data_norm[column].min())

# Compara i dati
print("Original DataFrame:")
print(data)
# Output:  Original DataFrame:
#           "Mass (kg)"   "Spring 1 (m)"   "Spring 2 (m)"
# Index
# 1             0.00            0.050            0.050
# 2             0.49            0.066            0.066
# 3             0.98            0.087            0.080
# 4             1.47            0.116            0.108
# 5             1.96            0.142            0.138
# 6             2.45            0.166            0.158
# 7             2.94            0.193            0.174
# 8             3.43            0.204            0.192
# 9             3.92            0.226            0.205
# 10            4.41            0.238            0.232

print("\nDataFrame with standardized data:")
print(data_stand)
# Output: DataFrame with standardized data:
#           "Mass (kg)"   "Spring 1 (m)"   "Spring 2 (m)"
# Index
# 1         -1.486301      -1.467910      -1.446450
# 2         -1.156012      -1.230191      -1.190157
# 3         -0.825723      -0.918186      -0.965902
# 4         -0.495434      -0.487322      -0.517390
# 5         -0.165145      -0.101030      -0.036842
# 6          0.165145       0.255547       0.283523
# 7          0.495434       0.656696       0.539816
# 8          0.825723       0.820128       0.828145
# 9          1.156012       1.146990       1.036382
# 10         1.486301       1.325279       1.468875

print("\nDataFrame with scaled data:")
print(data_scal)
# Output: DataFrame with scaled data:
```

ID: 10.1007/978-3-032-35750-2 – 005 Date: October 16, 2026 Proof number: 1


```
#           "Mass (kg)"   "Spring 1 (m)"   "Spring 2 (m)"
# Index
# 1           0.000000         0.210084         0.215517
# 2           0.111111         0.277311         0.284483
# 3           0.222222         0.365546         0.344828
# 4           0.333333         0.487395         0.465517
# 5           0.444444         0.596639         0.594828
# 6           0.555556         0.697479         0.681034
# 7           0.666667         0.810924         0.750000
# 8           0.777778         0.857143         0.827586
# 9           0.888889         0.949580         0.883621
# 10          1.000000         1.000000         1.000000

print("\nDataFrame with normalized data:")
print(data_norm)
# Output: DataFrame with normalized data:
#           "Mass (kg)"   "Spring 1 (m)"   "Spring 2 (m)"
# Index
# 1           0.000000         0.000000         0.000000
# 2           0.111111         0.085106         0.087912
# 3           0.222222         0.196809         0.164835
# 4           0.333333         0.351064         0.318681
# 5           0.444444         0.489362         0.483516
# 6           0.555556         0.617021         0.593407
# 7           0.666667         0.760638         0.681319
# 8           0.777778         0.819149         0.780220
# 9           0.888889         0.936170         0.851648
# 10          1.000000         1.000000         1.000000
```

Codice 5.129 Processi di standardizzazione, scaling e normalizzazione in Pandas

Si noti che abbiamo fatto uso della funzione `.copy()` per duplicare il DataFrame originale e, dopo aver effettuato i calcoli su questa copia, sono stati stampati sia i dati originali che quelli trasformati per mostrare le differenze tra di essi.

La libreria Pandas include numerosi metodi integrati per calcolare le più comuni funzioni statistiche descrittive, rendendo le tecniche di trasformazione dei dati facili da implementare.

5.5.2.4 Filtraggio dei dati

Il filtraggio dei dati in Pandas è essenziale per l'analisi e la manipolazione dei dati. Permette di concentrarsi su specifici sottoinsiemi dei dati, facilitando l'esecuzione di analisi dettagliate e l'estrazione di informazioni. Che si tratti di filtrare in base ai valori di una colonna, a condizioni multiple, o utilizzando metodi avanzati come le espressioni regolari, Pandas offre un insieme versatile di strumenti per gestire i dati in modo efficiente. A partire dall'esempio 5.127, possiamo facilmente filtrare i dati per considerare tutte le misurazioni che coinvolgono masse da 1 a 4 kg. Per fare ciò, possiamo filtrare le righe combinando più condizioni utilizzando l'operatore & (and).

```
import pandas as pd

# Leggi un file .csv
data = pd.read_csv('...\hooke.csv')

# Elimina la colonna 'Index' e impostala come indice del nostro dataframe
data_set_index = data.set_index('Index')

# Filtra i dati considerando tutti i valori di massa tra 1 e 4
row_filter = data_set_index[
    ((data_set_index[' "Mass (kg)"'] >= 1) & (data_set_index[' "Mass (kg)"'] <= 4))
    ]
print(row_filter)
# Output: "Mass (kg)"   "Spring 1 (m)"   "Spring 2 (m)"
# Index
# 4              1.47            0.116            0.108
# 5              1.96            0.142            0.138
# 6              2.45            0.166            0.158
# 7              2.94            0.193            0.174
# 8              3.43            0.204            0.192
# 9              3.92            0.226            0.205
```

Codice 5.130 Filtraggio delle righe in Pandas

È possibile filtrare le colonne specificando una lista di nomi di colonne, come mostrato nell'esempio 5.131.

```
import pandas as pd

# Leggi un file .csv
data = pd.read_csv('...\hooke.csv')

# Elimina la colonna 'Index' e impostala come indice del nostro dataframe
data_set_index = data.set_index('Index')

# Seleziona solo le colonne ' "Spring 1 (m)"' e ' "Spring 2 (m)"'
columns_filter = data_set_index[[' "Spring 1 (m)"', ' "Spring 2 (m)"']]
print(columns_filter)
# Output:  "Spring 1 (m)"   "Spring 2 (m)"
# Index
# 1                0.050            0.050
# 2                0.066            0.066
# 3                0.087            0.080
```

ID: 10.1007/978-3-032-35750-2 – 005 Date: October 16, 2026 Proof number: 1


```
# 4                    0.116                0.108
# 5                    0.142                0.138
# 6                    0.166                0.158
# 7                    0.193                0.174
# 8                    0.204                0.192
# 9                    0.226                0.205
# 10                   0.238                0.232
```

Codice 5.131 Filtraggio delle colonne in Pandas

L'esempio 5.131 può essere facilmente riprodotto tramite il metodo `.filter()`, che può essere utilizzato per selezionare righe o colonne in base alle etichette.

```
import pandas as pd

# Leggi un file .csv
data = pd.read_csv('...\hooke.csv')

# Elimina la colonna 'Index' e impostala come indice del nostro
    dataframe
data_set_index = data.set_index('Index')

# Seleziona le colonne che contengono la parola 'Spring'
filtered_data = data_set_index.filter(like='Spring', axis=1)
print(filtered_data)
# Output:  "Spring 1 (m)"    "Spring 2 (m)"
# Index
# 1                    0.050                0.050
# 2                    0.066                0.066
# 3                    0.087                0.080
# 4                    0.116                0.108
# 5                    0.142                0.138
# 6                    0.166                0.158
# 7                    0.193                0.174
# 8                    0.204                0.192
# 9                    0.226                0.205
# 10                   0.238                0.232
```

Codice 5.132 Il metodo `.filter()` in Pandas

Inoltre, possiamo facilmente accedere a ciascun record nel nostro DataFrame utilizzando l'istanza di classe `.loc[]`. Nonostante il suo nome poco intuitivo, essa ci permette di riferirci a una riga o record tramite la sua etichetta invece che tramite la sua posizione (*indicizzazione basata su etichetta*). Ad esempio, riferendoci all'esempio 5.127, 1 è la prima etichetta nell'indice, quindi possiamo usare .loc[1] se vogliamo richiamare solo la prima riga di dati acquisiti del nostro esperimento (cioè le misurazioni con massa (kg) pari a 0). Per accedere alla stessa riga tramite la sua posizione, useremmo `.iloc[0]`, che esegue un'*indicizzazione basata sulla posizione*.

ID: 10.1007/978-3-032-35750-2 – 005 Date: October 16, 2026 Proof number: 1


```
1  import pandas as pd
2
3  # Leggi un file .csv
4  data = pd.read_csv('...\hooke.csv')
5
6  # Elimina la colonna 'Index' e impostala come indice del nostro
       dataframe
7  data_set_index = data.set_index('Index')
8  print("\nDataFrame dopo aver eliminato la colonna 'Index' e
       averla impostata come indice del nostro dataframe:")
9  print(data_set_index)
10
11 print("\nAccedi a un record:")
12 print(data_set_index.loc[1])
13 # Output: "Mass (kg)"        0.00
14 #         "Spring 1 (m)"     0.05
15 #         "Spring 2 (m)"     0.05
16 print(data_set_index.iloc[0])
17 # Output: "Mass (kg)"        0.00
18 #         "Spring 1 (m)"     0.05
19 #         "Spring 2 (m)"     0.05
```

Codice 5.133 Accesso a un record di un dataframe con i moduli `.loc[]` e `.iloc[]`

Si noti che entrambe le linee di comando #12 e #16 dell'esempio 5.133 stampano i dati contenuti nella prima riga del nostro dataframe.

5.5.2.5 Riepilogo

Pandas è uno strumento essenziale per data scientist, analisti e chiunque lavori con dati strutturati. La sua flessibilità e facilità d'uso lo rendono una libreria di riferimento per la manipolazione e l'esplorazione dei dati. Pandas è ben supportato e ben documentato, quindi potrai trovare numerosi esempi che ti aiuteranno. Ecco alcune guide per aiutarti a iniziare:

- http://pandas.pydata.org/pandas-docs/dev/basics.html
- http://pandas.pydata.org/pandas-docs/dev/10min.html
- http://pandas.pydata.org/pandas-docs/dev/cookbook.html#cookbook
- http://www.gregreda.com/2013/10/26/working-with-pandas-dataframes/

5.5.3 Matplotlib

Matplotlib è una libreria completa per la creazione di visualizzazioni statiche, animate e interattive in Python. Fornisce un modo rapido per visualizzare dati da

ID: 10.1007/978-3-032-35750-2 – 005 Date: October 16, 2026 Proof number: 1

Python e una vasta gamma di funzioni di grafico, da istogrammi, scatter plot e grafici a barre fino a grafici di errore, spettri di potenza e mappe di calore. Permette la personalizzazione di ogni aspetto di una figura, inclusi dimensione, DPI, spessore delle linee, colore, stile, assi e altro ancora. Queste caratteristiche la rendono adatta a diverse rappresentazioni grafiche scientifiche e di qualità per la pubblicazione.

Come di consueto, esistono diversi modi per installare Matplotlib; qui riportiamo l'installazione tramite `pip`:

```
python -m pip install -U matplotlib
```

Codice 5.134 Installazione di Matplotlib tramite `pip`

"matplotlib.pyplot" è una raccolta di funzioni che permettono di apportare modifiche a una figura (ad esempio, crea una figura, crea un'area di disegno in una figura, traccia delle linee in un'area di disegno, decora il grafico con etichette, ecc.), fornendo un'interfaccia procedurale alla libreria di grafici orientata agli oggetti di matplotlib. In matplotlib.pyplot è possibile tenere traccia facilmente di elementi come la figura corrente e l'area di disegno, e le funzioni di grafico sono indirizzate agli assi correnti (nota che "axes" qui e nella maggior parte della documentazione si riferisce alla parte degli assi di una figura e non al termine matematico rigoroso per più di un asse). Possiamo chiamare questo sottomodulo scrivendo nel nostro codice le seguenti istruzioni:

```
import matplotlib.pyplot as plt
```

Codice 5.135 Importazione di pyplot in Python - metodo 1

oppure

```
from matplotlib import pyplot as plt
```

Codice 5.136 Importazione di pyplot in Python - metodo 2

Nota che pyplot viene solitamente importato con l'alias `plt`.

Matplotlib è progettato per lavorare con array NumPy ed è spesso utilizzato insieme a librerie come Pandas per compiti di analisi dati più ampi. L'uso combinato di NumPy e Matplotlib permette di creare grafici e rappresentazioni visive di array di dati. Nel seguente esempio 5.137, vogliamo disegnare la funzione seno, utilizzando il comando `.plot()` e partendo dalle impostazioni predefinite. Il primo passo è creare uno script Python in cui scrivere il nostro codice. Importiamo NumPy e matplotlib.pyplot come indicato nel Codice 5.137 e poi creiamo i nostri dati ("X") con il comando `np.linspace(-np.pi, np.pi, 128)`, che restituisce 128 campioni equidistanti, calcolati sull'intervallo $-\pi$ (`-np.pi`) e π (`np.pi`). La funzione seno viene calcolata tramite `np.sin(X)` e poi memorizzata nella variabile "S". Le righe `plt.plot(X, S)` e `plt.show()` vengono utilizzate rispettivamente per generare un grafico a linee, tracciando "X" sull'asse x e "S" sull'asse y, e per mostrarlo.

```
import numpy as np
import matplotlib.pyplot as plt

X = np.linspace(-np.pi, np.pi, 128)
```

ID: 10.1007/978-3-032-35750-2 – 005 Date: October 16, 2026 Proof number: 1


```
S = np.sin(X)

# Plot seno
plt.plot(X, S)
# Mostra il risultato a schermo
plt.show()
```

Codice 5.137 Esempio di combinazione di NumPy e Matplotlib in Python

La figura 5.60 mostra lo script illustrato nell'esempio 5.137 ed eseguito nell'IDLE di Python, riportando il grafico prodotto utilizzando `matplotlib.plt`.

Naturalmente, tale codice può essere migliorato personalizzando il grafico secondo le nostre preferenze (ad esempio, decorando il grafico con etichette). Facendo riferimento all'esempio 5.137, vediamo come delineare tutte le impostazioni della figura che influenzano l'aspetto del grafico. Prima di tutto, consideriamo il codice 5.138 che produce il grafico in Figura 5.61 come risultato.

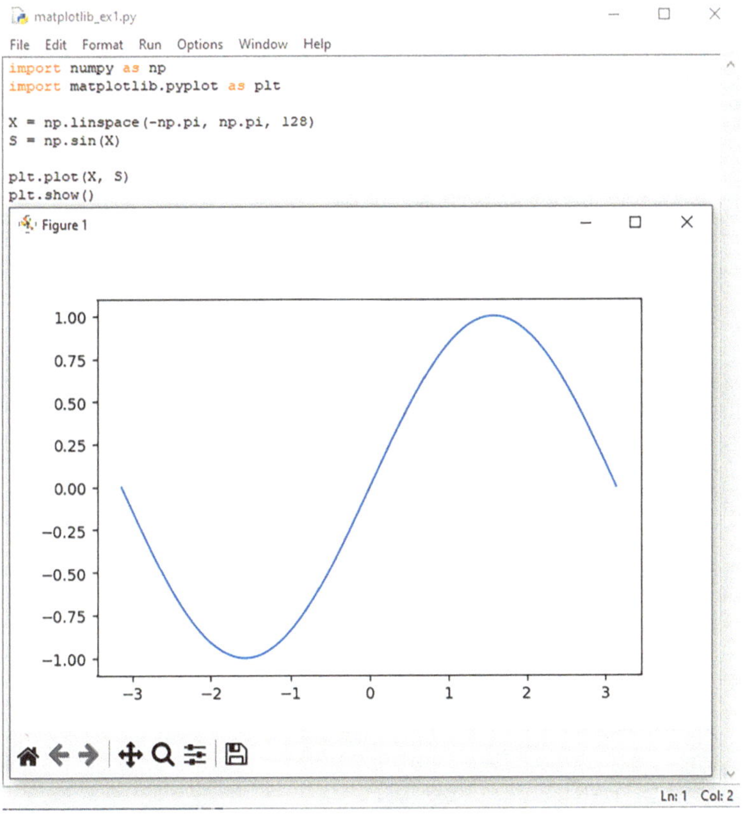

Figura 5.60 Visualizzazione con Matplotlib. L'output dello script è illustrato nell'esempio 5.137

ID: 10.1007/978-3-032-35750-2 – 005 Date: October 16, 2026 Proof number: 1

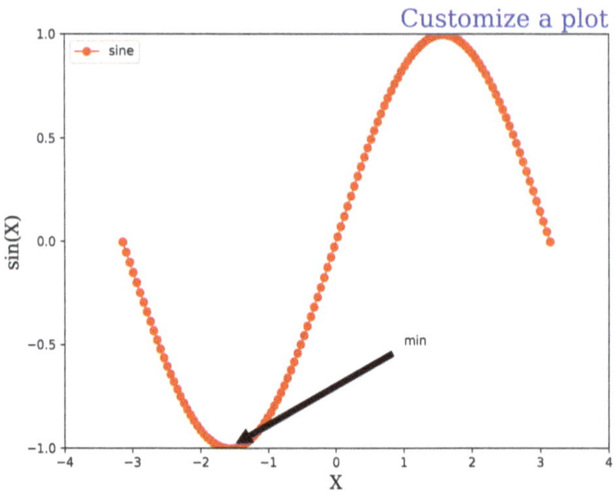

Figura 5.61 Personalizzazione delle impostazioni della figura con Matplotlib in Python, come riportato nel Codice 5.138

```
import numpy as np
import matplotlib.pyplot as plt
# Crea una figura di dimensioni 8x6 pollici, 300 dots per inch (
    dpi)
plt.figure(figsize=(8, 6), dpi=300)

# Crea un nuovo subplot da una griglia 1x1
plt.subplot(1, 1, 1)

X = np.linspace(-np.pi, np.pi, 128)
S = np.sin(X)

# Fissa i font
font1 = {'family':'serif','color':'blue','size':20}
font2 = {'family':'serif','color':'black','size':15}

# Fissa il titolo
plt.title("Personalizza un grafico", fontdict = font1, loc = '
    right')

# Fissa i limiti dell'asse x
plt.xlim(-4.0, 4.0)

# Fissa le ticks dell'asse x
plt.xticks(np.linspace(-4, 4, 9))

# Fissa l'etichetta dell'asse x
plt.xlabel("X", fontdict = font2)
```

ID: 10.1007/978-3-032-35750-2 – 005 Date: October 16, 2026 Proof number: 1


```
# Fissa i limiti dell'asse y
plt.ylim(-1.0, 1.0)

# Fissa le ticks dell'asse y
plt.yticks(np.linspace(-1, 1, 5))

# Fissa l'etichetta dell'asse y
plt.ylabel("sin(X)", fontdict = font2)

# Grafico del seno con una linea rossa continua di ampiezza pari
    a 1 (pixel)
plt.plot(X, S, color="red", linewidth=1.0, linestyle="-", label="
    seno", marker = 'o')

# Annotazione all'interno del grafico
plt.annotate('min', xy=(-1.6, -1), xytext=(1, -0.5),
            arrowprops=dict(facecolor='black', shrink=0.05),
            )

# Mostra legenda
plt.legend(loc='upper left')

# Salva la figura considerando 300 dots per inch
plt.savefig("matplotlib_ex2.png", dpi=300)

# Mostra risultato a schermo
plt.show()
```

Codice 5.138 Personalizzazione dei settaggi di una figura generata con Matplotlib in Python

È ben evidente la differenza tra le figure 5.60 e 5.61. Forniamo ora una breve spiegazione dell'esempio 5.138.

Finora – vedi esempio 5.137 – abbiamo utilizzato la creazione implicita di figure e assi. Questo è utile quando vogliamo realizzare grafici rapidamente, ma non è la situazione preferita quando abbiamo bisogno di personalizzare i grafici o visualizzarli con maggior dettaglio. È qui che funzioni aggiuntive come `figure()`, `subplots()` e `axes()` ci vengono in aiuto. `plt.figure()` in matplotlib permette all'utente di considerare l'intera finestra nell'interfaccia utente, dando la possibilità di suddividere il grafico in sotto-unità chiamate "subplot". In questo contesto, una figura esiste come una finestra nell'interfaccia grafica utente (GUI) con "Figure #" come titolo.

`plt.subplots()` è una funzione che restituisce una tupla contenente un oggetto figura e uno o più oggetti assi. Utilizzando `plt.subplot()`, possiamo disporre i grafici in una griglia regolare, specificando il numero di righe e colonne e il numero del grafico.

La classe `axes()` è molto utile perché permette di posizionare i grafici in qualsiasi punto all'interno della figura. Essa contiene i dati tracciati, i tick degli assi,

ID: 10.1007/978-3-032-35750-2 – 005 Date: October 16, 2026 Proof number: 1

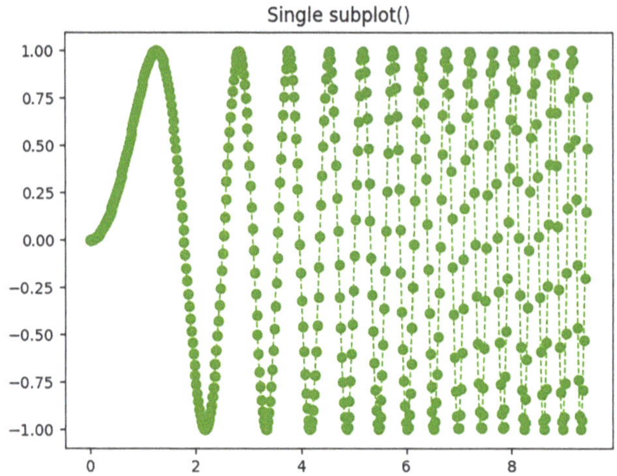

Figura 5.62 Esempio di visualizzazione di un singolo subplot con Matplotlib (Codice 5.139)

le etichette, il titolo, la legenda, ecc. I suoi metodi sono l'interfaccia principale per manipolare il grafico.

```
import matplotlib.pyplot as plt
import numpy as np

# Definizione dei dati da mostrare
x = np.linspace(0, 3 * np.pi, 500)
y = np.sin(x ** 2)

fig, ax = plt.subplots()
ax.plot(x, y, color='green', marker='o', linestyle='dashed',
    linewidth=1, markersize=6)
ax.set_title('Singolo subplot()')
plt.show()
```

Codice 5.139 Singolo subplots() in Python

Nell'esempio 5.139 si evidenzia l'uso di `.subplots()` senza argomenti che restituisce una `figure` e un singolo oggetto `axes`. Come di consueto, dopo aver importato le librerie necessarie, creiamo alcuni dati e poi calcoliamo la funzione seno – in questo caso, utilizziamo le routine di NumPy, cioè `np.linspace()` e `np.sin()` – tracciando i risultati in un grafico tramite `.subplots()`. Come già menzionato, `plt.subplots()` fornisce una tupla con un oggetto figura e uno o più oggetti assi. In questo contesto, usando `fig, ax = plt.subplots()`, il risultato è lo spacchettamento di questa tupla nelle variabili `fig`[11] e `ax`, abbreviate in questo

[11] Si noti che considerare `fig` come variabile può essere utile se si desidera modificare attributi a livello di figura o salvare la figura successivamente (ad esempio con `fig.savefig('yourfilename.png')`).

ID: 10.1007/978-3-032-35750-2 – 005 Date: October 16, 2026 Proof number: 1

modo per rappresentare rispettivamente `figure` e `axes`. Attraverso `ax.plot()` e `ax.set_title()`, possiamo tracciare y in funzione di x, scegliendo il titolo e le impostazioni che preferiamo per personalizzare il grafico (ad esempio, color='green', marker='o', linestyle='dashed', linewidth=1, markersize=6). Infine, eseguendo il codice in IDLE, il comando `plt.show()` produce come risultato la figura 5.62.

subplots() permette anche di realizzare più grafici e di inserirli contemporaneamente nella stessa figura. Quindi, riferendoci all'esempio 5.139, produciamo un subplot impilato verticalmente come mostrato nell'esempio 5.140.

```
import matplotlib.pyplot as plt
import numpy as np

# Qualche dato da visualizzare
x = np.linspace(0, 3 * np.pi, 500)
y = np.sin(x ** 2)

fig, (ax1, ax2) = plt.subplots(2)
fig.suptitle('Molteplici subplots')
ax1.plot(x, y, color='red', marker='o', linestyle='dashed',
    linewidth=1, markersize=6)
ax2.plot(x, -y, color='orange', marker='o', linestyle='dashed',
    linewidth=1, markersize=6)
plt.show()
```

Codice 5.140 Molteplici subplots() in Python

Tornando all'esempio 5.138, abbiamo utilizzato diverse funzioni del modulo pyplot della libreria matplotlib:

- `plt.xlim()` e `plt.ylim()` ottengono o impostano i limiti degli assi correnti;
- `plt.xticks()` e `plt.yticks()` ottengono o impostano le posizioni e le etichette degli indicatori di tacca correnti rispettivamente per l'asse x e l'asse y;
- `plt.xlabel()` e `plt.ylabel()` impostano rispettivamente l'etichetta per l'asse x e per l'asse y;
- nella sua forma più semplice, `plt.annotate()` permette all'utente di inserire del testo nel punto xy, ma offre anche la possibilità di visualizzare il testo in un'altra posizione con una freccia che punta dal testo al punto annotato xy (come mostrato nell'esempio);
- `plt.legend()` inserisce una legenda sugli assi.
- `plt.savefig()` salva la figura corrente in un file (ad esempio, .svg, .png).

Matplotlib può essere utilizzato anche in combinazione con pandas per rappresentare graficamente i dati. Facendo riferimento a quanto visto nella sottosezione 5.5.2, possiamo richiamare l'esempio 5.120 e implementare il codice Matplotlib per completarlo con la visualizzazione dei dati.

ID: 10.1007/978-3-032-35750-2 – 005 Date: October 16, 2026 Proof number: 1

File Edit Format Run Options Window Help

```
import matplotlib.pyplot as plt
import numpy as np

# Some data to display
x = np.linspace(0, 3 * np.pi, 500)
y = np.sin(x ** 2)

fig, (ax1, ax2) = plt.subplots(2)
fig.suptitle('Multiple subplots')
ax1.plot(x, y, color='red', marker='o', linestyle='dashed', linewidth=1, markers
ax2.plot(x, -y, color='orange', marker='o', linestyle='dashed', linewidth=1, mar
plt.show()
```

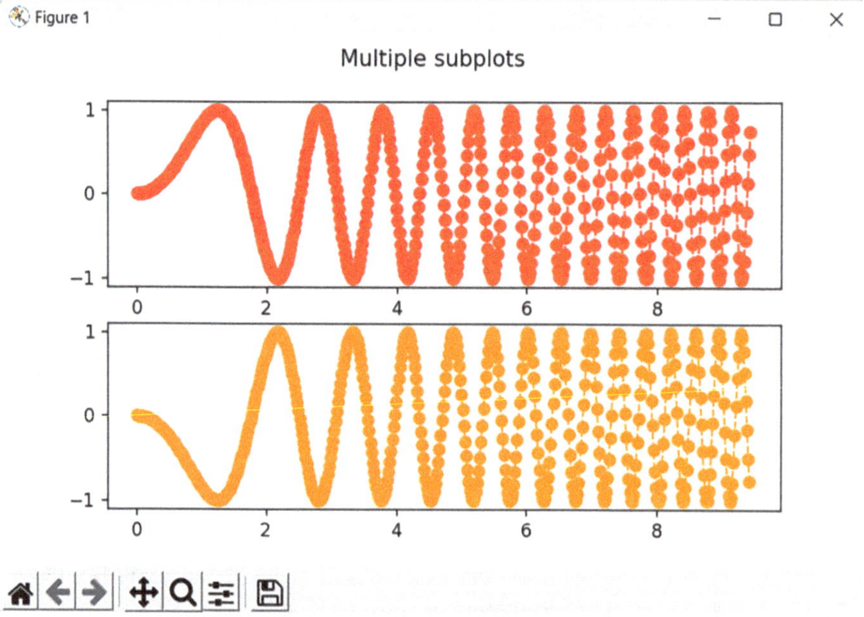

Figura 5.63 Esempio di molteplici subplots come risultato dell'esecuzione del Codice 5.140

```
import pandas as pd
import matplotlib.pyplot as plt
import numpy as np

# Legge un file .csv
data = pd.read_csv('...\hooke.csv')
data
# Output:  Index   "Mass (kg)"   "Spring 1 (m)"   "Spring 2 (m)"
#       0      1        0.00            0.050             0.050
#       1      2        0.49            0.066             0.066
#       2      3        0.98            0.087             0.080
#       3      4        1.47            0.116             0.108
#       4      5        1.96            0.142             0.138
#       5      6        2.45            0.166             0.158
```

ID: 10.1007/978-3-032-35750-2 – 005 Date: October 16, 2026 Proof number: 1


```
#       6     7        2.94        0.193         0.174
#       7     8        3.43        0.204         0.192
#       8     9        3.92        0.226         0.205
#       9    10        4.41        0.238         0.232

# Visualizza i dati in un grafico
ax1 = plt.scatter(x = data[' "Mass (kg)"'], y=data[' "Spring 1 (m
    )"'], label='Spring 1')
ax2 = plt.scatter(x = data[' "Mass (kg)"'], y=data[' "Spring 2 (m
    )"'], label='Spring 2')

# Fissa un titolo
plt.title("Data")

# Fissa i limiti dell'asse x
plt.xlim(0, 5)

# Fissa le ticks dell'asse x
plt.xticks(np.linspace(0, 5, 5))

# Fissa l'etichetta dell'asse x
plt.xlabel("Mass (kg)")

# Fissa le ticks dell'asse y
plt.yticks(np.linspace(0, 0.25, 10))

# Fissa l'etichetta dell'asse y
plt.ylabel("Spring elongation (m)")

# Mostra legenda
plt.legend(loc='upper left')

# Salva la figura usando 300 dots per inch
plt.savefig("pandas_matplotlib.png", dpi=300)

plt.show()
```

Codice 5.141 Pandas e Matplotlib

Il codice 5.141, dopo aver letto il file contenente i dati, permette di visualizzare i dati nello stesso grafico finale, salvato tramite `plt.savefig()` e mostrato qui in figura 5.64.

Si noti che `plt.scatter()` nell'esempio 5.141 ci permette di generare uno scatterplot personalizzabile di y rispetto a x.

Matplotlib consente anche di rappresentare i dati in altri modi, sfruttando grafici a barre o a torta. Vediamo alcuni esempi di questo tipo di grafico. Immagina di essere un insegnante con quattro classi (A, B, C, D) e un certo numero di studenti in ciascuna classe. Possiamo utilizzare la funzione `plt.bar()` per creare il grafico a barre che rappresenta i nostri dati, personalizzandolo con etichette e un titolo.

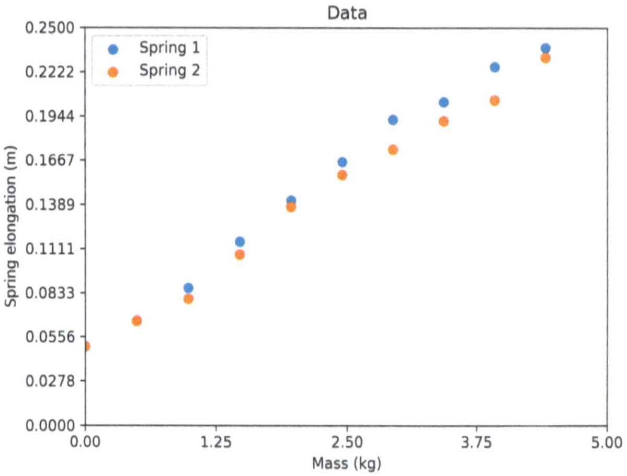

Figura 5.64 Grafico ottenuto dalla combinazione di Matplotlib e Pandas come mostrato nel Codice 5.141

```
import matplotlib.pyplot as plt

# Dati
classes = ['Class A', 'Class B', 'Class C', 'Class D']
students = [23, 17, 35, 29]

# Creazione del bar chart
plt.figure(figsize=(10, 6))
plt.bar(classes, students, color='skyblue')
plt.xlabel('Classes')
plt.ylabel('Number of Students')
plt.title('Number of Students in Different Classes')
plt.show()
```

Codice 5.142 Grafico a barre in Python

Facendo riferimento agli stessi dati utilizzati nell'esempio 5.142, possiamo applicare la funzione `plt.pie()` per creare il grafico a torta, e poi personalizzarlo con etichette, visualizzazione delle percentuali e un titolo.

```
import matplotlib.pyplot as plt

# Dati
classes = ['Class A', 'Class B', 'Class C', 'Class D']
students = [23, 17, 35, 29]

# Creazione del pie chart
plt.figure(figsize=(8, 8))
```

```
plt.pie(students, labels=classes, autopct='1.1f',
    startangle=140)plt.title('Student Distribution')plt.show()
```

Codice 5.143 Grafico a torta in Python

Il parametro "startangle" ruota l'inizio del grafico a torta per una migliore visualizzazione.

5.5.3.1 Istogrammi

In fisica, gli istogrammi sono molto importanti per diversi motivi fondamentali:

1. forniscono una rappresentazione visiva chiara della distribuzione dei dati, rendendo più facile identificare pattern, tendenze e valori anomali;
2. aiutano a comprendere le proprietà statistiche dei dati, come media, varianza e deviazione standard, che sono cruciali per la fisica sperimentale;
3. gli istogrammi permettono ai fisici di confrontare efficacemente diversi insiemi di dati, facilitando l'analisi dei risultati sperimentali;
4. possono evidenziare anomalie o errori nella raccolta dei dati, garantendo l'accuratezza e l'affidabilità dei risultati sperimentali.

Matplotlib ci permette di calcolare e tracciare un istogramma utilizzando la funzione `plt.hist()`. Questo metodo prevede l'uso di diversi parametri, tra cui è importante menzionare i valori di input e i bins (si rimanda alla riferimento web della funzione plt.hist() (https://matplotlib.org/stable/api/_as_gen/matplotlib.pyplot.hist.html) per maggiori dettagli).

L'esempio 5.144 mostra i dati di un esperimento volto a misurare le velocità di un certo oggetto (ad esempio, un punto materiale in meccanica classica). Dopo aver generato dati casuali di esempio, creiamo l'istogramma per visualizzare la distribuzione delle velocità, il che può aiutare a comprendere la dispersione e la tendenza centrale dei dati.

```
import matplotlib.pyplot as plt
import numpy as np

# Genera dati di esempio: velocità dell'oggetto (in m/s)
np.random.seed(0)
velocities = np.random.normal(loc=50, scale=10, size=1000)  #
    media=50, std=10, n=1000

# Crea istogramma
plt.figure(figsize=(10, 6))
plt.hist(velocities, bins=30, color='blue', edgecolor='black')
plt.xlabel('Velocità (m/s)')
plt.ylabel('Frequenza')
plt.title('Distribuzione delle velocità')
plt.grid(True)
```

ID: 10.1007/978-3-032-35750-2 – 005 Date: October 16, 2026 Proof number: 1

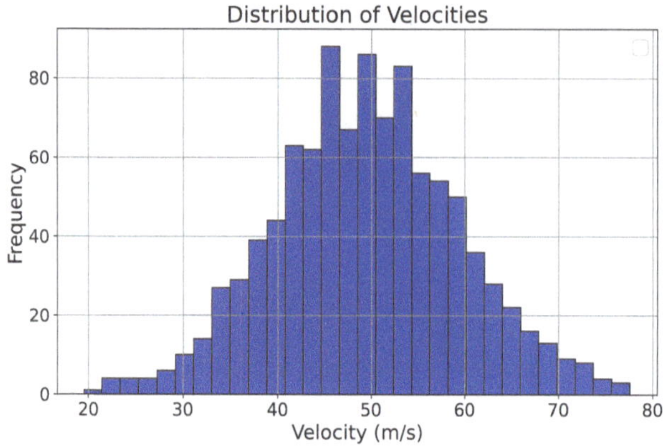

Figura 5.65 Istogramma in Python con Matplotlib che rappresenta la distribuzione delle velocità di un oggetto in m/s (Codice 5.144)

```
15 plt.savefig("matplotlib_histogram.png", dpi=300)
16 plt.show()
```

Codice 5.144 Istogrammi in Matplotlib

Questo esempio produce l'istogramma illustrato in Figura 5.65. Dedichiamo ora del tempo a una descrizione completa del codice, concentrandoci in particolare su funzioni e metodi non ancora descritti. La generazione dei dati di esempio consiste nell'utilizzare i seguenti frammenti di codice:

- `np.random.seed(0)` (riga #5) imposta un numero di partenza (valore seed) per il generatore di numeri casuali, così da garantire la riproducibilità dei risultati.
- `velocities = np.random.normal(loc=50, scale=10, size=1000)` (riga #6) genera un array di 1000 numeri casuali estratti da una distribuzione normale (gaussiana) con media ("loc") pari a 50 e deviazione standard ("scale") pari a 10. Questi numeri rappresentano le velocità del sistema in esame in metri al secondo (m/s).

Utilizzando il comando `plt.hist(velocities, bins=30, color='blue', edgecolor='black')` (riga #10), creiamo un istogramma dei dati "velocities" con 30 bins. Come mostrato in figura 5.65, le barre dell'istogramma sono colorate di blu e i bordi delle barre sono neri. Si noti che una griglia è stata aggiunta al grafico per una maggiore leggibilità tramite la riga di codice `plt.grid(True)`.

Può anche capitare di trovarsi in una situazione in cui si hanno due distribuzioni di velocità riferite allo stesso oggetto e si desidera visualizzare i due grafici contemporaneamente per un rapido confronto. È quindi possibile creare due istogrammi e disporli affiancati nello stesso grafico utilizzando la funzione `plt.subplots()` come riportato nel seguente esempio:

ID: 10.1007/978-3-032-35750-2 – 005 Date: October 16, 2026 Proof number: 1


```
1  import matplotlib.pyplot as plt
2  import numpy as np
3
4  # Genera dati di esempio per due diversi insiemi di velocità
5  np.random.seed(0)
6  velocities1 = np.random.normal(loc=50, scale=10, size=1000)  # media=50, std=10, n=1000
7  velocities2 = np.random.normal(loc=60, scale=15, size=1000)  # media=60, std=15, n=1000
8
9  # Crea subplots
10 fig, axs = plt.subplots(2, 1, figsize=(10, 12), sharex=True)
11
12 # Primo istogramma
13 axs[0].hist(velocities1, bins=30, color='blue', edgecolor='black', label='Set 1')
14 axs[0].set_ylabel('Frequenza')
15 axs[0].legend()
16 axs[0].grid(True)
17
18 # Secondo istogramma
19 axs[1].hist(velocities2, bins=30, color='green', edgecolor='black', label='Set 2')
20 axs[1].set_xlabel('Velocità (m/s)')
21 axs[1].set_ylabel('Frequenza')
22 axs[1].legend()
23 axs[1].grid(True)
24
25 # Aggiungi un titolo unico per l'intera figura
26 fig.suptitle('Confronto delle velocità', fontsize=16)
27
28 # Regola il layout
29 plt.tight_layout(rect=[0, 0, 1, 0.96])
30 plt.savefig("matplotlib_histograms-comp.png", dpi=300)
31 plt.show()
```

Codice 5.145 Istogrammi e subplots in Matplotlib

che genera come output la figura 5.66. Analizziamo il codice utilizzato nell'esempio 5.145. Per prima cosa importiamo le librerie e poi generiamo i dati di esempio. Successivamente, creiamo la figura con due subplots disposti verticalmente e con lo stesso asse x (cioè "sharex=True"). Questa figura contiene due istogrammi:

1. il primo, che si riferisce al primo insieme di velocità, è generato dalla riga #13 dell'esempio 5.145. Questo istogramma ha colore blu con bordi neri, e impostiamo e aggiungiamo la sua etichetta per distinguerlo dagli altri istogrammi.
2. Il secondo istogramma traccia i dati del secondo insieme di velocità (vedi riga #19) con colore verde, bordi neri ed etichetta della legenda 'Set 2'.

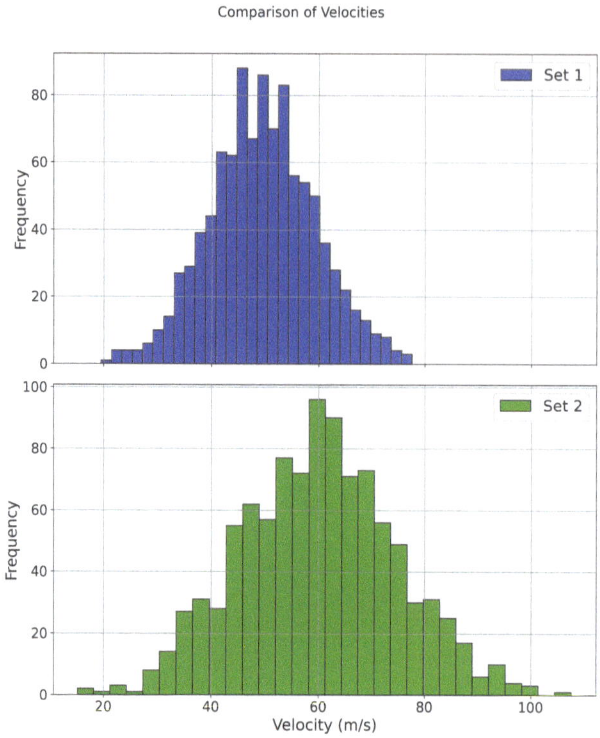

Figura 5.66 Istogrammi generati dal Codice 5.145)

Si noti che entrambi i grafici sono caratterizzati dall'avere un numero di bins pari a 30 oltre alla stessa scala x, per un miglior confronto dei due insiemi di dati. Inoltre, aggiungiamo la riga `plt.tight_layout(rect=[0, 0, 1, 0.96])` per regolare il layout, evitando sovrapposizioni e assicurando che il titolo non venga tagliato.

5.5.3.2 Barre di errore

Un ruolo importante nella fisica sperimentale è svolto dagli errori perché, in ogni esperimento, dobbiamo stimare l'incertezza dei valori misurati, che fornisce un intervallo entro cui ci si aspetta che si trovi il vero valore di una grandezza fisica. Matplotlib offre la possibilità di visualizzare la differenza tra il valore reale e quello calcolato o misurato di una grandezza fisica tramite una rappresentazione grafica chiamata "barre di errore". Esse forniscono quindi un'idea generale di quanto sia precisa una misura, o, al contrario, di quanto il valore vero (senza errore) possa discostarsi da quello riportato. Possiamo aggiungere le barre di errore ai grafici utilizzando la funzione `.errorbar()`. Di seguito, l'esempio 5.146 mostra le misure ottenute in un esperimento in cui si misuravano forza e accelerazione – ricordiamo

ID: 10.1007/978-3-032-35750-2 - 005 Date: October 16, 2026 Proof number: 1

che la forza esercitata su un punto materiale è direttamente proporzionale alla sua accelerazione, secondo la seconda legge del moto di Newton ($F = m\,a$).

```python
import matplotlib.pyplot as plt
import numpy as np

# Dati
acceleration = np.array([1, 2, 3, 4, 5])  # valori accelerazione
force = np.array([11, 19, 31, 40, 52])  # misure di forza

# Esempio
force_err = np.array([1, 2, 1.5, 3, 2.5])  # incertezze nelle misure di forza
acceleration_err = np.array([0.1, 0.2, 0.15, 0.3, 0.25])  # incertezze nelle misure di accelerazione

plt.figure()
plt.errorbar(acceleration, force, xerr=acceleration_err, yerr=force_err, fmt='o')
plt.xlabel(r'Acceleration (m/s$^2$)')
plt.ylabel('Force (N)')
plt.title('Force Measurements with Error Bars')
plt.savefig("matplotlib_errors-bar.png", dpi=300)
plt.show()
```

Codice 5.146 Barre di errore in Matplotlib

In questo codice, “acceleration” e “force” sono i nostri punti dati, “acceleration_err” (“xerr”) e “force_err” (“yerr”) rappresentano i margini di errore per i valori di forza e accelerazione, e `fmt='o'` specifica che i punti dati devono essere rappresentati come punti. Si noti che è possibile personalizzare l’aspetto delle barre di errore, ad esempio utilizzando il parametro “ecolor” (per cambiare il colore delle barre di errore), oppure il parametro “elinewidth” (per regolare lo spessore delle barre di errore).

L’esempio 5.146 fornisce come risultato la figura 5.67.

5.5.3.3 Riepilogo

Matplotlib è uno strumento essenziale per la visualizzazione dei dati in Python, ampiamente utilizzato nella comunità del calcolo scientifico. È una libreria molto potente che contiene molte funzioni e permette un’ampia personalizzazione di un grafico nella sua interezza. Per ulteriori informazioni, puoi consultare la documentazione ufficiale di Matplotlib (https://matplotlib.org/stable/contents.html).

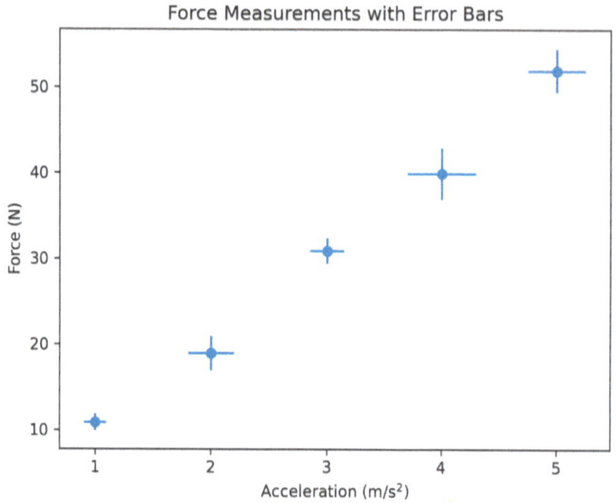

Figura 5.67 Grafico delle misure di forza con barre di errore generato dal Codice 5.146

5.5.4 *SciPy*

SciPy è una libreria Python open-source utilizzata per il calcolo scientifico e tecnico. Fornisce numerose routine numeriche efficienti e di facile utilizzo, tra cui moduli per statistica, ottimizzazione e fitting, algebra lineare, integrazione, interpolazione, funzioni speciali, FFT, elaborazione di segnali e immagini, risolutori di ODE e altro ancora. Inoltre, SciPy si basa sugli array di NumPy come struttura dati di base ed è parte dello stack NumPy che include strumenti come Matplotlib e pandas.

SciPy può essere installato utilizzando diversi metodi. Con "pip" o conda di Anaconda, è possibile scegliere la versione del pacchetto più adatta per uno specifico progetto, mentre i gestori di pacchetti di sistema, come "apt-get", installando SciPy su tutto il computer, spesso dispongono di versioni più vecchie o semplicemente non hanno molte versioni disponibili. Come riportato nel sito web di SciPy (https://scipy.org/), se non sai quale metodo di installazione utilizzare o preferire, si consiglia la distribuzione Scientific Python Anaconda. Qui riportiamo l'installazione di SciPy da PyPI con `pip`[12]:

```
python -m pip install scipy
```

Codice 5.147 Installazione di SciPy tramite `pip`

Come già accennato, SciPy è molto utile per problemi di ottimizzazione che richiedono la ricerca di una soluzione numerica a un problema di minimizzazione o di uguaglianza.

Il modulo scipy.optimize fornisce algoritmi per la minimizzazione di funzioni (scalari o multidimensionali), il fitting di curve e la ricerca degli zeri. In fisica, so-

[12] Nota che installando SciPy verrà automaticamente installato anche NumPy.

ID: 10.1007/978-3-032-35750-2 – 005 Date: October 16, 2026 Proof number: 1

litamente si utilizza il metodo grafico con lo scopo di rappresentare e analizzare visivamente le relazioni tra diverse variabili in un determinato problema o esperimento. Infatti, è possibile identificare facilmente tendenze, pattern e relazioni tra le variabili tracciando i punti dati su un grafico.

In questo contesto, se consideriamo l'esempio 5.120 che genera il grafico mostrato in figura 5.64, possiamo provare a utilizzare la procedura di fitting della curva per ricavare il valore della costante elastica dalla legge di Hooke. Partendo dalla legge di Hooke per una molla,

$$F_{\text{hooke}} = -kx, \tag{5.2}$$

dove k è la costante elastica della molla e x è la sua estensione, e scrivendo la relazione di equilibrio tra la forza elastica $\mathrm{F}_{\text{hooke}}$ e la forza peso $P = m\,g$,

$$\begin{aligned} P &= F_{\text{hooke}} \quad \Rightarrow \\ \Rightarrow \quad mg &= kx \quad \Rightarrow \\ \Rightarrow \quad x &= \frac{g}{k}m, \end{aligned} \tag{5.3}$$

Possiamo ricavare una relazione utile per collegare l'allungamento della molla con la massa appesa alla molla. L'equazione risultante è molto semplice e può essere utilizzata per trovare le costanti elastiche eseguendo il metodo della "regressione lineare" tramite la funzione `scipy.stats.linregress()`. Vediamo come implementare questa procedura con SciPy nel nostro esempio precedente.

```
import pandas as pd
import matplotlib.pyplot as plt
import numpy as np
from scipy import stats

# Leggi un file .csv
data = pd.read_csv('hooke.csv')

x = data[' "Mass (kg)"']
y1 = data[' "Spring 1 (m)"']
y2 = data[' "Spring 2 (m)"']

result1 = stats.linregress(x, y1)
result2 = stats.linregress(x, y2)

slope1 = result1.slope
intercept1 = result1.intercept
fit1 = intercept1 + slope1 * x
slope2 = result2.slope
intercept2 = result2.intercept
fit2 = intercept2 + slope2 * x

print(f"R-quadro per Molla #1: {result1.rvalue**2:.6f}")
print(f"R-quadro per Molla #2: {result2.rvalue**2:.6f}")
```

ID: 10.1007/978-3-032-35750-2 – 005 Date: October 16, 2026 Proof number: 1


```

# Output:
# R-quadro per Molla #1: 0.991265
# R-quadro per Molla #2: 0.992243

# Traccia i dati nello stesso grafico
ax1 = plt.scatter(x, y1, label='Molla 1')
ax2 = plt.plot(x, fit1, 'b', label='Fit - Molla 1')
ax3 = plt.scatter(x, y2, label='Molla 2')
ax4 = plt.plot(x, fit2, 'r', label='Fit - Molla 2')

k1 = 9.81/result1.slope
k2 = 9.81/result2.slope

print(f"Costante elastica per Molla #1 (N/m): {k1:.6f}")
print(f"Costante elastica per Molla #2 (N/m): {k2:.6f}")

# Output:
# Costante elastica per Molla #1 (N/m): 217.179217
# Costante elastica per Molla #2 (N/m): 234.033196

# Imposta il titolo
plt.title("Dati")

# Fissa limiti asse x
plt.xlim(0, 5)

# Fissa le ticks asse x
plt.xticks(np.linspace(0, 5, 5))

# Fissa etichetta asse x
plt.xlabel("Mass (kg)")

# Fissa le ticks asse y
plt.yticks(np.linspace(0, 0.25, 10))

# Fissa etichetta asse y
plt.ylabel("Spring elongation (m)")

# Mostra la legenda
plt.legend(loc='upper left')

# Inserisci testo
plt.text(1.25, 0.03, f"Elastic Constant for Spring #1 (N/m): {k1:.6f}", color='b') # Coordinate e testo
plt.text(1.25, 0.015, f"Elastic Constant for Spring #2 (N/m): {k2:.6f}", color='r') # Coordinate e testo
```

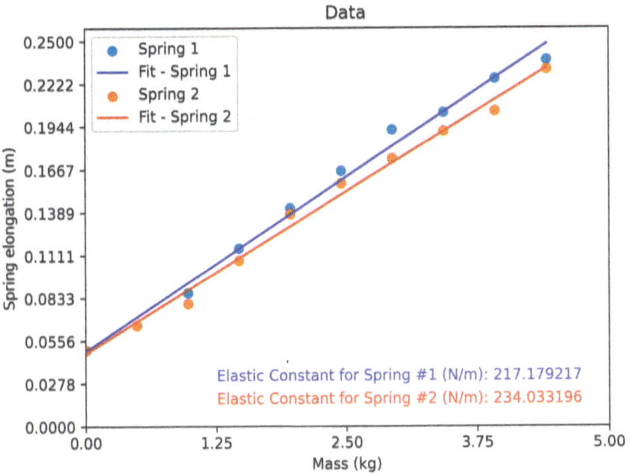

Figura 5.68 Grafico di regressione lineare ottenuto con SciPy per calcolare la costante elastica dalla legge di Hooke

```
# Salvataggio della figura usando 300 dpi
plt.savefig("lin_regr_scipy.png", dpi=300)

plt.show()
```

Codice 5.148 Funzione `linregress()` in SciPy

Questo codice produce il grafico illustrato in Figura 5.68 come risultato.

Nell'esempio 5.120, abbiamo considerato due molle differenti. Qui, vogliamo calcolare una regressione lineare ai minimi quadrati per due insiemi di misure e poi determinare il valore delle due costanti elastiche. Di conseguenza, la funzione `scipy.stats.linregress()` restituisce un oggetto con diverse informazioni (float), come gli attributi `.slope`, `.intercept` e `.rvalue`:

- *slope* della retta di regressione;
- *intercept* della retta di regressione;
- *rvalue* r è il *coefficiente di correlazione di Pearson*, solitamente considerato al quadrato (r^2) poiché rappresenta il *coefficiente di determinazione* utilizzato per valutare la qualità dell'adattamento di un modello ai dati[13].

Questi parametri ci permettono di ottenere le rette di regressione (cioè le variabili "fit1" e "fit2" riportate nel codice #5.148), così da poterle rappresentare graficamente come fatto in figura 5.68. Inoltre, utilizzando l'espressione 5.3, possiamo affermare approssimativamente che il valore della pendenza trovato per i due insiemi di dati è inversamente proporzionale alle rispettive costanti elastiche. I valori

[13] Il coefficiente di determinazione è un numero compreso tra 0 e 1 che esprime quale frazione della variabilità della variabile dipendente (Y) è spiegata dalla variabile indipendente (X).

calcolati sono quindi riportati come testo nel grafico generato con matplotlib – vedi figura 5.68.

Un altro esempio di utilizzo di SciPy riguarda l'integrazione numerica di una funzione di una sola variabile tramite `scipy.integrate.quad()`. Questo metodo calcola un integrale definito integrando una funzione da a a b.

```
from scipy.integrate import quad

# Definire funzione per l'integrazione
def integrand(x):
    return x**3

# Integrazione numerica
result, error = quad(integrand, 0, 1)
print(f"Integral result: {result}, Error estimate: {error}")

# Output: Integral result: 0.25, Error estimate:
    2.7755575615628914e-15
```

Codice 5.149 Funzione `integrate.quad()` in SciPy

L'esempio 5.149 mostra come utilizzare la funzione "quad" del modulo "integrate" di SciPy per eseguire l'integrazione numerica di una semplice funzione cubica nell'intervallo [0, 1].

L'interpolazione è una delle funzionalità più importanti di SciPy. `scipy.interpolate` è molto utile per adattare una funzione a dati sperimentali e quindi valutare punti in cui non esistono misure. Ecco un semplice esempio di utilizzo di `scipy.interpolate.interp1d()` per l'interpolazione 1-D:

```
import numpy as np
import matplotlib.pyplot as plt
from scipy import interpolate

# Dati
x = np.arange(0, 10)
y = np.exp(-x / 3.0)

# Funzione di interpolazione
f = interpolate.interp1d(x, y)

# Valori x da considerare nell'interpolazione
xnew = np.arange(0, 9, 0.1)
ynew = f(xnew)   # Valori di y interpolati

# Graficare i risultati
plt.plot(x, y, 'o', label='data points')
plt.plot(xnew, ynew, '-', label='interpolated curve')
plt.legend()
plt.show()
```

Codice 5.150 Funzione `interpolate` in SciPy

ID: 10.1007/978-3-032-35750-2 – 005 Date: October 16, 2026 Proof number: 1

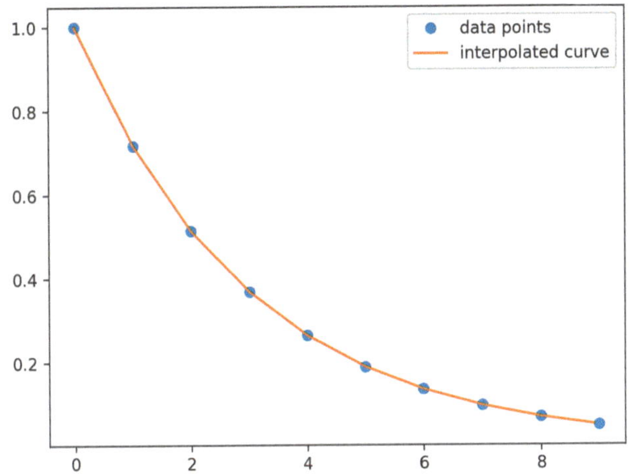

Figura 5.69 Esempio della procedura di interpolazione ottenuta con SciPy

In questo esempio:

1. produciamo alcuni punti dati definiti da x e y;
2. utilizziamo "interp1d" per creare una funzione di interpolazione f;
3. troviamo i valori interpolati ynew per nuovi valori di x (xnew) tramite la funzione f;
4. infine, rappresentiamo graficamente i punti dati originali e la curva interpolata come illustrato in Figura 5.69.

Offrendo una vasta gamma di algoritmi e funzioni per vari compiti, consigliamo di approfondire le potenzialità di questa robusta libreria Python tramite i seguenti link:

- https://docs.scipy.org/doc/scipy/
- https://www.physics.rutgers.edu/grad/509/03_Scipy.html
- https://scipy-lectures.org/intro/

5.6 Elaborazione e visualizzazione dei dati con PyRoot

PyRoot è un'interfaccia fornita dal CERN, che permette di utilizzare tutte le funzionalità di ROOT in un ambiente Python, offrendo la possibilità di usare le classi ROOT nell'analisi di grandi quantità di dati, combinando la flessibilità e la semplicità del linguaggio Python. Vediamo un semplice esempio di quanto sia conveniente il suo utilizzo. Nel codice 5.151, implementiamo uno script Python in grado di leggere un file di dati contenente misure disposte in un numero sconosciuto di colonne e righe, calcolare gli istogrammi dei dati di ciascuna colonna e salvare i risultati in un file root.

ID: 10.1007/978-3-032-35750-2 – 005 Date: October 16, 2026 Proof number: 1


```python
import numpy as np
import ROOT as rt

data = np.loadtxt("data10.dat")  # Carica tutto in una matrice

histograms = []  # Lista che conterrà gli istogrammi TH1F
bins = 100

for column_index in range(len(data[0, :])):  # Ciclo sulle colonne
    current_column = data[:, column_index]
    histograms.append(
        rt.TH1F(
            "histo" + str(column_index),
            "",
            bins,
            current_column.min(),
            current_column.max()
        )
    )
    for value in current_column:
        histograms[column_index].Fill(value)

save_file = rt.TFile("histoall.root", "recreate")  # L'opzione "recreate"
for column_index in range(len(data[0, :])):
    histograms[column_index].Write()

save_file.Close()  # Se non lo chiudi manualmente, si chiuderà automaticamente alla fine dell'esecuzione

for i in range(len(histograms)):
    write_file = open("histo" + str(i) + ".dat", "w")
    for j in range(bins):
        write_file.write(
            str(round(histograms[i].GetBinCenter(j), 3)) + "  " +
            str(histograms[i].GetBinContent(j)) + "\n"
        )
    write_file.close()
```

Codice 5.151 Histogram computation and storage example by using PyROOT

Invitiamo il lettore a riscrivere il codice in C++, notando come diventi più lungo e complesso. La complessità delle operazioni rimane nel codice PyRoot, ma Python ne semplifica la gestione grazie alla sua flessibilità.

Nel prossimo esercizio analizziamo dati memorizzati in un file, calcolando l'istogramma e adattandolo con le funzioni opportune. Riportiamo il risultato finale nel codice 5.152, ma l'analisi prevede di calcolare e graficare l'istogramma e di sce-

ID: 10.1007/978-3-032-35750-2 – 005 Date: October 16, 2026 Proof number: 1

gliere la funzione migliore da utilizzare verificandone l'andamento, come descritto nelle sezioni precedenti.

```
1  import ROOT as rt
2  import numpy as np
3
4  #histoname = input("dammi il nome del file\n")
5
6  data = np.loadtxt("notsoeasy.dat")
7
8  histo = rt.TH1F("histo", "MyFit", 100, 0, 0)  # 0,0: i limiti saranno impostati automaticamente
9
10 for a in data:
11     histo.Fill(a)
12
13 histo.Draw()
14
15 function = rt.TF1("function", "[2]+[1]*x+[0]*pow(x,2)", 3.1, 3.7)
16 function.SetParNames("A", "B", "C")
17
18 function2 = rt.TF1("function2", "[0]*exp(-0.5*pow((x-[1])/[2],2))", 3.7, 4.3)
19 function2.SetParNames("D", "E", "F")
20 function2.SetParameters(1000, 4, 0.2)  # parametri iniziali per il fit
21
22 # il metodo di fit predefinito lavora sull'intervallo di variabilità dell'istogramma
23 # se vogliamo che lavori invece sull'intervallo della funzione
24
25 histo.Fit("function2", "R")  # R sta per Range (intervallo) ... dominio della funzione
26 histo.Fit("function", "R+")  # + per sovrapporre l'altro fit
27
28 sum_function = rt.TF1("sum_function", "function+function2", 3, 5)
29 sum_function.SetLineColor(2)
30
31 histo.Fit("sum_function", "R")
```

Codice 5.152 Histogram fit with PyRoot

Eseguendo le istruzioni del codice 5.152 fino alla riga 8 possiamo vedere il grafico riportato in figura 5.70 Osservando la figura, notiamo un picco distinto sovrapposto a un fondo. Ipotizziamo che il picco possa essere modellizzato da una funzione gaussiana, mentre il fondo sia descritto da un polinomio di secondo grado. Come spiegato nelle sezioni precedenti, adattiamo inizialmente queste funzioni agli intervalli in cui ciascuna domina. Definiamo poi una funzione globale come somma di questi due modelli ed eseguiamo un fit sull'intero intervallo dei dati usando

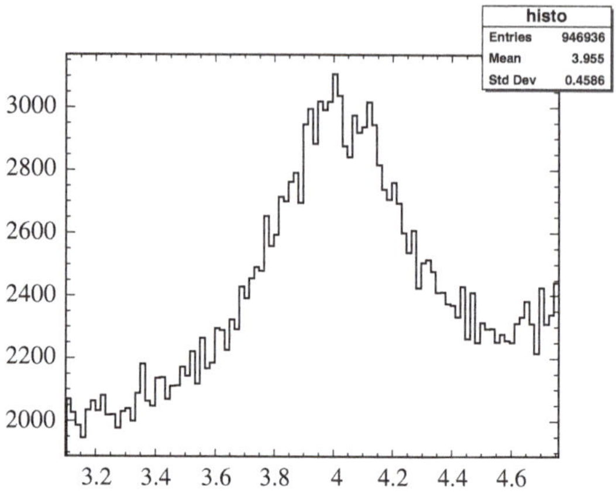

Figura 5.70 Istogramma dei dati memorizzati nel file notsoeasy.dat

questa funzione. Stabiliamo valori iniziali ottimali ereditando i parametri dai fit individuali, assicurando che la procedura di fit converga verso la migliore soluzione possibile. Il risultato dello script PyRoot è riportato in Figura 5.71. Incoraggiamo il lettore a trasferire i parametri ottenuti dal miglior fit della funzione globale alle singole funzioni componenti, modificarli se necessario e sovrapporli sulla stessa figura. Inoltre, la funzione polinomiale di secondo ordine può essere utilizzata per sottrarre il fondo dall'istogramma. Un esempio più complesso di utilizzo di PyROOT è presentato nell'esercizio didattico mostrato nel codice 5.153. In questo esercizio vengono generate due distribuzioni gaussiane, ciascuna con 100 000 eventi, centrate rispettivamente su un valore medio di 3 (con deviazione standard 0.12) e 3.7 (con deviazione standard 0.32). Queste distribuzioni sono sovrapposte a un fondo parabolico specificato dalla funzione $-x^2 + 5x$ nell'intervallo [0, 5] con 500 000 eventi. Il compito consiste nell'adattare l'istogramma risultante per recuperare i parametri originali utilizzati nella simulazione. L'esercizio viene ripetuto dopo aver applicato uno smearing gaussiano con diverse deviazioni standard per simulare la risoluzione sperimentale. L'obiettivo è illustrare come l'incertezza di misura influenzi l'accuratezza dell'estrazione dei parametri dai dati.

```
# 1) Generare due distribuzioni gaussiane con 100.000 eventi
    ciascuna,
#    centrate e con valori medi rispettivamente: 3 e 0.12,  3.7 e
     0.32,
#    più un fondo parabolico della forma -x**2 + 5*x nell'
    intervallo 0-5 con 500.000 eventi.

import ROOT as rt  # type: ignore
import numpy as np

neventi1 = 100000

gaus1 = np.random.normal(3, 0.12, neventi1)
gaus2 = np.random.normal(3.7, 0.32, neventi1)
```

ID: 10.1007/978-3-032-35750-2 – 005 Date: October 16, 2026 Proof number: 1

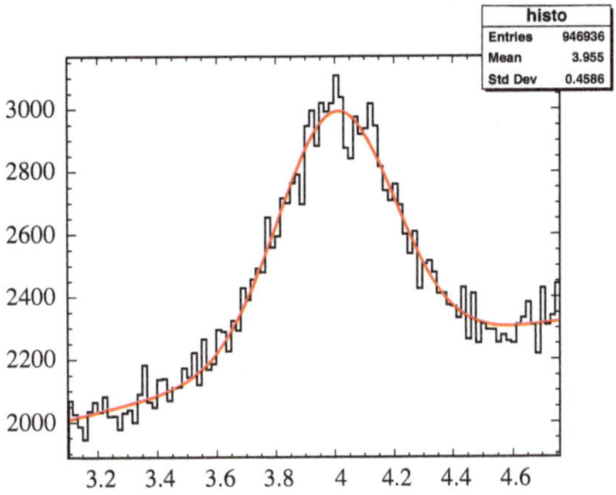

Figura 5.71 Fit dell'istogramma dei dati memorizzati nel file notsoeasy.dat

```
neventi2 = 500000
par_f = rt.TF1("par_f", "-x**2 + 5*x", 0, 5)
par_random = [par_f.GetRandom() for _ in range(neventi2)]

# a) Utilizzare gli eventi generati per creare un unico istogramma.
c = rt.TCanvas("c", "", 1800, 1200)
h = rt.TH1F("h", "Istogramma", 100, 0, 5)
for a in gaus1:
    h.Fill(a)

for b in gaus2:
    h.Fill(b)

for c in par_random:
    h.Fill(c)

h.SetLineColor(rt.kBlack)
h.Draw()

# b) Fittare l'istogramma e valutare quanto bene vengono recuperati i parametri originali di generazione:
#    dal codice, valutare quanto accuratamente il fit recupera i parametri usati per generare gli eventi: 3, 0.12, 3.7, -1, 5, 0
g1 = rt.TF1("g1", "gaus", 2.85, 3.15)
g1.SetParNames("A", "B", "C")
g1.SetParameters(24225.4, 3.005, 0.153)
g1.Draw("same")
h.Fit("g1", "R+")
```

```
fit_result1 = h.Fit("g1", "RS")
print(f"Il valore di chi2 ridotto è {fit_result1.Chi2()/
    fit_result1.Ndf()}")

g2 = rt.TF1("g2", "gaus", 3.45, 4.10)
g2.SetParNames("D", "E", "F")
g2.SetParameters(12095.1, 3.65, 0.438)
g2.Draw("same")
h.Fit("g2", "R+")

fit_result2 = h.Fit("g2", "RS")
print(f"Il valore di chi2 ridotto è {fit_result2.Chi2()/
    fit_result2.Ndf()}")

par = rt.TF1("par", "pol2", 0, 2.65)
par.SetParNames("G", "H", "I")
par.SetParameters(6.04, 5953.81, -1169.82)
par.SetLineColor(rt.kMagenta)
par.Draw("same")
h.Fit("par", "R+")

fit_result3 = h.Fit("par", "RS")
print(f"Il valore di chi2 ridotto è {fit_result3.Chi2()/
    fit_result3.Ndf()}")
par.SetRange(0, 5)

sum_fit = rt.TF1("sum_fit", "g1+g2+par", 0, 5)
sum_fit.SetLineColor(rt.kBlue)
sum_fit.Draw("same")
h.Fit("sum_fit", "R+")

fit_result4 = h.Fit("sum_fit", "RS")
# print(f"Il valore di chi2 ridotto è {fit_result4.Chi2()/
    fit_result4.Ndf()}")

# 1a Gaussiana: media = 3, dev std = 0.12
print(f"I parametri della 1a gaussiana sono: media = {sum_fit.
    GetParameter('B')}, dev std = {sum_fit.GetParameter('C')}")
# 2a Gaussiana: media = 3.7, dev std = 0.32
print(f"I parametri della 2a gaussiana sono: media = {sum_fit.
    GetParameter('E')}, dev std = {sum_fit.GetParameter('F')}")
# a*x**2 + b*x + c = -x**2 + 5*x
print(f"I parametri del fondo parabolico sono: a = {sum_fit.
    GetParameter('G')}, b = {sum_fit.GetParameter('H')}, c = {
    sum_fit.GetParameter('I')}")

print("I parametri delle due gaussiane ottenuti dal fit
    coincidono con quelli originali.")
```

```python

# c) Ripetere l'esercizio b) applicando uno smearing gaussiano alle due distribuzioni
#    con deviazione standard 0.1 e 1. Commentare cosa succede in entrambi i casi.

# Creare un ciclo for sui valori di sigma dati.
# Per ogni ciclo, creare una canvas e un istogramma per il sigma corrente.
# Ogni istogramma viene fittato con funzioni definite usando i parametri del fit precedente.
# Per ogni istogramma, confrontare i valori dei parametri fittati

sigmas = [0.1, 1]
canvas = []
histograms = []

for a in sigmas:
    c2 = rt.TCanvas(f"c2{a}", f"Canvas {a}", 1200, 800)
    canvas.append(c2)

    gaus1_sm = gaus1 + np.random.normal(0, a, neventi1)
    gaus2_sm = gaus2 + np.random.normal(0, a, neventi1)

    h2 = rt.TH1F(f"h2{a}", f"Distribuzioni con smearing: sigma = {a}", 100, 0, 7)
    histograms.append(h2)

    for i in gaus1_sm:
        h2.Fill(i)
    for j in gaus2_sm:
        h2.Fill(j)
    for k in par_random:
        h2.Fill(k)
        h2.SetLineColor(rt.kBlack)
    h2.Draw()
    c2.Update()

    c2.cd()
    g1_sm = rt.TF1("g1_sm", "gaus", 2.85, 3.15)
    g1_sm.SetParNames("L", "M", "N")
    g1_sm.SetParameters(24225.4, 3.005, 0.153)
    g1_sm.Draw("same")
    h2.Fit("g1_sm", "R+")

    fit_result5 = h2.Fit("g1_sm", "RS")
    print(f"Il valore di chi2 ridotto è {fit_result5.Chi2()/fit_result5.Ndf()}")
```

```
    g2_sm = rt.TF1("g2_sm", "gaus", 3.45, 4.10)
    g2_sm.SetParNames("O", "P", "Q")
    g2_sm.SetParameters(12095.1, 3.65, 0.438)
    g2_sm.Draw("same")
      h2.Fit("g2_sm", "R+")

    fit_result6 = h2.Fit("g2_sm", "RS")
    print(f"The reduced chi2 value is {fit_result6.Chi2()/
    fit_result6.Ndf()}")

    par_sm = rt.TF1("par_sm", "pol2", 0, 2.65)
    par_sm.SetParNames("R", "S", "T")
    par_sm.SetParameters(6.04, 5953.81, -1169.82)
    par_sm.SetLineColor(rt.kMagenta)
    par_sm.Draw("same")
    h2.Fit("par_sm", "R+")

    fit_result7 = h2.Fit("par_sm", "RS")
    print(f"The reduced chi2 value is {fit_result7.Chi2()/
    fit_result7.Ndf()}")
    par_sm.SetRange(0, 5)

    sum_sm = rt.TF1("sum_sm", "g1_sm + g2_sm + par_sm", 0, 7)
    sum_sm.SetLineColor(rt.kBlue)
    sum_sm.Draw("same")
    h2.Fit("sum_sm", "R+")

    fit_result8 = h2.Fit("sum_sm", "RS")
    # print(f"The reduced chi2 value is {fit_result8.Chi2()/
    fit_result8.Ndf()}")
    c2.Update()

    print(f"\nAnalysis of fit results for the combined function
    with Gaussian smearing (sigma = {a}):")
    print(f" 1st Gaussian: mean = {sum_sm.GetParameter('M')}, std
     dev = {sum_sm.GetParameter('N')}")
    print(f" 2nd Gaussian: mean = {sum_sm.GetParameter('P')}, std
     dev = {sum_sm.GetParameter('Q')}")
    print(" These values can be compared with the ones obtained
    from the fit without smearing:")
    print(f" 1st Gaussian: mean = {sum_fit.GetParameter('B')},
    std dev = {sum_fit.GetParameter('C')}")
    print(f" 2nd Gaussian: mean = {sum_fit.GetParameter('E')},
    std dev = {sum_fit.GetParameter('F')}")

input("")
```

Codice 5.153 Un esercizio didattico risolto con pyroot

ID: 10.1007/978-3-032-35750-2 - 005 Date: October 16, 2026 Proof number: 1

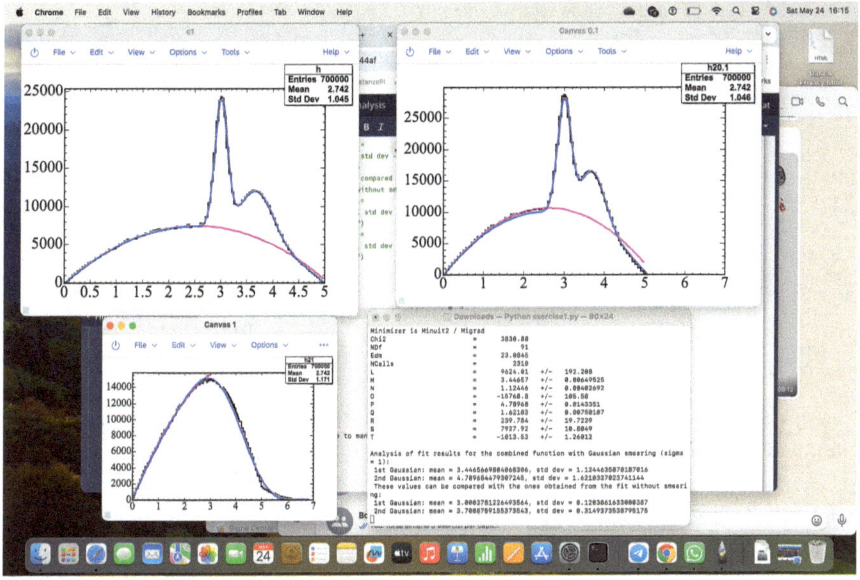

Figura 5.72 Risultati dell'esecuzione del codice 5.153

Figura 5.72 presenta i risultati dell'esecuzione dello script mostrato nel codice 5.153. La figura mostra i fit eseguiti nei tre scenari, mentre l'output del terminale riporta tutte le quantità statistiche stimate durante la procedura di fitting.

5.7 Esercizi

5.1 Realizza il grafico della seguente funzione nell'intervallo $(-10, 10)$ utilizzando tutti i metodi appresi in questo capitolo:

$$f(x) = \begin{cases} \sin(x)/x & \text{se } x \leq 0 \\ -\sin(x)/x & \text{se } x > 0 \end{cases}$$

e salva il grafico in un file in formato PDF.

5.2 Scrivi una macro che tracci le funzioni $f(x) = x^2$ e $g(x) = 5 - x^2$ nell'intervallo $[-10, 10]$. Traccia anche la funzione somma $f(x) + g(x)$ e la funzione differenza $f(x) - g(x)$.

Cosa rappresentano i punti in cui la funzione differenza interseca l'asse x rispetto alle due funzioni componenti?

5.3 Stima il numero di eventi di segnale nell'istogramma utilizzando i dati del file newfittolino.dat. Utilizza il file newplottamo.dat per creare tre grafici usando la

ID: 10.1007/978-3-032-35750-2 – 005 Date: October 16, 2026 Proof number: 1

Tabella 5.5 Dati di misura con le relative incertezze

Angolo (°)	Periodo (s)	Errori su angolo (°)	Errori su periodo (s)
90	9.630	0.1	0.0352134
80	9.496	0.1	0.0392936
70	9.364	0.1	0.0492339
60	9.286	0.1	0.0101980
50	9.384	0.1	0.0361108
40	9.564	0.1	0.0449888
30	9.620	0.1	0.0603322
20	9.838	0.1	0.0312410
13	9.996	0.1	0.0332267

classe TGraph, utilizzando la prima colonna come asse x per tutti i grafici, e le altre colonne come asse y. Salva i grafici in un file TFile.

5.4 Scrivi un codice che rappresenti la distribuzione dei dati sperimentali forniti nella Tabella 5.5. Esegui un best fit dei dati utilizzando un modello appropriato. Salva i parametri del fit, i relativi errori e il valore del chi-quadro ridotto in un file.

5.5 Scrivi la funzione $f(x) = \frac{\sin(x)}{x^2}$ nell'intervallo $[-5, 5]$. Traccia il grafico. Stampa a schermo i valori di $f(x)$ corrispondenti a una sequenza numerica da -5 a 5 con passo 0.01.

Capitolo 6
Acquisizione e analisi dei dati sperimentali

6.1 Introduzione

Le scienze naturali si basano su teoria, prove sperimentali valide, critica e discussione razionale. Gli esperimenti svolgono un ruolo fondamentale perché permettono di testare ipotesi e/o crearne di nuove, fornendo la base per la conoscenza scientifica. In particolare, la fisica utilizza gli esperimenti per indagare le proprietà della materia e i processi/fenomeni che avvengono nell'universo studiando grandezze essenziali come il moto e l'energia.

In questo contesto, la combinazione di fisica e informatica permette di progettare e realizzare esperimenti a basso costo per (i) comprendere meglio i problemi, (ii) esplorare diversi processi, anche simulando sistemi e testando i limiti di un particolare modello, e (iii) migliorare l'acquisizione dei dati, l'analisi e la visualizzazione dei risultati. In questo capitolo mostriamo al lettore come tutto ciò possa essere fatto utilizzando software open-source già visto nei capitoli precedenti.

6.2 Microcomputer e microcontrollori

I microcomputer o Single-Board Computer (SBC) possono essere identificati come dispositivi di calcolo di piccole dimensioni e a basso costo con un microprocessore come unità centrale di elaborazione (CPU). Sono dotati di una singola scheda a circuito stampato con un microprocessore, memoria e circuiteria di input/output (I/O). Possiamo dire che molti microcomputer sono anche personal computer quando sono dotati di tastiera e schermo per input e output. Infatti, grazie ai loro costi contenuti, gli individui possono possederli come computer personali. All'inizio, i microcomputer non erano molto potenti. Basta pensare che il Commodore 64 – uno dei primi e più popolari microcomputer della sua epoca e il modello di home computer più venduto di tutti i tempi – includeva, ad esempio, un microprocessore con una frequenza di clock di 1 MHz, una memoria Read Only Memory (ROM) di 20

G. Mandaglio, U. Wanderlingh, S. Vasi, *Strumenti open source per l'analisi dei dati fisici*,
https://doi.org/10.1007/978-3-032-35750-2_6

ID: 10.1007/978-3-032-35750-2 – 006 Date: October 16, 2026 Proof number: 1

kB e una Random Access Memory (RAM) di 64 kB: erano valori molto alti per quei componenti all'epoca, ma molto... molto bassi rispetto ai microcomputer utilizzati oggi. Nella sottosezione 6.2.1 vedremo uno dei microcomputer più diffusi oggi, il Raspberry Pi.

Per quanto riguarda i *microcontrollori*, si tratta di dispositivi elettronici piccoli ed economici integrati su un circuito elettronico, progettati per svolgere solo compiti specifici per applicazioni di sistemi embedded. In generale, un microcontrollore è composto dal processore, dalla memoria (RAM, ROM, EPROM), porte seriali, periferiche (timer, contatori), ecc., ma non possiede un sistema operativo e ha molte meno risorse rispetto agli SBC. Ad esempio, i microcontrollori possono avere pochi KB di memoria invece dei MB o GB degli SBC. Le loro capacità di elaborazione sono limitate, rendendoli più *orientati al compito* rispetto ai microcomputer – che sono dispositivi di calcolo di uso più generale. In questo contesto, un microcontrollore può essere impiegato in varie applicazioni come il rilevamento di luce e temperatura, e il controllo di dispositivi come LED, e/o strumenti di misura come un voltmetro. Tra le schede programmabili con microcontrollori attualmente utilizzate va sicuramente citato Arduino, che verrà descritto nella sottosezione 6.2.2.

6.2.1 Raspberry Pi

Raspberry Pi (https://www.raspberrypi.com/) (RPi) è un computer a scheda singola progettato per ospitare sistemi operativi basati sul kernel Linux – il suo sistema operativo dedicato si chiama Raspberry Pi OS, ma è possibile utilizzare diverse distribuzioni di sistemi operativi (ad esempio, Kali, Linux Pidora, ecc.) – che ha ottenuto un successo straordinario in tutto il mondo per le sue dimensioni ridotte, la sua potenza e i componenti integrati, oltre che per il suo basso prezzo. Esistono diversi modelli di RPi, ma tutti sono basati su un system-on-a-chip prodotto da Broadcom, che incorpora un processore ARM, una GPU VideoCore IV e una quantità di memoria variabile a seconda del modello. Gli RPi non includono dischi rigidi o unità a stato solido; invece, si affidano a una scheda SD per l'avvio e la memoria non volatile. Gli RPi forniscono un Camera Pinout – una porta dedicata standard MIPI CSI (Camera Serial Interface) –, un set di pin GPIO (General Purpose Input/Output) e un Inter Integrated Circuit (I^2C) – un sistema di comunicazione seriale a due fili utilizzato tra circuiti integrati – che permette di controllare componenti elettronici per il physical computing ed esplorare l'Internet of Things (IoT). Una delle caratteristiche più importanti di RPi è la presenza dell'header GPIO a 40 pin – per il Raspberry Pi 4. Questo header fornisce due uscite a 5 V, due a 3.3 V, 8 pin di massa e molti pin GPIO dedicati alle comunicazioni bus, al funzionamento PWM (Pulse Width Modulation) in modalità input o output.

In particolare, l'importanza dell'utilizzo di questi pin sarà evidente quando si parlerà di sensori.

Queste caratteristiche hanno permesso al Raspberry Pi di essere utilizzato per molti scopi. Persone in tutto il mondo usano RPi per imparare a programmare, realizzare progetti hardware e persino utilizzarlo in applicazioni industriali.

Di seguito è riportato un elenco riassuntivo dei modelli RPi (https://opensource.com/resources/raspberry-pi) più recenti e/o utilizzati:

- Pi 3 Model B+ (2018)
- Pi 4 Model B (2020)
- Pi Zero 2 W (2021)
- Pi 5 (2023)

Un prezzo di mercato differente caratterizza ciascuno di questi modelli a seconda dell'hardware di cui sono composti e, quindi, delle prestazioni, ma, in generale, ogni RPi permette di realizzare esperimenti economici e portatili che coinvolgono argomenti STEM come fisica, matematica e informatica. Come punto di partenza per un esperimento, qualunque sia il modello di RPi scelto, è necessario effettuare una configurazione iniziale del computer a scheda singola. Si noti che qui consideriamo come modello di riferimento il Raspberry Pi 4 Model B perché è il più scelto dalle persone, ed è generalmente più semplice iniziare un progetto con RPi 4, per poi eventualmente passare a Raspberry Pi Zero se possibile. Prima di tutto, bisogna alimentare la macchina e installare il software Linux – occorrono circa un'ora per essere pronti – utilizzando:

- un Raspberry Pi,
- un alimentatore,
- una scheda microSD,
- una tastiera, un mouse, un cavo HDMI e un monitor.

La configurazione iniziale del nostro RPi è al di fuori dello scopo di questo libro. Tuttavia, forniamo una guida pratica e completa – fornita dalla Raspberry Pi Foundation su https://projects.raspberrypi.org/en/projects/raspberry-pi-setting-up/ – per facilitare il lettore.

6.2.2 Arduino

Arduino (https://www.arduino.cc/) è una piattaforma elettronica open-source italiana basata su hardware e software facili da usare per la realizzazione di progetti e dispositivi digitali. La scheda Arduino utilizza diversi microprocessori e controllori e include pin di input/output (I/O) digitali e analogici che possono essere collegati a varie schede di espansione (SHIELDS), breadboard e altri circuiti. Le schede sono alimentate tramite un adattatore AC-DC o una batteria. Inoltre, le schede dispongono di interfacce di comunicazione seriale, come la Universal Serial Bus (USB), che vengono anche sfruttate per caricare il software programmato dall'utente. In questo contesto, è possibile scrivere codici per il microcontrollore con i linguaggi di programmazione C e C++ (Embedded C) utilizzando una Application Programming

Interface (API) standard – il Linguaggio di Programmazione Arduino – e il software open-source Arduino. Il progetto Arduino fornisce un Ambiente di Sviluppo Integrato (IDE) e uno strumento da linea di comando utili per scrivere e testare il codice utilizzando un monitor seriale per il debug e il monitoraggio dei dati in tempo reale. L'IDE offre un editor di codice semplice e intuitivo con evidenziazione della sintassi e completamento automatico, permettendo di compilare e caricare facilmente gli sketch (programmi) sulle schede Arduino. Inoltre, l'IDE include un gestore di librerie che facilita l'installazione e l'aggiornamento delle librerie necessarie per i propri progetti. Supporta un'ampia gamma di schede Arduino e può essere utilizzato con diversi sistemi operativi, come Windows, macOS, Linux e Chromebook. Le schede Arduino sono numerose e differenti sia per prezzo che per prestazioni, ma certamente la più popolare tra chi muove i primi passi nella creazione di circuiti è la Arduino UNO (https://docs.arduino.cc/hardware/uno-rev3/). Dispone di 20 canali separati per INPUT e OUTPUT: tutti questi canali possono essere utilizzati per leggere segnali digitali (zeri e uno), e 6 sono a doppio uso e possono anche leggere segnali analogici. Inoltre, Arduino UNO è la scelta migliore perché la maggior parte degli shield e delle schede e accessori aggiuntivi sono stati creati per questa versione di Arduino, e perché si trovano moltissime applicazioni/codici già disponibili, forniti dalla community – se si è alla ricerca di software pronto all'uso.

È opportuno fare una brevissima discussione sugli SHIELD. Ognuno di essi contiene molte parti accessorie già incorporate nella scheda, permettendo agli sviluppatori di concentrarsi sullo sviluppo del software e degli algoritmi e risparmiando il tempo che si perderebbe nell'acquisto, collegamento e test di schede aggiuntive.

Come già visto per il RPi nella sottosezione 6.2.1, anche le schede Arduino possono essere utilizzate per realizzare esperimenti STEM economici e portatili. Mostreremo alcuni semplici esperimenti realizzati programmando la scheda Arduino in C++, confrontando quanto ottenuto con Python e un RPi.

Nella prossima sezione introdurremo i sensori, che vengono utilizzati per misurare grandezze fisiche e svolgere veri esperimenti scientifici.

6.3 Sensori

I sensori producono un segnale di uscita per rilevare e misurare un fenomeno fisico. Il segnale di ingresso può essere calore, pressione, umidità, luce, ecc.; invece, l'uscita è solitamente un segnale digitale o analogico leggibile dall'uomo – possibilmente un'altra grandezza fisica più facilmente leggibile e confrontabile. Essi hanno un ruolo nell'Internet delle Cose (IoT), rendendo importante la realizzazione di sistemi per monitorare, gestire e controllare un ambiente fisico specifico in modo più semplice ed efficiente. I sensori IoT sono utilizzati nella vita quotidiana e in innumerevoli applicazioni di cui la maggior parte delle persone non è consapevole, ad esempio, le misurazioni di temperatura o le stazioni meteorologiche. Utilizzare i sensori con il Raspberry Pi o un Arduino è un ottimo modo per estendere le funzionalità della scheda senza sforzi o spese considerevoli. Se i sensori sono collegati a un microcomputer, offrono la possibilità non solo di acquisire dati, ma anche di registrarli e salvarli per un'elaborazione successiva, se programmati in modo efficiente con il nostro codice Open-Source.

Esistono diversi modi per classificare i sensori, ma comunemente li categorizziamo (i) in base alla grandezza fisica misurata, (ii) in base al fatto che siano passivi o attivi, e (iii) in base al fatto che siano analogici o digitali. Per quanto riguarda i fattori ambientali che i sensori misurano, ad esempio, possiamo distinguere:

- **Sensori di temperatura**, che identificano la temperatura di un mezzo target, sia esso gas, liquido o aria.
- **Sensori di pressione**, che valutano la pressione di un liquido o di un gas e, eventualmente, monitorano il flusso di gas o liquidi.
- **Sensori di umidità**, che determinano l'umidità relativa utilizzando il livello di vapore acqueo (umidità) nell'aria. Si noti che questi sensori spesso comprendono anche la lettura della temperatura, poiché l'umidità relativa dipende dalla temperatura dell'aria.
- **Sensori di luce**, detti anche fotosensori, che rilevano la luce nell'intervallo ultravioletto, visibile e infrarosso.
- **Accelerometri**, che misurano accelerazione, inclinazione e vibrazione.
- **Sensori di movimento e prossimità**, che valutano la presenza e il movimento fisico in uno spazio definito di un oggetto, o determinano la distanza tra oggetti.
- **Sensori di forza**, trasduttori di forza che convertono una forza meccanica in ingresso, come carico, peso, tensione, compressione o pressione, in un'altra variabile fisica, come un segnale elettrico di uscita.
- **Magnetometri**, che misurano l'intensità dei campi magnetici e rilevano da dove proviene la forza magnetica più intensa.

I sensori sopra menzionati sono solo alcuni dei numerosi tipi di sensori utilizzati per valutare grandezze fisiche in diversi ambienti e all'interno dei dispositivi.

Possiamo distinguere sensori passivi o attivi a seconda dell'interazione con l'ambiente in cui il sensore è impiegato. I sensori passivi funzionano sfruttando le fonti dell'ambiente in cui sono collocati per effettuare una misurazione, ad esempio, l'energia termica. Al contrario, un sensore attivo necessita di una fonte di alimentazione esterna per generare un segnale di uscita a partire da un input dell'ambiente fisico in cui il sensore è posizionato. In ogni caso, alcuni sensori esistono sia in forma passiva che attiva, ad esempio, i sensori di luce infrarossa.

Infine, in base al loro segnale di uscita, i sensori possono essere analogici o digitali. I sensori analogici generano segnali di uscita analogici continui e variabili a partire dall'input. Le termocoppie utilizzate negli scaldabagni a gas sono un buon esempio di sensori analogici. La fiamma pilota dello scaldabagno riscalda continuamente la termocoppia. Se la fiamma pilota si spegne, la termocoppia si raffredda, inviando un segnale analogico diverso che indica che il gas deve essere chiuso. D'altra parte, i sensori digitali producono segnali digitali discreti sotto forma di numeri binari (1 e 0). Come per i sensori attivi e passivi, alcuni sensori sono disponibili sia in forma analogica che digitale. Anche in questo caso, l'ambiente in cui il sensore dovrà operare determina tipicamente quale sia l'opzione migliore.

ID: 10.1007/978-3-032-35750-2 – 006 Date: October 16, 2026 Proof number: 1

Tabella 6.1 Grandezze fisiche e lista di sensori

Sensore	Utilizzato per valutare
DHT11, DS18B20, DS18S20	Temperatura
DHT22	Umidità e temperatura
VEML6075	Indice di luce UV
GM5516	Intensità luminosa
BMP180	Pressione atmosferica, temperatura e altitudine
KY-035	Campo magnetico
Resistenza sensibile alla forza (FSR)	Forza, pressione o sollecitazione meccanica

La Tabella 6.1 contiene un elenco di alcuni sensori che possono essere utilizzati per realizzare esperimenti di valutazione di grandezze fisiche. Nelle prossime sezioni, vedremo alcuni esempi di come programmare questi sensori utilizzando Python o C++ per Arduino e Raspberry.

6.4 Esperimenti

Come già affermato in precedenza, anche nell'introduzione – sezione 6.1 – di questo capitolo, gli esperimenti sono fondamentali per la crescita della scienza. Essi ci permettono di ottenere risultati per spiegare un fenomeno fisico. Tuttavia, spesso ci sono variabili – come le condizioni ambientali – che possono portare a risultati diversi nella sperimentazione. È evidente quanto sia cruciale che un esperimento sia ripetibile in condizioni simili per permettere agli scienziati di validare una teoria e rendere una misura affidabile.

Tutti gli strumenti open-source visti in questo libro, insieme agli elementi mostrati in questo capitolo, ci permettono di realizzare esperimenti di fisica e analizzare i dati ottenuti da essi. In questo contesto, nelle seguenti sottosezioni, mostriamo diversi esempi per misurare grandezze fisiche utilizzando microcomputer e/o microcontrollori abbinati a sensori, e successivamente i codici utilizzati per analizzare i dati ottenuti dalla procedura di misura.

6.4.1 Sensore DS18B20 – Monitoraggio della temperatura

Uno degli esperimenti più basilari, ma preziosi e tipici, è quello relativo alla misura della *temperatura*. Questa grandezza fisica esprime la caratteristica di caldo o freddo in diverse scale arbitrarie, ad esempio la scala Kelvin (K), una scala di temperatura assoluta riconosciuta come standard scientifico internazionale. Questo tipo di misura è così cruciale che valutiamo inconsciamente la temperatura di un oggetto almeno una volta al giorno senza pensarci troppo. Ad esempio, ogni smartphone

ID: 10.1007/978-3-032-35750-2 – 006 Date: October 16, 2026 Proof number: 1

misura la temperatura del proprio processore utilizzando un sensore che funge da termometro.

Come mostrato nella tabella 6.1 riportata nella sezione 6.3, possiamo utilizzare diversi sensori per misurare la temperatura di un sistema fisico. Ad esempio, il DS18B20 è un sensore digitale che possiamo utilizzare. Si tratta di un dispositivo impermeabile one-wire con un codice seriale univoco a 64 bit, che ci permette di collegare più sensori allo stesso filo dati. In particolare, può essere alimentato con una tensione compresa tra 3.0 V e 5.5 V e misura temperature da –55 °C a +125 °C con una precisione di ±0.5 °C. Vediamo come realizzare un'esperienza di misura della temperatura con successiva raccolta e analisi dei dati utilizzando Python o C++ per controllare il nostro sensore collegato a un Raspberry Pi o Arduino.

6.4.1.1 Raspberry Pi e Python

Prima di iniziare, ecco un elenco degli oggetti necessari per svolgere l'esperienza:

- Scheda Raspberry Pi con una micro SD card (con tastiera e mouse USB)
- Sensore DS18B20
- Resistenza da 4.7 kΩ
- Cavi jumper
- Breadboard

Nella realizzazione del nostro setup sperimentale, dobbiamo prima conoscere il nostro sensore il meglio possibile per capire come collegarlo correttamente al nostro Raspberry.

Suggerimento
Il modo migliore per avere tutte le informazioni riguardanti il nostro sensore è consultare il suo *datasheet*, che solitamente possiamo trovare nei siti di e-commerce che vendono il prodotto.

La versione impermeabile del sensore DS18B20 consiste in una sonda digitale di temperatura sigillata – che offre la possibilità di misurare temperature in ambienti umidi – con un convertitore analogico-digitale (ADC) integrato e un semplice pinout per collegarla facilmente al Pi per alimentare il sensore e acquisire dati da esso. In particolare, la versione impermeabile è solitamente caratterizzata dal seguente pinout:

- Filo rosso = Tensione al Collettore Comune (VCC), la tensione di alimentazione positiva;
- Filo nero = Massa (GND), collegato al terminale negativo dell'alimentatore;
- Filo giallo = DATA, cavo di uscita collegato a un pin digitale del nostro Raspberry Pi.

ID: 10.1007/978-3-032-35750-2 – 006 Date: October 16, 2026 Proof number: 1

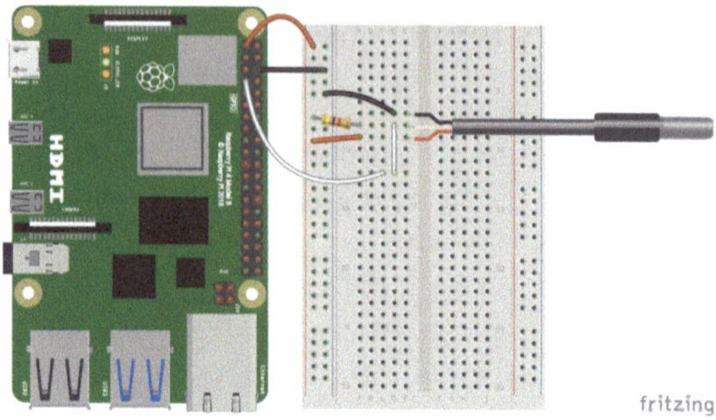

Figura 6.1 Setup sperimentale realizzato usando un RPi ed il sensore DS18B20. Questa immagine è stata creata con Fritzing

Il collegamento è semplice, come indicato in figura 6.1) creata con Fritzing. Prima di tutto, dobbiamo collegare (i) il cavo rosso a 5 V o 3.3 V, (ii) il filo nero a GND e (iii) il cavo del segnale DATA (quello bianco) a un pin digitale. Nell'esempio, quest'ultimo è collegato a GPIO #4 (Pin #7 nel Raspberry Pi se si utilizza la numerazione fisica) con una resistenza da 4.7 kΩ tra il segnale e il pin di alimentazione (5 V o 3.3 V).

Interfaccia One-Wire

L'interfaccia One-Wire deve essere abilitata prima che il Pi possa ricevere dati dal sensore DS18B20. Il GPIO 1-Wire predefinito per il Raspberry Pi è GPIO #4. Quindi, una volta completato il collegamento, accendi il tuo Pi ed effettua il login, ed è possibile abilitare l'interfaccia one-wire in due modi.

1. Digita il seguente comando tramite terminale e premi Invio:

```
sudo raspi-config
```

La figura 6.2 mostra la nuova finestra che si aprirà dalla quale puoi selezionare "Opzioni Interfaccia". Premendo Invio, ora puoi selezionare l'opzione "1-Wire", come mostrato in figura 6.3. Ora puoi abilitare l'interfaccia One-Wire cliccando su "Sì", selezionando "Fine".

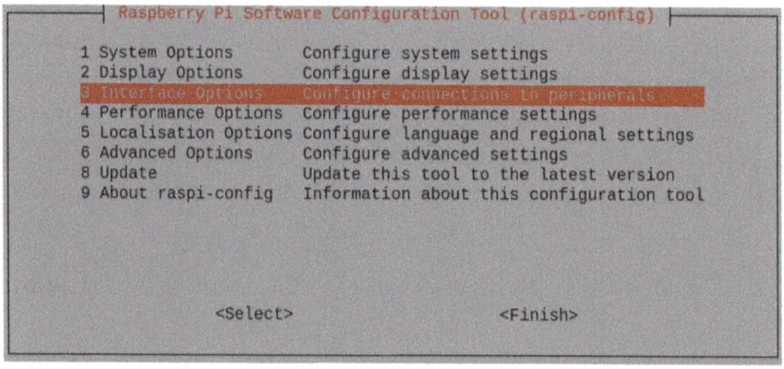

Figura 6.2 All'interno dello strumento "Raspberry Pi Software Configuration Tool" (raspi-config), seleziona la voce "Opzioni Interfaccia"

ID: 10.1007/978-3-032-35750-2 – 006 Date: October 16, 2026 Proof number: 1

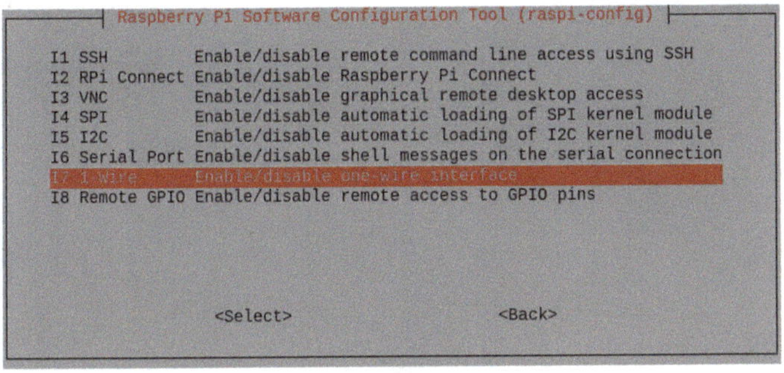

Figura 6.3 Selezione di “1-Wire”

2. Possiamo utilizzare lo strumento “Configurazione Raspberry Pi”, selezionandolo dal menu “Preferenze” (figura 6.4): quando si apre, clicca sulla scheda “Interfacce” e poi clicca su “Abilita” per l’“interfaccia 1-Wire”, come illustrato in figura 6.5. Poi, premi “OK”.

Qualunque metodo tu scelga per abilitare la configurazione 1-Wire, riavvia il tuo Raspberry Pi.

Il seguente script stampa le letture di temperatura nella shell dal sensore di temperatura DS18B20. Crea un nuovo file Python (ad esempio tramite l’Editor Python 3 – IDLE) e copia il seguente codice.

```
import os
import glob
import time

os.system('modprobe w1-gpio')
os.system('modprobe w1-therm')

b_dir = '/sys/bus/w1/devices/'
dev_folder = glob.glob(b_dir + '28*')[0]
dev_file = dev_folder + '/w1_slave'

def read_t_raw():
    file = open(dev_file, 'r')
    lines = file.readlines()
    file.close()
    return lines
```

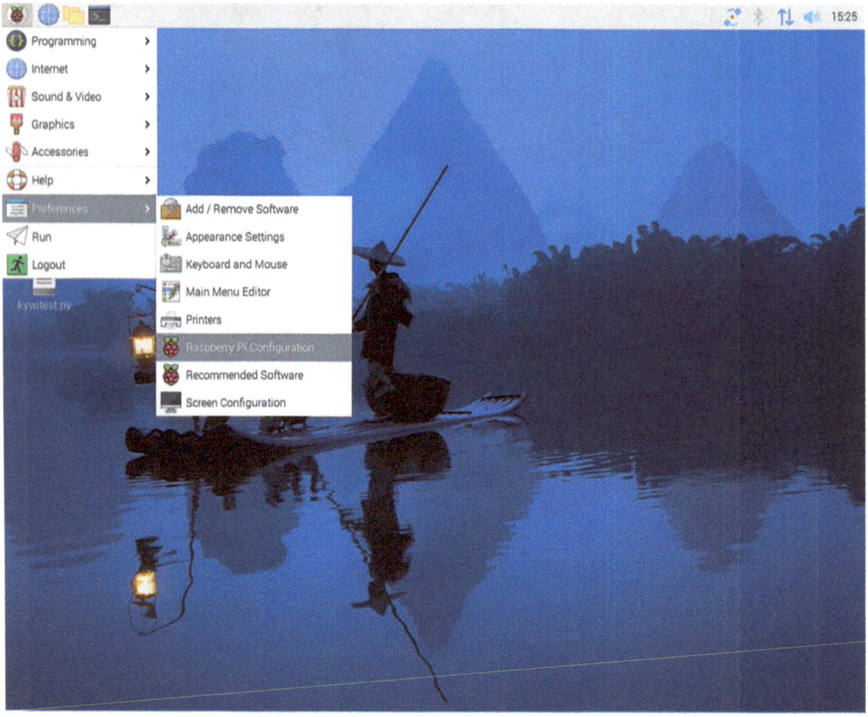

Figura 6.4 Vai nel menu del tuo Pi e poi seleziona "Preferenze" e "Configurazione Raspberry Pi"

Figura 6.5 Clicca su "Abilitata" per l'"interfaccia 1-Wire" all'interno della scheda "Interfacce"

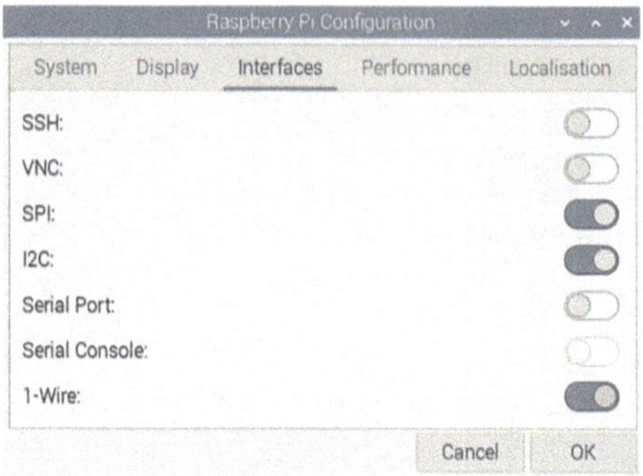

ID: 10.1007/978-3-032-35750-2 – 006 Date: October 16, 2026 Proof number: 1


```
def read_t():
    lines = read_t_raw()
    while lines[0].strip()[-3:] != 'YES':
        time.sleep(0.2)
        lines = read_t_raw()
    equals_pos = lines[1].find('t=')
    if equals_pos != -1:
        t_string = lines[1][equals_pos+2:]
        t_c = float(t_string) / 1000.0
        return t_c

while True:
  data=(read_t())
  print data, 'C'
  time.sleep(1)
```

Codice 6.1 Raspberry Pi, Python e sensore DS18B20

D'altra parte, sarebbe anche possibile non solo visualizzare i valori acquisiti dal sensore sullo schermo, ma anche registrare i dati aggiungendo queste righe di codice:

```
...
while True:
  data=(read_t())
    with open("/var/tmp/temp.txt","a") as file:
        file.write(data + "\n")
  print data, 'C'
  time.sleep(1)
```

Il comando "with open()" rende utilizzabile il file indicato tra parentesi e lo chiude dopo aver eseguito le righe di codice successive. In questo modo, alla chiusura dello script siamo in grado di riutilizzare il file di dati per successive analisi e visualizzazioni.

6.4.1.2 Arduino e C++

Possiamo anche riprodurre lo stesso esperimento utilizzando un Arduino programmato in C++. In questo caso, abbiamo bisogno dei seguenti oggetti per realizzare l'esperienza:

- Scheda Arduino (ad esempio, Arduino UNO)
- Sensore DS18B20
- Resistenza da 4.7 kΩ
- Cavi jumper
- Breadboard

ID: 10.1007/978-3-032-35750-2 – 006 Date: October 16, 2026 Proof number: 1

Analogamente a quanto visto nel paragrafo precedente, collegare questi componenti alla nostra scheda Arduino è semplice. Il sensore DS18B20 deve essere collegato come segue:

- GND al GND di Arduino;
- VDD al 5 V (o 3.3 V) di Arduino;
- DQ a un qualsiasi pin digitale di Arduino (ad esempio, il pin 2) con una resistenza di pull-up da 4.7 kΩ tra DQ e VDD.

Il passo successivo riguarda l'installazione delle librerie. Apri l'IDE di Arduino e poi vai su Sketch > Include Library > Manage Libraries. Cerca e installa le librerie OneWire e DallasTemperature. Dopo aver fatto ciò, carica il seguente codice:

```
#include <OneWire.h>
#include <DallasTemperature.h>

// Cavo dati connesso al pin 2
#define ONE_WIRE_BUS 2

OneWire oneWire(ONE_WIRE_BUS);
DallasTemperature sensors(&oneWire);

void setup() {
  Serial.begin(9600);
  sensors.begin();
}

void loop() {
  sensors.requestTemperatures();
  float temperatureC = sensors.getTempCByIndex(0);
  Serial.print("Temperature: ");
  Serial.print(temperatureC);
  Serial.println(" C");
  delay(1000);
}
```

Codice 6.2 Arduino, C++ e sensore DS18B20

6.4.2 Enviro+ – Monitoraggio ambientale

La scheda Enviro+ è progettata per svolgere vari esperimenti di fisica con un focus sul monitoraggio ambientale, sia in ambienti interni che esterni. È composta da diversi sensori che permettono la misurazione della concentrazione di gas inquinanti e particolato, temperatura, pressione, umidità, luce e livelli di rumore. Di seguito è riportato un elenco dell'hardware installato sulla scheda:

- Sensore BME280: misura temperatura, pressione e umidità.
- Sensore LTR-559: misura luce e prossimità.

ID: 10.1007/978-3-032-35750-2 – 006 Date: October 16, 2026 Proof number: 1

- Sensore MICS6814: rileva vari gas tra cui monossido di carbonio, biossido di azoto e ammoniaca.
- Microfono MEMS: misura i livelli di rumore.
- LCD a colori da "0.96": visualizza i dati raccolti.
- Sensore Matter: consente un ulteriore monitoraggio della qualità dell'aria.

Una libreria Python per controllare tutte le componenti della scheda Enviro+ è già fornita dai produttori insieme a guide ed esempi per installare e utilizzare la scheda (vedi https://shop.pimoroni.com/products/enviro?variant=31155658457171). Qui presentiamo un semplice esempio di utilizzo di questa scheda con un Raspberry Pi Zero WH[1] per misurare alcune delle precedenti grandezze fisiche riportate:

```
#!/usr/bin/env python3

import time
import csv
import logging
import datetime
from bme280 import BME280

# Importa il modulo SMBus, utilizzando smbus2 se disponibile,
    altrimenti smbus
try:
    from smbus2 import SMBus
except ImportError:
    from smbus import SMBus

# Configura la registrazione per registrare le informazioni con
    un timestamp
logging.basicConfig(
    format='%(asctime)s.%(msecs)03d %(levelname)-8s %(message)s',
    level=logging.INFO,
    datefmt='%Y-%m-%d %H:%M:%S')

# Messaggio di avvio del programma
logging.info("""weather.py - Print readings from the BME280
    weather sensor.

Press Ctrl+C to exit!

""")

# Inizializza il bus I2C
bus = SMBus(1)
```

[1] Il Raspberry Pi Zero WH è un computer compatto e a basso costo che dispone di WiFi e Bluetooth integrati, e presenta un header GPIO pre-saldato per un facile collegamento a breadboard e accessori. Questo lo rende ideale per vari progetti, soprattutto per chi preferisce non occuparsi personalmente della saldatura.

```
# Inizializza il sensore BME280
bme280 = BME280(i2c_dev=bus)

# Create a data file with the current timestamp in the name
name_datafile = 'data_' + str(datetime.datetime.now()) + '.txt'

# Crea un file di dati con il timestamp corrente nel nome
datafile = open(name_datafile, "w")
datafile.close()

# Riapri il file in modalità di aggiunta
datafile = open(name_datafile, "a")

# Scrivi i nomi dei campi nel file
field_names = ['Date;', 'Temperature ( C);', 'Pressure (hPa);', '
    Humidity (%);']
datafile.writelines(field_names)

# Ciclo infinito per leggere e registrare i dati dal sensore
while True:
    # Ottieni il timestamp corrente
    x = datetime.datetime.now()
    # Read the temperature from the sensor
    temperature = bme280.get_temperature()
    # Leggere la temperatura dal sensore
    pressure = bme280.get_pressure()
    # Leggere l'umidità dal sensore
    humidity = bme280.get_humidity()
    # Registra i dati
    logging.info("""\n Temperature: {:05.2f} *C \n Pressure:
    {:05.2f} hPa \n Relative humidity: {:05.2f} % \n """.format(
    temperature, pressure, humidity))
    # Scrivi i dati nel file
    datafile.writelines('\n')
    datafile.writelines([str(x), ';', str(temperature), ';', str(
    pressure), ';', str(humidity)])
    # Assicurarsi che i dati vengano scritti immediatamente
   in datafile.flush()
    # Attendi 1 secondo prima di ripetere il ciclo (modificabile
    fino a 1800 secondi per registrare i dati ogni 30 minuti).
    time.sleep(1) # value in seconds, 1800 to record data every
    30 minutes
```

Codice 6.3 Enviro+ e Raspberry Pi Zero WH

Questo script Python legge i dati dal sensore BME280 (temperatura, pressione e umidità) e li registra in un file di testo con un timestamp. Utilizza il modulo `logging` per stampare i dati nel terminale e il modulo `time` per creare un intervallo tra le letture. È possibile regolare l'intervallo di tempo in base alle proprie esigenze.

ID: 10.1007/978-3-032-35750-2 – 006 Date: October 16, 2026 Proof number: 1

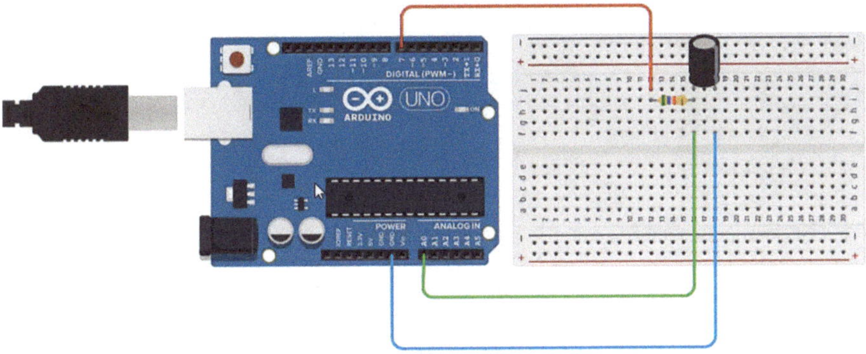

Figura 6.6 Schema dell'esperimento di carica-scarica RC con Arduino Uno

6.4.3 Carica e scarica di circuiti RC

Un classico esercizio pratico, realizzabile con un semplice Arduino Uno, una breadboard, un condensatore e una resistenza, è il test di carica e scarica di un circuito RC. Questo esperimento, presente in ogni laboratorio di fisica generale, collega teoria e pratica: si assembla un circuito reale, si acquisiscono dati in tempo reale e si verifica che la costante di tempo misurata τ corrisponda al valore teorico $\tau = R\,C$. Eseguire l'esperimento con Arduino sostituisce l'ingombrante oscilloscopio da banco con un codice che puoi scrivere ed eseguire a casa. Un pin digitale diventa un generatore di onda quadra 0–5 V che carica e scarica ripetutamente il condensatore, mentre un pin analogico campiona la tensione ai capi del condensatore così da poter tracciare la differenza di potenziale V(t) in funzione del tempo, adattare la curva esponenziale ed estrarre il parametro τ. Lo schema dei collegamenti è mostrato in Fig. 6.6. Dal punto di vista del codice, basta impostare il pin digitale su HIGH (uscita 5 Volt) e LOW (uscita 0 Volt) con un periodo scelto, e leggere analogRead() a una frequenza di campionamento adeguata, memorizzando i valori per un'analisi successiva.

Per eseguire l'esperimento e acquisire i dati, si può scrivere il seguente codice C e poi caricarlo nel microcontrollore utilizzando l'IDE di Arduino:

```
int ledPin = 7;          // seleziona il pin per il LED
float event_time=0.;
float tempone=0;
int   spione =1;
// la routine setup viene eseguita una volta quando si preme
    reset:
void setup() {
  // inizializza la comunicazione seriale a 9600 bit per secondo:
 Serial.begin(9600);
  pinMode(ledPin, OUTPUT);
}
// la routine loop viene eseguita continuamente:
void loop() {
```

```
13     event_time=millis();
14    if(event_time>tempone && spione==1)  {digitalWrite(ledPin, HIGH); spione=2;tempone+=500;}
15    if(event_time>tempone && spione==2) { digitalWrite(ledPin, LOW); spione =1;tempone+=500;}
16    Serial.println(analogRead(A0)*5/1023.);
17 }
```

Codice 6.4 Esperimento RC Arduino Scratch

Nello sketch Arduino del Codice 6.4, i due blocchi chiave svolgono le seguenti funzioni:

- **setup()**:
  - `Serial.begin(115200);` inizializza la comunicazione seriale USB a 115200 baud.
  - `pinMode(7, OUTPUT);` imposta il pin digitale 7 come uscita per pilotare il circuito RC.
- **loop()**:
  - Riga 13: Acquisisce il timestamp usando `millis()`, il contatore interno dei millisecondi.
  - Righe 14–15: Commutano il pin 7 su `HIGH` e poi su `LOW`, creando un impulso quadro $0 \rightarrow 5\,\text{V}$, con il periodo controllato tramite `delay()` o `delayMicroseconds()`.
  - Riga 16: Legge la tensione sul condensatore usando `analogRead()`, converte il valore ADC in volt e lo invia sulla porta seriale.

Aprendo il Serial Plotter nell'IDE di Arduino si ottiene una visualizzazione in tempo reale della curva di carica/scarica, offrendo una semplice visuale simile a un oscilloscopio. Sebbene utile per una rapida validazione, è meno adatto per una registrazione accurata dei dati, poiché l'IDE non assegna timestamp né memorizza i valori in modo efficiente. Un altro approccio consiste nel caricare lo sketch Firmata sulla scheda Arduino tramite l'IDE di Arduino. Questo firmware consente di controllare la scheda tramite Python. Una volta installato Firmata sulla scheda, è necessario installare la libreria `pyfirmata` per permettere a Python di interfacciarsi con Arduino. Questa libreria facilita la comunicazione e il controllo diretto della scheda senza richiedere ulteriori modifiche al codice. Lo script Python presentato nel Codice 6.5 replica la funzionalità principale implementata nel Codice 6.4. Inoltre, sfruttando le librerie `matplotlib` e `numpy` è possibile visualizzare in tempo reale i dati acquisiti e memorizzare le misure in un file per ulteriori analisi.

```
import pyfirmata
import time
import matplotlib.pyplot as plt
import numpy as np
plt.ion()
plt.show()
```

ID: 10.1007/978-3-032-35750-2 – 006 Date: October 16, 2026 Proof number: 1


```
t = []
v = []
board = pyfirmata.Arduino('/dev/ttyACM0')#Arduino originale
#board = pyfirmata.Arduino('/dev/ttyUSB0')
it = pyfirmata.util.Iterator(board)
it.start()
analog_input = board.get_pin('a:0:i')
per led = board.get_pin('d:7:o')
previous = time.perf_counter()
tempo = 0.
on = 1
off = 1
measure = 0.0

while tempo<4:
    now = time.perf_counter()
    deltat = now - previous
    previous = now
    tempo = tempo + deltat
    time.sleep(0.005)
    measure = analog_input.read()
    t.append(tempo)
    v.append(0 if measure is None else measure*5)
    plt.plot(t,v)
    plt.pause(0.001)
    plt.draw()
    print(tempo,"  ",measure)
    if tempo > 0 and on == 1:
        led.write(1)
        on = 0
    if tempo > 2 and off == 1:
        led.write(0)
        off = 0

times = np.array(t)
volts = np.array(v)
outputFile='RCSeguenza.dat'
np.set_printoptions(precision = 20)
np.savetxt(outputFile, np.column_stack((times, volts)))
```

Codice 6.5 Esperimento RC Arduino Scratch potenziato da matplotlib e numpy

Per visualizzare i risultati in stile ROOT, possiamo implementare una semplice macro come descritto nel Codice 6.6.

```
    {
        TCanvas pina;
 TGraph pino("RCSeguenza2.dat");
 pino.GetXaxis()->SetNdivisions(905);
 pino.GetXaxis()->SetTitle("tempo (s)");
```

Figura 6.7 Rappresentazione grafica dei dati in modalità offline, dopo l'acquisizione dati

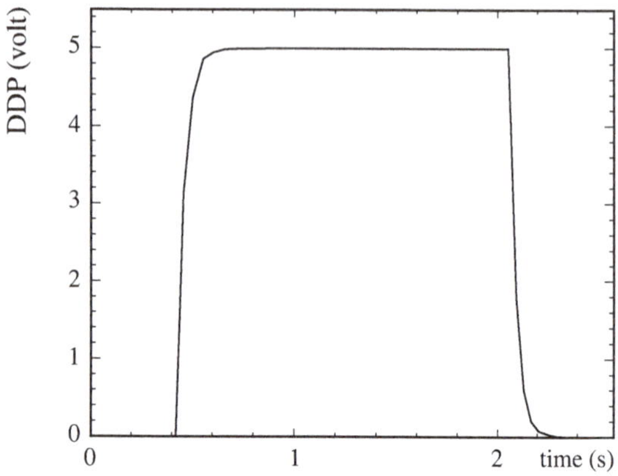


```
pino.Draw();
pino.GetYaxis()->SetTitleOffset(0.9);
pino.GetYaxis()->SetTitle("DDP (volt)");
pino.Draw();
pina.SaveAs("figura.pdf");
}
```

Codice 6.6 Visualizzazione dei dati con ROOT dei dati acquisiti nel codice 6.5

ottenendo i seguenti risultati: Naturalmente, possiamo sfruttare le potenzialità di Python utilizzando PyRoot, Scipy, matplotlib e molte altre librerie per implementare l'interfaccia grafica dell'esperimento e analizzare i dati durante l'acquisizione. Se desideriamo adattare la fase di carica e scarica del circuito RC, il seguente script Python 6.7 mostra una possibile soluzione al problema:

```
import numpy as np
import matplotlib.pyplot as plt
from numpy import genfromtxt
from scipy.optimize import curve_fit

def func(x, a, b,c):
    return a * (1-np.exp(- (x-c)/b))

def func2(x,a,b,c):
    return a*np.exp(-(x-c)/b)

my_data = genfromtxt('RCSeguenza.dat', delimiter=' ')

x = my_data[: , 0]
y = my_data[:, 1]

plt.xlabel('t (s)')
plt.ylabel('V (volt)')
```

```
plt.plot(x, y, color = 'black')  # carica il primo grafico

x = my_data[(my_data[:,0]<0.74) , 0]
y = my_data[(my_data[:,0]<0.74), 1]

suggest =[5,0.03,0.421]

popt, pcov = curve_fit(func, x, y, p0=suggest)

plt.plot(
    x,
    func(x, *popt),
    'r-',
    linestyle='--',
    color = 'b',
    label='fit: a=%5.3f, b=%7.5f, c=%5.3f' % tuple(popt)
)

x = my_data[(my_data[:,0]>2.04) , 0]
y = my_data[(my_data[:,0]>2.04), 1]

suggest =[5,0.1,2]

popt, pcov = curve_fit(func2, x, y, p0=suggest)

plt.plot(
    x,
    func2(x, *popt),
    'r-',
    linestyle='--',
    color='r',
    label='fit: a=%5.3f, b=%7.5f, c=%5.3f' % tuple(popt)
)

plt.legend()
plt.show()
```

Codice 6.7 Fit dei dati con scipy

Il codice genera un grafico che rappresenta i cicli di carica e scarica di un circuito RC in funzione del tempo. In questo processo, le fasi di carica e scarica sono parametrizzate separatamente utilizzando le seguenti equazioni matematiche:

$$\text{charge}(x) = A \cdot (1 - \exp(-(x - c)/b)) \tag{6.1}$$

$$\text{discharge}(x) = A \cdot \exp(-(x - c)/b) \tag{6.2}$$

Il processo di carica segue una funzione esponenziale. Il termine A rappresenta la tensione massima (o carica) raggiunta dopo un tempo sufficientemente lungo, quando il condensatore raggiunge la saturazione. Il parametro b è cruciale, poiché

ID: 10.1007/978-3-032-35750-2 – 006 Date: October 16, 2026 Proof number: 1

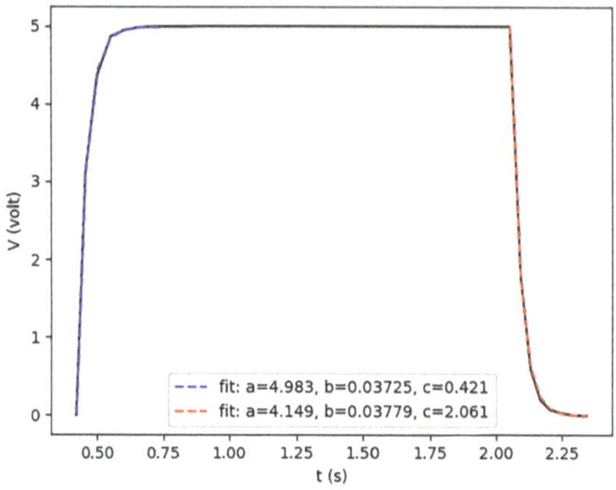

Figura 6.8 I cicli di carica e scarica di un circuito RC in funzione del tempo

rappresenta la costante di tempo caratteristica τ del circuito RC, che misura la rapidità con cui il circuito si carica. Il parametro c rappresenta lo shift temporale, tenendo conto di eventuali offset temporali iniziali. Il codice utilizza questi modelli per adattare i processi di carica e scarica, fornendo i parametri come riportato in figura 6.8. I valori del parametro b nei due fit risultano molto vicini, come previsto.

Gli stessi risultati possono essere ottenuti con una macro root 6.8 come segue:

```
{
 TCanvas box;
TGraph rcplot("RCSeguenza.dat");
rcplot.GetXaxis()->SetNdivisions(905);
rcplot.GetXaxis()->SetTitle("tempo (s)");
rcplot.Draw();
rcplot.GetYaxis()->SetTitleOffset(0.9);
rcplot.GetYaxis()->SetTitle("DDP (volt)");
rcplot.Draw();
TF1 *charge = new TF1("charge", "[0]*(1-exp(-(x-[2])/[1]))"
    ,0,0.74);
charge->SetParameters(5,0.03,0.421);
charge->SetLineColor(4);
charge->SetLineStyle(2);
TF1 *discharge = new TF1("discharge", "[0]*exp(-(x-[2])/[1])"
    ,2.045,3);
discharge->SetParameters(5,0.1,2);
discharge->SetLineColor(2);
discharge->SetLineStyle(2);
rcplot.Fit("charge","R+");
rcplot.Fit("discharge","R+");
box.SaveAs("fitrcroot.pdf");
}
```

Codice 6.8 Come nel codice 6.7 ma con ROOT

ID: 10.1007/978-3-032-35750-2 – 006 Date: October 16, 2026 Proof number: 1

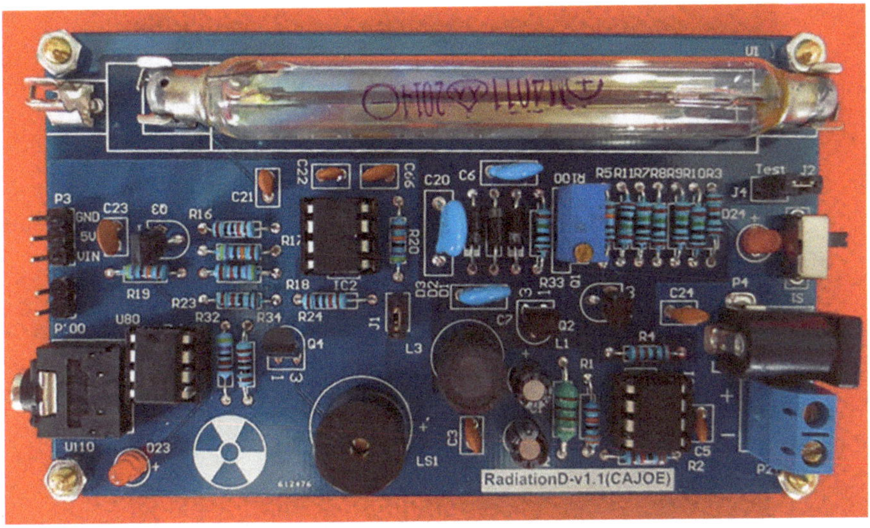

Figura 6.9 Modulo contatore Geiger compatibile con Arduino e altre piattaforme di microcontrollori o microcomputer

6.4.4 *Contatore Geiger*

Un contatore Geiger rileva la radiazione ionizzante tramite un rivelatore a gas. Al suo interno è presente il tubo Geiger-Müller, che funziona essenzialmente come un condensatore cilindrico: la parete del tubo costituisce una delle armature, mentre un sottile filo disposto lungo l'asse forma l'altra; lo spazio tra i due è occupato da un gas a bassa pressione, mantenuto a una differenza di potenziale di circa 400 V. Quando una particella carica o un fotone ad alta energia attraversa il tubo, ionizza le molecole del gas, liberando elettroni. Questa ionizzazione iniziale innesca una rapida moltiplicazione a valanga delle cariche, generando un impulso di corrente tra il filo centrale e la parete del tubo. L'elettronica del contatore rileva questo impulso, registra l'evento e, quasi istantaneamente[2], ripristina le condizioni iniziali del sistema, rendendo il rivelatore pronto per una nuova rivelazione.

Questo esercizio richiede una scheda Geiger come quella mostrata in Figura 6.9.

Questa scheda Geiger, nella regione etichettata come P3, fornisce tre pin: la messa a terra, l'alimentazione a 5 Volt e il pin Vin, al quale viene inviato un segnale TTL negativo quando viene registrato un evento di radiazione. Questa scheda è facilmente interfacciabile con Arduino Uno, che può fornire l'alimentazione e leggere e contare le rilevazioni di radiazione tramite il pin Vin. La scarica indotta dalla

[2] La scarica elettrica nel tubo e il successivo ripristino della tensione avvengono su tempi estremamente brevi, dell'ordine dei nanosecondi. Tuttavia, l'elettronica di lettura introduce deliberatamente un ritardo ben maggiore, dell'ordine di alcune centinaia di microsecondi, così da consentire al microcontrollore di riconoscere e registrare correttamente il segnale.

Figura 6.10 Foto di un contatore Geiger controllato da Arduino

radiazione nel tubo Geiger produce un segnale breve dell'ordine di nanosecondi nel tempo. L'elettronica della scheda del contatore Geiger fornisce un segnale TTL negativo di circa 300 microsecondi per essere rilevabile dallo shield Arduino.

Come nel caso precedente, è possibile implementare uno sketch Arduino e visualizzare i risultati utilizzando un monitor seriale e un plot seriale. La figura 6.10 mostra la foto di un test con le due schede effettuato in laboratorio. Come nel caso precedente, è possibile implementare uno sketch Arduino e visualizzare i risultati utilizzando il monitor seriale e il plot. Tuttavia, è più conveniente rispetto a prima utilizzare il firmware Firmata caricato sulla scheda Arduino, ed è più semplice utilizzare la libreria pyfirmata per pilotare la scheda all'interno di un programma Python, eseguito sul PC collegato alla scheda tramite connessione USB. Il codice Python in Codice 6.9 dimostra l'uso delle librerie pyfirmata, numpy e pyroot per creare un'interfaccia di acquisizione dati per un contatore Geiger:

- Righe 1–4: Importazione delle librerie necessarie.
- Righe 6–22: Configurazione grafica dell'interfaccia utilizzando pyroot.
- Righe 23–26: Definizione delle variabili e connessione con le schede hardware.
- Riga 34: Inizio del ciclo di polling, che controlla continuamente l'Arduino per rilevare eventi di radiazione.
- Righe 49–54: Implementazione della visualizzazione del processo di acquisizione dati durante l'esperimento.
- Riga 61: Salvataggio dei dati raccolti in un file ASCII utilizzando numpy.
- Righe 62–65: Scrittura degli istogrammi riempiti in un file ROOT per l'analisi offline.

ID: 10.1007/978-3-032-35750-2 – 006 Date: October 16, 2026 Proof number: 1


```python
import ROOT
import pyfirmata
import time
import numpy as np

h = ROOT.TH1F("myHist", "", 20000, 0, 20)
h2 = ROOT.TH1F("myHist2", "", 20, 0, 1200)
h.GetXaxis().SetTitle("#Delta T (second)")
h.GetXaxis().CenterTitle(1)
h.GetYaxis().SetTitle("Counts")
h.GetXaxis().SetTitleOffset(0.95);
h.GetYaxis().CenterTitle(1)
h.GetYaxis().SetTitleOffset(0.90);
h2.GetXaxis().SetTitle("Time (second)")
h2.GetXaxis().CenterTitle(1)
h2.GetYaxis().SetTitle("#muSv/hr")
h2.GetXaxis().SetTitleOffset(0.95);
h2.GetYaxis().SetTitleOffset(1.05);
h2.GetYaxis().CenterTitle(1)
c1 = ROOT.TCanvas("c1","",600,500)
c2 = ROOT.TCanvas("c2","",600,500)
c2.SetLeftMargin(0.16);
board = pyfirmata.Arduino('/dev/ttyACM0')
it = pyfirmata.util.Iterator(board)
it.start()
digital_input = board.get_pin('d:2:i')
previous = time.perf_counter()
tempo = 0.
deltat = 0.
T = []
D = []
contami = 0
#while contami < 10: #condizionato al numero di eventi
while tempo < 1200:#condizionato al tempo

    pippo = digital_input.read()
   # print(pippo)
    if pippo is False:
        print(time.perf_counter())
        contami = contami + 1
        now = time.perf_counter()
        deltat = now - previous
        previous = now
        tempo = tempo + deltat
        T.append(tempo)
        D.append(deltat)
        print(tempo,"    ",deltat)
        h2.Fill(tempo,0.0057)#0.0057 peso muSv/hr
```

ID: 10.1007/978-3-032-35750-2 – 006 Date: October 16, 2026 Proof number: 1


```
        c2.Clear()
        h2.Draw()
        c2.Update()
        h.Fill(deltat)
        c1.Clear()
        h.Draw()
        c1.Update()
        print(time.perf_counter())
        time.sleep(0.001)
npT = np.array(T)
npD = np.array(D)
outputFile = "datiGeiger.dat"
np.savetxt(outputFile, np.column_stack((npT, npD)),fmt='%7.4f
    %7.4f')
F = ROOT.TFile("geigerambiente_2.root", "recreate")
h.Write()
h2.Write()
F.Close()
```

Codice 6.9 Programma Python di acquisizione dati per contatore Geiger

Il codice 6.9 calcola l'istogramma della differenza di tempo tra un evento rilevato e il successivo riportato in figura 6.11, e l'attività misurata in μSv/h mediata ogni 60 secondi di acquisizione dati, riportata in figura 6.12. La figura 6.11 illustra l'andamento esponenziale della distanza temporale tra due eventi, un comportamento caratteristico di un processo di Poisson che governa il comportamento statistico degli eventi rari. Tali eventi hanno una maggiore probabilità di verificarsi in rapida successione. Questo spiega perché spesso si sentono gruppi di bip seguiti da periodi relativamente lunghi di silenzio quando si ascolta il caratteristico "bip" di un contatore Geiger in funzione. La figura 6.12 mostra l'attività ambientale media nel tempo. Una possibile applicazione di questo esperimento e del relativo grafico è il monitoraggio della radioattività. Integrando un algoritmo di controllo che rilevi

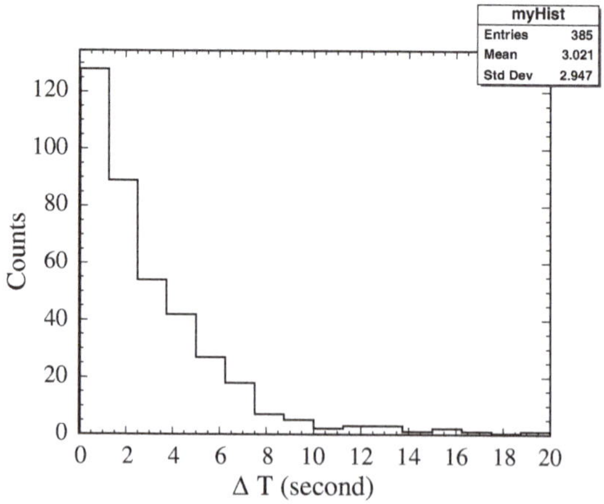

Figura 6.11 La differenza di tempo tra un evento rilevato e il successivo

ID: 10.1007/978-3-032-35750-2 – 006 Date: October 16, 2026 Proof number: 1

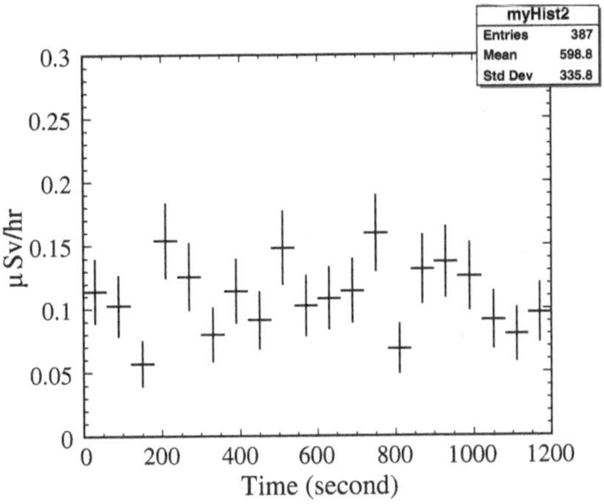

Figura 6.12 L'attività misurata in µSv/h mediata ogni 60 secondi di acquisizione dati

deviazioni da un andamento stabile (linea piatta) nel grafico, si potrebbe attivare un allarme quando si verificano variazioni inattese, suggerendo ulteriori indagini sulla causa del cambiamento. Integrando un'alimentazione, una batteria ricaricabile e un pannello fotovoltaico nell'apparato sperimentale, è possibile realizzare una stazione di monitoraggio autosufficiente e permanente. Questa configurazione rende la stazione di monitoraggio affidabile e autonoma, ideale per la raccolta dati a lungo termine nel monitoraggio ambientale o in applicazioni simili. Se si desidera approfondire questo argomento, si suggerisce il libro "Educational and Amateur Geiger Counter Experiments" di Franco Riggi, edito da Springer, che contiene numerosi esperimenti interessanti con l'utilizzo di un contatore Geiger.

6.5 Esercizi

6.1 Esegui lo stesso esperimento riportato nella sezione 6.4.1.1 utilizzando Arduino. Misura la temperatura di una stanza ogni 10 minuti per una settimana e poi analizza i dati. Immagina che le informazioni più significative possano essere trovate nel campione di dati.

6.2 Sperimenta la carica e la scarica di un circuito RC utilizzando la libreria "serial" di Python per realizzare l'interfaccia di acquisizione dati. Raccogli i dati e analizzali.

6.3 Monta due contatori Geiger in pila con i due tubi Geiger nella stessa posizione xy, collega l'uscita alle porte digitali 2 e 3 di Arduino e scrivi il codice che registra solo la coincidenza tra i due rivelatori.

6.4 Costruisci una stazione meteorologica (temperatura, umidità, pressione) con Raspberry Pi e Arduino.

Soluzioni

Problemi del Capitolo 2

2.1

C++:

```
#include <iostream>
using namespace std:
int main(){
    cout<<"I'm writing a message on the screen"<<endl;
    return 0;
}
```

Codice A.1 Soluzione C++: Scrivi un codice che visualizzi un messaggio sullo schermo

Python:

```
print("I'm writing a message on the screen")
}
```

Codice A.2 Soluzione Python: Scrivi un codice che visualizzi un messaggio sullo schermo

2.2

C++:

```
#include <iostream>
using namespace std:
int main(){
    cout<<"Please, give me a number"<<endl;
    float number;
    cin>>number;
    cout<<"the received number is "<<number<<endl;
    return 0;
}
```

Codice A.3 Soluzione C++: Scrivi un codice in grado di chiedere all'utente un numero e stamparlo sullo schermo

G. Mandaglio, U. Wanderlingh, S. Vasi, *Strumenti open source per l'analisi dei dati fisici*,
https://doi.org/10.1007/978-3-032-35750-2

Python:

```
number = float(input("Please, give me a number"))
print("the received number is ", number)
```

Codice A.4 Soluzione Python: Scrivi un codice in grado di chiedere all'utente un numero e stamparlo sullo schermo

2.3

C++:

```
#include <iostream>
using namespace std:
int main(){
    cout<<"Hi! I'm a program summing two numbers"<<endl;
    cout<<"Give me the two numebrs"<<endl;
    float number1, number2;
    cin>>number1>>number2;
    cout<<"the the sum of the two numbers is "<<number1 + number2
    <<endl;
    return 0;
}
```

Codice A.5 Soluzione C++: Scrivi un codice in grado di chiedere all'utente due numeri reali e stampare la loro somma sullo schermo

Python:

```
print("Hi! I'm a program summing two numbers")
numbers = list(map(float,input("Give me the two numbers").split()
    ))
print("the received number is ", sum(numbers))
```

Codice A.6 Soluzione Python: Scrivi un codice in grado di chiedere all'utente due numeri reali e stampare la loro somma sullo schermo

2.4

C++:

```
#include <iostream>
using namespace std;
int main(){
    cout<<"HI! I'm a calculator program."<<endl;
    int pass = 1;
    do{
    cout<<"Give me the two numbers"<<endl;
    float number1, number2;
    cin>>number1>>number2;
    cout<<"if you wish to perform a sum digit 1, a difference
    digit 2, a product 3, a ratio 4"<<endl;
    int choice;
```

ID: 10.1007/978-3-032-35750-2 – BMchapter1 Date: October 16, 2026 Proof number: 1


```
    cin >>choice;
    if(choice ==1) {cout<<"the sum of the values is "<<number1 +
    number2<<endl; }
    if(choice ==2) {cout<<"the difference of the values is "<<
    number1 - number2<<endl; }
    if(choice ==3) {cout<<"the product of the values is "<<
    number1 +number2<<endl; }
    if(choice ==4) {cout<<"the ratio of the values is "<<number1
    +number2<<endl; }
    cout<<"if you wish another ride digit 1, if not whatever
    numbers"<<endl;
    cin>>pass;
    }while(pass==1);
    return 0;
}
```

Codice A.7 Soluzione C++: Scrivi un codice in grado di chiedere all'utente due numeri reali e quale delle 4 operazioni di base vuole eseguire, quindi stampare il risultato sullo schermo. Rendi il codice iterativo, in grado di ripetere le operazioni a meno che l'utente non specifichi diversamente

Python:

```
print("HI! I'm a calculator program.")
while True:#infinite loop
    numbers = list(map(float,input("Give me the two numbers\n").
    split()))
    choice = input("if you wish to perform a sum digit sum, a
    difference digit dif, a product pro, a ratio rat\n")
    if choice == "sum":
        print("the sum of the values is ", sum(numbers))
    if choice == "dif":
        print("the difference of the values is ", numbers[0]-
    numbers[1])
    if choice == "pro":
        print("the product of the values is ", numbers[0]*numbers
    [1])
    if choice == "rat":
        print("the ratio of the values is ", numbers[0]/numbers
    [1])
    if input("if you wish another ride digit yes, if not digit
    whatever\n") != "yes":
        break
```

Codice A.8 Soluzione Python: Scrivi un codice in grado di chiedere all'utente due numeri reali e quale delle 4 operazioni di base vuole eseguire, quindi stampare il risultato sullo schermo. Rendi il codice iterativo, in grado di ripetere le operazioni a meno che l'utente non specifichi diversamente

ID: 10.1007/978-3-032-35750-2 – BMchapter1 Date: October 16, 2026 Proof number: 1

2.5

C++:

```
#include <iostream>
using namespace std;
int main(){
        int number;
        cout<<"Give me a number and I tell you if is odd or even\
    n";
        cin>>number;
  if(number%2==0){
                cout<<number<<" is even\n";
        }
        else{
                cout<<number<<" is odd\n";
        }
 return 0;
 }
```

Codice A.9 Soluzione C++: Scrivi un codice in grado di chiedere un intero e indicare se è pari o dispari

Python:

```
number = int(input("Give me a number and I tell you if is odd or
    even: "))
if (number % 2) == 0:
   print(number," is even")
else:
   print(number," is odd")
```

Codice A.10 Soluzione Python: Scrivi un codice in grado di chiedere un intero e indicare se è pari o dispari

2.6

C++:

```
#include <iostream>
using namespace std;
int main(){
 float data, sum =0;
cout<<"per favore, dammi 10 numeri e ti darò la somma\n";
for(int i=0; i<10; i++){
 cin>>data;
 sum+=data;
}
cout<<"la somma dei dati è "<<sum<<endl;
return 0;
}
```

Codice A.11 Soluzione C++: Chiedi all'utente di fornire 10 numeri e salvali in un array. Calcola la somma dei numeri forniti e stampa il risultato finale sullo schermo

Python:

```python
data = list(map(float,input("per favore, dammi 10 numeri e ti
    darò la somma").split()))
print("la somma dei dati è ", sum(data))
```

Codice A.12 Soluzione Python: Chiedi all'utente di fornire 10 numeri e memorizzali in un array. Calcola la somma dei numeri forniti e stampa il risultato finale sullo schermo

2.7

C++:

```cpp
#include <iostream>
using namespace std;
int main(){
 int solution[3][100];
 for(int i=0; i<50; i++){
     solution[0][i]=2*i;
     solution[1][i]=2*i+1;
     solution[2][i]=solution[0][i]+solution[1][i];
 }
 for(int i=0; i<50; i++){
     for(int j=0; j<3; j++){
         cout<<solution[j][i]<<"  ";
     }
     cout<<endl;
 }
 return 0;
 }
```

Codice A.13 Soluzione C++: Scrivi un programma che riempia la prima colonna di una matrice con numeri pari da 0 a 100, la seconda colonna con numeri dispari, e la terza colonna con la somma dei valori corrispondenti delle prime due colonne

Python:

```python
#per colonne
even = [a for a in range(0,100,2)]
odd  = [a+1 for a in range(0,100,2)]
sum  = [even[a]+odd[a] for a in range(50)]
solution = [even,odd,sum]
print("per colonne**********")
print(solution)
#per righe
print("per righe**********")
solution = [[even[a],odd[a],sum[a]] for a in range(50)]
print(solution)
#in stile C++
print("per righe in stile c++**********")
rows, cols = (50, 3)
solution = [[0 for i in range(cols)] for j in range(rows)]
```

ID: 10.1007/978-3-032-35750-2 – BMchapter1 Date: October 16, 2026 Proof number: 1


```
for i in range(50):
    solution[i][0] = 2*i
    solution[i][1] = solution[i][0] +1
    solution[i][2] = solution[i][0] + solution[i][1]
print(solution)
```

Codice A.14 Soluzione Python: Scrivi un programma che riempia la prima colonna di una matrice con numeri pari da 0 a 100, la seconda colonna con numeri dispari, e la terza colonna con la somma dei valori corrispondenti delle prime due colonne

2.8

C++:

```
#include <iostream>
#include <fstream>
#include <vector>
#include <cmath>
using namespace std;
int main(){
  vector<float> data;
  float datum;
  ifstream reader("data.dat");//file nella stessa cartella del codice
  if(!reader.is_open()){
    cout<<"Non riesco a trovare il file, per favore controlla!"<<endl;
    return 1;
  }
  while(reader>>datum){
    data.push_back(datum);
  }
  float sum =0;
  for (int i =0; i<data.size(); i++){
    sum+=data[i];
  }
  float mean = sum/data.size();
    for (int i =0; i<data.size(); i++){
    sum+=data[i];
  }
    sum =0;
    for (int i =0; i<data.size(); i++){
    sum+=pow(data[i]-mean,2);
  }
  float std = sqrt(sum/data.size());
  cout<<"il valore medio è "<<mean<<"  la deviazione standard "<<std<<endl;
  return 0;
 }
```

Codice A.15 Soluzione C++: Scrivi un codice che legga il file "data.dat", stampi tutti i valori sullo schermo e calcoli la media e la deviazione standard.

Python:

```python
import math
data = list(map(float,open("data.dat").read().split()))
mean = sum(data)/len(data)
gaps = [(data[i]-mean)**2. for i in range(len(data))]
rms = math.sqrt(sum(gaps)/len(gaps))
print("il valore medio è ",mean,"  la deviazione standard ",rms)
```

Codice A.16 Soluzione Python: Scrivi un codice che legga il file "data.dat", stampi tutti i valori sullo schermo e calcoli la media e la deviazione standard

2.9

C++:

```cpp
#include <iostream>
#include <fstream>
#include <sstream>
#include <string>
using namespace std;
int main(){
  string line, number;
  ifstream reader("data.dat");//file nella stessa cartella del codice
  if(!reader.is_open()){
    cout<<"Non riesco a trovare il file, per favore controlla!"<<endl;
    return 1;
  }
  getline(reader,line);
  stringstream stringer(line);
  int columns=0;
  while(stringer>>number){
    columns++;
    }
    int rows = 1;
    while(getline(reader,line)){
  rows++; //mi conto tutte le righe
  }
    cout<<"il numero di righe è "<<rows<<" il numero di colonne è "<<columns<<endl;
  return 0;
}
```

Codice A.17 Soluzione C++: Scrivi un codice che conti le righe e le colonne nel file "data.dat".

Python:

```python
data =open("data.dat").read()
rowfinder = data.split("\n")
rows = len(rowfinder)-1 #rimuovi l'ultima riga vuota
```

```
columns = len(rowfinder[0].split())
print("il numero di righe è ",rows," il numero di colonne è ",
    columns)
```

Codice A.18 Soluzione Python: Scrivi un codice che conti le righe e le colonne nel file "data.dat"

2.10

C++:

```
#include <iostream>
#include <fstream>

using namespace std;
int main(){

  ifstream reader("data.dat");//file nella stessa cartella del
    codice
  if(!reader.is_open()){
    cout<<"Non riesco a trovare il file, per favore controlla!"<<
    endl;
    return 1;
  }

  return 0;
 }
```

Codice A.19 Soluzione C++: Scrivi un codice che trovi il massimo e il minimo assoluto della quinta colonna del file "data.dat"

Python:

```
data1 =open("data.dat").read().split("\n")
data2 = [list(map(float,data1[i].split())) for i in range(len(
    data1)-1)]
data = []
for a in range(len(data2)):
    data.append(data2[a][1])
print(data)
data.sort()
print(data[0])
print(data[len(data)-1])
```

Codice A.20 Soluzione Python: Scrivi un codice che trovi il massimo e il minimo assoluto della quinta colonna del file "data.dat".

3.1

```
#include <iostream>
using namespace std;
class changer{
float rateEtoD=1.08 ;
```

```
float rateEtoF=0.95 ;
	public:
	changer(){
		cout<<"il tasso Euro verso US-Dollar che conosco è "<<rateEtoD<<endl;
		cout<<"il tasso Euro verso Franco-Svizzero che conosco è "<<rateEtoF<<endl;
	}
	changer(float a, float b){
		rateEtoD=a;
		rateEtoF=b;
	}
	float ConvEtoD(float a){
		return a*rateEtoD;
	}
	float ConvDtoE(float a){
		return a/rateEtoD;
	}
	float ConvEtoF(float a){
		return a*rateEtoF;
	}
	float ConvFtoE(float a){
		return a/rateEtoF;
	}
	float ConvFtoD(float a){
		return ConvEtoD(ConvFtoE(a));
	}
	float ConvDtoF(float a){
		return ConvEtoF(ConvDtoE(a));
	}

};
int main(){
	changer pino;
	float euro;
	cout<<"quanti euro vuoi cambiare?\n";
	cin>>euro;
	cout<<"corrisponde in US-dollar a "<<pino.ConvEtoD(euro)<<endl;
	cout<<"corrisponde in Franco-Svizzero a "<<pino.ConvEtoF(euro)<<endl;

return 0;
}
```

Codice A.21 soluzione root: Scrivere una classe per gestire la conversione di valuta tra euro, dollaro e franco svizzero. La classe deve contenere metodi per caricare dati in qualsiasi valuta, restituire dati in qualsiasi valuta e le variabili che memorizzano i tassi di cambio correnti per le conversioni. La classe deve essere testata in un programma funzionante con un esempio che ne dimostri la funzionalità

ID: 10.1007/978-3-032-35750-2 – BMchapter1 Date: October 16, 2026 Proof number: 1

5.1

ROOT:

```
Double_t funz(Double_t *x, Double_t *par){
        if (x[0]<0) return sin(x[0])/x[0];
        if(x[0] >0) return -sin(x[0])/x[0];
        return 0;

}
void fun()
{
TCanvas *box= new TCanvas("box","",600,500);
TF1 *myfun= new TF1("myfun",funz,-10,10);
myfun->Draw();

return;
}
```

Codice A.22 soluzione root: Tracciare una funzione definita in intervalli diversi

Python:

```
import matplotlib.pyplot as plt
import numpy as np
x1 = np.linspace(-10, 0.0001,100)
x2 = np.linspace(0.0001, 10,100)
x =x1 + x2
y1 = np.sin(x1) / x1
y2 = -np.sin(x2) / x2
y=y1+y2
plt.plot(x,y)
plt.show()
```

Codice A.23 Soluzione Python: Tracciare una funzione definita in intervalli diversi

Indice analitico

G. Mandaglio, U. Wanderlingh, S. Vasi, *Strumenti open source per l'analisi dei dati fisici*,
https://doi.org/10.1007/978-3-032-35750-2

Kolibri 360 GmbH
Ferdinand-Jühlke-Straße 7
99095 Erfurt, Deutschland
produktsicherheit@kolibri360.de